Cecilia Nubola
Faschistinnen vor Gericht

Transfer

———

Herausgegeben von
FBK - Istituto Storico Italo-Germanico /
Italienisch-Deutsches Historisches Institut

Cecilia Nubola

Faschistinnen vor Gericht

Italiens Abrechnung mit der Vergangenheit

Aus dem Italienischen von
Bettina Dürr

Mit einer Einleitung von
Nicole Kramer

DE GRUYTER
OLDENBOURG

Originalausgabe: Cecilia Nubola, Fasciste di Salò: Una storia giudiziaria, © 2016, Gius. Laterza &
Figli, All rights reserved.

Die Übersetzung dieses Buches wurde mit Unterstützung des
SEGRETARIATO EUROPEO PER LE PUBBLICAZIONI SCIENTIFICHE erstellt.

S E P S

SEGRETARIATO EUROPEO PER LE PUBBLICAZIONI SCIENTIFICHE

Via Val d'Aposa 7 - 40123 Bologna - Italien
seps@seps.it - www.seps.it

ISBN 978-3-11-063921-6
e-ISBN (PDF) 978-3-11-064288-9
e-ISBN (EPUB) 978-3-11-063939-1

Library of CongressControl Number: 2019947086

Bibliografische Information der Deutschen Nationalbibliothek
Die Deutsche Nationalbibliothek verzeichnet diese Publikation in der Deutschen
Nationalbibliografie; detaillierte bibliografische Daten sind im Internet über
http://dnb.dnb.de abrufbar.

© 2019 Walter de Gruyter GmbH, Berlin/Boston
Coverabbildung: Freiwillige des Servizio Ausiliario Femminile der Italienischen Sozialrepublik
(Fotografie).
Druck und Bindung: CPI books GmbH, Leck

www.degruyter.com

———

Neutralität hilft dem Unterdrücker, niemals dem Opfer.
Stillschweigen bestärkt den Peiniger, niemals den Gepeinigten.
Elie Wiesel

Inhalt

Nicole Kramer

Ganz normale Frauen? Nationalsozialistinnen und Faschistinnen

Die fünf Angeklagten waren Aufseherinnen in einem kleinen Lager bei Krakau gewesen, einem Außenlager von Auschwitz. Sie waren im Frühjahr 1944 von Auschwitz dorthin versetzt worden. [...] Natürlich hatten die fünf Angeklagten das Lager nicht geführt. Es gab Kommandanten, Wachmannschaften und weitere Aufseherinnen. [...] Der eine Hauptanklagepunkt galt den Selektionen im Lager. [...] Allen war klar, dass die Frauen in Auschwitz umgebracht wurden; es wurden die zurückgeschickt, die bei der Arbeit in der Fabrik nicht mehr eingesetzt werden konnten.

Der andere Hauptanklagepunkt galt der Bombennacht, mit der alles zu Ende ging. Die Wachmannschaften und Aufseherinnen hatten die Gefangenen, mehrere hundert Frauen in die Kirche eines Dorfs gesperrt, das von den meisten Einwohnern verlassen worden war. Es fielen nur ein paar Bomben, vielleicht für eine nahe Eisbahnlinie gedacht [...] Zuerst brannte der Turm, dann das Dach, dann stürzte das Gebälk lodernd in den Kirchenraum hinab, und das Gestühl fing Feuer. Die schweren Türen hielten stand. Die Angeklagten hätten sie aufschließen können. Sie taten es nicht und die in der Kirche eingeschlossenen Frauen verbrannten[1].

Bei dem Zitat handelt sich nicht etwa um einen Zeitungsbericht oder Erinnerungen eines Zeitzeugen über einen der Nachkriegsprozesse gegen Beteiligte an NS-Verbrechen. Die Textstellen entstammen Bernhard Schlinks 1995 erschienenem Roman *Der Vorleser*, der weltweit große Beachtung fand. Der deutsche Schriftsteller und ausgebildete Jurist erzählt darin die Liebesgeschichte eines ungleichen Paares, nämlich des 15-jährigen Michael Berg und der zwanzig Jahre älteren Hanna Schmitz. Erst im weiteren Verlauf entpuppt sich das Buch als eine Auseinandersetzung mit den Verbrechen der NS-Vergangenheit. Hanna war im Zweiten Weltkrieg als KZ-Aufseherin tätig und wird dafür später in einem Prozess verurteilt, dem Michael als angehender Jurist beiwohnt. Der Roman ist ein Zeugnis der Nachgeschichte des „Dritten Reiches".

Schlink erntete für sein Buch ebenso viel Kritik wie Lob. Es gehört zu den im Ausland erfolgreichsten deutschen Romanen und die spätere Verfilmung wurde mit zahlreichen Preisen geehrt, unter anderem mit einem Oscar für Kate Winslet als beste Hauptdarstellerin. Kritiker geizten hingegen nicht mit scharfen Kommentaren und prangerten vor allem die empathische Täterdarstellung, die Verharmlosung der Verbrechen und die Viktimisierung der Figur Michael Bergs als Vertreter der Nachgeborenen-Generation an. Von „Holo-Kitsch", „Revisionismus" und „Geschichtsverdrehung" war die Rede. Die Debatte zog sich nicht nur durch die Feuilletons deutscher und ausländischer Zeitungen, sondern auch Fachvertreter der Geschichts- und Literaturwissenschaft meldeten sich zu Wort[2]. Wenig Aufsehen erregte es hingegen, dass der Roman einen weiblichen Täter ins Zentrum rückte.

Freilich war es kein Geheimnis, dass auch Frauen an den NS-Verbrechen mitgewirkt hatten. Saßen in Nürnberg nur Männer auf der Anklagebank, mussten sich in den bereits im Jahr 1946 einsetzenden Ravensbrück-Prozessen der britischen Besat-

http://doi.org/10.1515/9783110642889-001

zungszone 21 Frauen verantworten[3]. Unter den wenigen „Volksgenossinnen", die nach 1945 juristisch zur Rechenschaft gezogen wurden, befanden sich mehrheitlich ehemalige KZ-Aufseherinnen und Helferinnen der SS. Die Medien interessierten sich zudem überproportional stark für die angeklagten und verurteilten Täterinnen. Gesellschaftlich gängige weibliche Stereotype konnten sowohl zur Verharmlosung ihrer Taten als auch zur Skandalisierung derselbigen beitragen, wobei sich beides nachweislich auf das Strafmaß auswirkte.

Von diesen wenigen Ausnahmen abgesehen, setzte sich in der Nachkriegszeit die Vorstellung durch, Frauen hätten in der Geschichte des „Dritten Reiches" nur eine marginale Rolle gespielt. Vertreterinnen von Frauenorganisationen erregten folglich keinen Widerspruch, wenn sie nach 1945 die Stunde der friedliebenden Frauen gekommen sahen, die ein neues Zeitalter nach dem von Männern gemachten Krieg einläuten sollten[4]. Auch die Frauengeschichtsschreibung, die sich in den 1970er Jahren in der Bundesrepublik ähnlich wie in anderen Ländern herausbildete, fragte kaum nach der Schuld der weiblichen Bevölkerung. Vielmehr interessierte sie sich für den Nationalsozialismus als Hochphase paternalistischer Unterdrückung, die die meisten Frauen zu Opfern machte. Und die wenigen, die sich gegen das Männerregime zur Wehr setzten, dienten als Identifikationsfiguren und Heldinnen.

Doch als Schlink die ehemalige KZ-Aufseherin Hanna Schmitz seinen Lesern vorstellte, hatte sich die Frauen- längst zur Geschlechtergeschichte weiterentwickelt. Der „Historikerinnenstreit", der im Wesentlichen zwischen Claudia Koonz einerseits und Gisela Bock andererseits ausgetragen worden war, lag einige Jahre zurück. Die Frau als Täterin im Nationalsozialismus, ob als Mitglied der Partei oder NS-Organisationen, als Helferin der SS oder als Fürsorgerin, um nur einige Gruppen zu nennen, war längst zu einem eifrig beackerten Forschungsfeld geworden. Mittlerweile kann die Frauen- und Geschlechtergeschichte auf fünf Jahrzehnte zurückblicken und ist imstande, ein ebenso nuanciertes wie klares Bild von der Beteiligung der weiblichen Bevölkerung am NS-Regime und dessen Verbrechen nachzuzeichnen. Drei Aspekte sollen hier hervorgehoben werden: Die NSDAP war, erstens, ein Männerbund und das NS-Regime ein Männerstaat, d.h. männliche Vergemeinschaftspraktiken spielten vor allem in den Anfangsjahren der Bewegung eine wichtige Rolle für den Zusammenhalt. Führungspositionen in Partei und Staat waren Männern vorbehalten, Frauen verloren hingegen 1933 die politischen Rechte, die sie sich 1918 erkämpft hatten. Nichtsdestotrotz haben sich Teile der weiblichen Bevölkerung in der Partei und den NS-Organisationen engagiert, manche machten gar Karriere als Funktionärinnen. In der Partei selbst stieg der Anteil der weiblichen Mitglieder kaum über die 10%-Marke, wobei die offiziellen Statistiken im Dunkeln lassen, wie viele Familien sich aus Kostengründen damit begnügten, dass der Mann die Mitgliedschaft beantragte. Schließlich gab es mit der NS-Frauenschaft und dem Deutschen Frauenwerk geschlechtsspezifische NS-Organisationen. Daneben rekrutierten auch die NS-Volkswohlfahrt, die sich für sozial- und bevölkerungspolitische Programme verantwortlich zeichnete, als auch der Reichsluftschutzbund, eifrig Frauen und boten ihnen die Möglichkeit, als Funktionärinnen tätig zu werden.

Zwar gilt die NS-Ideologie als diffuses und wenig geschlossenes Gedankengebäude, doch steht fest, dass der Antifeminismus keinen ideologischen Kern darstellte. Historiker sprechen von einem Weltanschauungsfeld, das die rassistisch und eugenisch homogenisierte „Volksgemeinschaft" sowie die kriegerische Expansion des Deutschen Reiches als Ziele definierte[5]. Die Stellung von „Volksgenossinnen" und die Ausgestaltungen von Geschlechterverhältnissen bestimmten führende Nationalsozialistinnen, aber auch solche Frauen, die sich in der NS-Frauenschaft oder anderen Organisationen als Programmatikerinnen Gehör verschaffen konnten. Die Vorstellung von der Differenz der Geschlechter, die sich vor 1933 auch in weiten Kreisen der bürgerlichen Frauenbewegung fand, nutzten Nationalsozialistinnen, wie die Reichsfrauenführerin Gertrud Scholtz-Klink, um ihren eigenen Einflussbereich abzustecken[6]. Anders als Männer zu sein, war für sie nicht etwa die Begründung für die Unterordnung der weiblichen Bevölkerung im NS-Männerstaat. Scholtz-Klink und die von ihr geleiteten Organisationen betonten die sich ergänzende Zusammenarbeit von Männern und Frauen bei der Realisierung der rassistischen und eugenischen Gesellschaftspolitik.

Wie sehr Frauen aus eigenen Stücken und nicht etwa als Beiwerk, verführt oder unterdrückt den Weg zum Nationalsozialismus fanden, belegt eine Sammlung von Lebensberichten aus dem Jahr 1934.

„Am 22. Juli 1925 wurde ich Mitglied der NSDAP mit der Mitgliedsnummer 10970. Während des jahrelangen Kampfes der Bewegung um Deutschland habe ich tatkräftigen Anteil an den Geschicken der Bewegung genommen"[7]. Marie Waga, die 1867 geborene Ostpreußin, gehörte zu den älteren Frauen, die sich bereits in der Frühzeit für die NS-Bewegung engagierten und für die die junge Partei mit ihrer aktionistischen und von physischer Gewalt geprägten Tagespolitik ein willkommenes Betätigungsfeld bot.

Wer nach Täterinnen im Nationalsozialismus fragt, ist gut beraten, sich zunächst die in der Partei und NS-Organisationen engagierten Frauen genauer anzuschauen. Anders als viele von ihnen nach 1945 im Zuge der Entnazifizierung – mit Erfolg – behaupteten, hatten sie Anteil an Exklusion und Verfolgung der sogenannten „Gemeinschaftsfremden". Das Rechtfertigungsargument lediglich sozialfürsorgerisch tätig gewesen zu sein, kann nur den täuschen, der nicht um die enge Verflechtung von Integration und Ausgrenzung, von Förderung und „Ausmerze" im Nationalsozialismus weiß: Der von Frauen im Krieg organisierte Bahnhofsdienst der NSV half Evakuierten und stand bereit, wenn Züge von Zwangsarbeiterinnen und Zwangsarbeitern ankamen, um sie den entwürdigenden „Entlausungen" zu unterziehen. Die Hilfe der NS-Frauenschaft für junge Familien konnte schnell in die Verfolgung sogenannter „Asozialer" umschlagen.

Frauen beteiligten sich, zweitens, an der nationalsozialistischen Politik auch als Angehörige bestimmter Berufsgruppen. Dazu gehörten die Fürsorgerinnen und Hebammen ebenso wie KZ-Aufseherinnen, oder die Helferinnen der Wehrmacht und der SS. Konnten Erstere auf eine lange Berufstradition zurückblicken, waren Letztere in neuen Berufsfeldern, die genuin mit der NS-Herrschaft zusammenhingen. Zu den Direkttäterinnen, die prügelten, folterten und töteten, gehörten vor allem die KZ-Aufseherinnen. Bereits in den 1930er Jahren rekrutierte das NS-Regime Frauen für diese Tätigkeit, am Ende zählte diese Gruppe etwa 4.000 Personen. Arbeiteten sie zunächst in Konzentrationslagern im Deutschen Reich, insbesondere in Ravensbrück, kamen nach dem Ostfeldzug weitere Einsatzorte hinzu, wie das Konzentrations- und Vernichtungslager Majdanek. Mittlerweile wissen wir viel über den Dienstalltag der KZ-Aufseherinnen und wie sehr dieser von Gewaltausübung geprägt war. Die häufig aus einfachen Verhältnissen stammenden Frauen schlugen und töteten, um ihre Macht gegenüber den Häftlingen zu demonstrieren. Gewaltausübung verschaffte ihnen zudem Ansehen bei Kolleginnen und sie bewiesen sich damit gegenüber der männlichen Lagerleitung, die ihnen zunehmend größere Gestaltungsräume zubilligte[8].

Im Krieg stieg der Bedarf der SS an weiblichem Personal, sodass sie 1942 das SS-Helferinnenkorps gründeten, dem jedoch aufgrund strenger rassistischer Auslesekriterien am Ende nur etwa 2.300 Frauen angehörten. Ganz ähnlich wie im Falle der Helferinnen für die Wehrmacht, die weit mehr Personen, nämlich 500.000 umfassten, war ihre Aufgabe, Männer für die Front freizumachen. Sie arbeiteten im Nachrichtenwesen ebenso wie im Reichssicherheitshauptamt oder den KZ-Lagerverwaltungen[9].

Der Einsatz als Helferinnen der SS oder der Wehrmacht bedeutete meist Ortswechsel und für viele Frauen den ersten Aufenthalt im Ausland. Zu den Motiven, sich für diese Tätigkeiten zu bewerben, gehörten daher ideologische Überzeugungen sowie die Aussichten auf überdurchschnittliche Verdienstmöglichkeiten, aber auch der Wunsch, dem Elternhaus zu entkommen und schiere Abenteuerlust. Unabhängig davon, was die Frauen im Einzelnen motivierte – meist gab es einen Mix von Beweggründen – die allerwenigsten nutzten die Möglichkeiten, die es gab, um sich einer Beteiligung an nationalsozialistischen Verbrechen zu entziehen.

Indem Frauen, die in die eroberten West- bzw. Ostgebiete zogen, geographische Grenzen überschritten, eröffneten sich ihnen auch Möglichkeiten, geschlechtsspezifische Begrenzungen zu überwinden. Liz Harvey hat mit ihrer Studie über den Einsatz von Frauen in der Volkstums- und Umsiedlungspolitik gezeigt, wie Dorfhelferinnen gegenüber Volksdeutschen – Frauen wie Männern – einen Führungsanspruch behaupten konnten[10].

Mit der Zerschlagung des NS-Regimes 1945 endete für viele dieser Nationalsozialistinnen der einmal beschrittene Berufsweg. Anders verhielt es sich dagegen im Falle der Fürsorgerinnen und Hebammen, die – freilich unter anderen Vorzeichen – ihre Profession in Zeiten der Besatzung sowie in den beiden deutschen Nachkriegsstaaten fortsetzen konnten[11].

Die Nähe zu den Individuen, die ihre Hilfe benötigten, machten Fürsorgerinnen wie Hebammen zu wichtigen Akteurinnen der rassistischen Bevölkerungs- und Gesellschaftspolitik. Während die einen Gutachten verfassten, auf deren Grundlage Erbgesundheitsgerichte Entscheidungen fällten, hatten andere die Aufgabe, behinderte Neugeborene den Behörden zu melden. Kaum eine weibliche Berufsgruppe erlebte eine derartige rechtliche und organisatorische Aufwertung im Nationalsozialismus wie die Hebammen[12].

Drittens: Je mehr die Forschung beleuchtete, dass Diskriminierung, Verfolgung und Vernichtung von „Gemeinschaftsfremden" nicht allein hinter den Mauern von KZs, sondern inmitten der Gesellschaft stattfand, desto mehr zeigt sich, wie Frauen durch ihr Verhalten zu den nationalsozialistischen Verbrechen beitrugen. Auch umgekehrt gilt: Das Interesse an der weiblichen Bevölkerung hat die Augen für die Alltäglichkeit der physischen und psychischen Gewalt gegen ausgegrenzte Bevölkerungsgruppen geöffnet.

Denunziation ist in diesem Zusammenhang eines der klassischen Themen. Geschlechterstereotype wie die weibliche Tratschsucht spielten hierfür eine Rolle[13]. Mittlerweile steht jedoch fest, dass Frauen keineswegs überdurchschnittlich denunzierten, denn nur etwa ein Drittel der Meldungen an Gestapo und andere Überwachungsbehörden gingen auf ihr Konto zurück. Erst ab 1942 stieg die Zahl der von ihnen erstatteten Anzeigen, was sich unter anderem darauf zurückführen lässt, dass im Krieg durch Gesetze und Verordnungen, wie „Verbotener Umgang mit Kriegsgefangenen" oder „Wehrkraftzersetzung", Straftatbestände geschaffen wurden, die im Beobachtungsbereich von Frauen lagen und ihre Denunziationsmöglichkeiten dadurch erweiterten[14]. Generell gilt, dass Männer und Frauen unterschiedliche Bereiche devianten Verhaltens den Behörden zur Kenntnis brachten, es also eine geschlechtsspezifische Praxis des Denunzierens gab.

Selbst Akte des Krawallantisemitismus waren keine reine Männersache. Wie Alan Steinweis in seiner Studie über die „Reichskristallnacht" betont, gingen die Zerstörungen von Wohnhäusern, Geschäftsräumen und Synagogen zwar von Männern aus. Allerdings hatten auch Frauen ihren Part, denn nicht wenige der Plünderer gehörten dem weiblichen Geschlecht an. Sie standen außerhalb der Läden und nahmen sich die Waren, die die SA-Männer aus den zerschmetterten Schaufenstern warfen. Einige von ihnen drangen auch selbst in die Läden ein, um sich zu holen, was sie brauchten[15].

Solche Möglichkeiten zur Selbstbereicherung bzw. persönlichen Vorteilnahme boten sich „Volksgenossinnen" in späteren Jahren noch häufiger. Das seit den 1990er Jahren verstärkt behandelte Thema der wirtschaftlichen Ausplünderung von Juden und der „Arisierung" hat gezeigt, wie stark sich große Teile der Bevölkerung – Männer wie Frauen – daran beteiligten. Bei der Übernahme von Geschäften oder Wohnimmobilien trat die weibliche Bevölkerung freilich aufgrund von geschlechterspezifischen Besitzverhältnissen und Berufsmustern weniger in Erscheinung. Als der „Arisierungsprozess" jedoch in eine Phase trat, in der es vornehmlich um Mobiliar, Kleidungsstücke und Gebrauchsgegenstände ging, zählten zu den Nutznießern auch viele Frauen. Es bedurfte keiner nationalsozialistischen Überzeugung, um sich mit Gütern aus jüdischem Besitz zu versorgen. Häufig dienten diese auch dazu, den Verlust eigener Möbel oder anderer Gebrauchswaren, die beispielsweise durch Luftangriffe verloren gegangen waren, zu kompensieren. Nichtsdestotrotz machten sie sich als Konsumentinnen zu unverzichtbaren Akteurinnen im Ausplünderungsprozess[16].

Eine letzte Episode, in der Frauen an den rassistischen und ideologisch motivierten Verbrechen der Nationalsozialisten mitwirkten, spielte sich in der Kriegsendphase ab. Häufig waren die Schauplätze ländliche Ortschaften oder Kleinstädte, in deren Nähe alliierte Flieger abgestürzt waren und dies überlebt hatten. Die „Fliegerlynchmorde" waren selten Ergebnis spontanen Volkszorns, vielmehr trugen lokale NS-Funktionäre und zum Teil auch Wehrmachtssoldaten die Verantwortung für die Morde. Sie handelten jedoch nicht allein und zur Gruppe derer, die diese Morde begrüßten, gar lauthals einforderten, gehörten viele Frauen[17].

All die hier geschilderten Verhaltensweisen lagen freilich meist unter dem Radar der Nachkriegsjustiz, die diese nicht ahndete. Lediglich in manchen Fällen der Denunziation gab es Anklagen gegen Frauen[18]. Während in den Augen der Justiz die Verantwortlichen für den Nationalsozialismus fast ausschließlich Männer waren, zeichnet die Geschichtswissenschaft seit einigen Jahrzehnten ein ganz anderes Bild. Allein die formal nachweisbare Zugehörigkeit zur Partei, NS-Organisationen oder bestimmter an den Verbrechen beteiligter Berufsgruppen erweist sich als irreführend, will man den Kreis der Nationalsozialistinnen bestimmen. Selbstdeutungen und Verhaltensweisen müssen als Bewertungskriterium ebenso hinzugenommen werden.

So sehr feststeht, dass Frauen das Leben im „Dritten Reich" mitgestalteten, so klar ist heute auch, dass dies kein Proprium des NS-Regimes darstellt. Die Diktaturen des 20. Jahrhunderts mobilisierten die männliche wie die weibliche Bevölkerung, womit wir die Aufmerksamkeit auf Italien richten wollen, das erste Land, in dem Faschisten politische Macht gewannen und eine Bewegung bildeten, die weit über die eigenen Staatsgrenzen hinaus auf andere rechte Gruppierungen, u.a. die NSDAP um Adolf Hitler wirkten. Freilich verschoben sich die Gewichte zwischen dem faschistischen Italien und NS-Deutschland später. Die Achse Rom-Berlin, die immer mehr als nur ein Topos der Propaganda war, stabilisierte Mussolinis Macht erheblich. Indes nahm Italien als einstiger Vorreiter nicht die Position des Schülers ein. Die Forschungen der jüngeren Zeit haben verdeutlicht, dass der Rassismus ebenso zum Kern des Nationalsozialismus wie des Faschismus gehörte. Die Rassenfrage bestimmte das Vorgehen der Italiener in ihren afrikanischen Kolonien und trieb dort die gewalttätige Radikalisierung der Gesellschaftspolitik voran. Der italienische Faschismus propagierte und praktizierte einen Rassismus ganz eigener Prägung[19].

Wie ändert sich das Bild, wenn die Beteiligung von Frauen an den beiden Diktaturen und damit Geschlecht als Kategorie sozialer Ungleichheit ins Zentrum des Interesses rückt? Kurzgefasst lässt sich festhalten: Rassistische Gewalt und Massenverbrechen des faschistischen *ventennio* sind mittlerweile gut dokumentierte Themen. Was jedoch den Beitrag von Frauen anbelangt, so herrscht oft eine eher traditionelle Deutung des italienischen Faschismus als gemäßigtem Bruder des radikalen NS-Deutschlands vor. Demnach hatten Frauen einen Platz im faschistischen Italien, aber dies vor allem als Hausfrauen und Mütter.

Die faschistische Bewegung in Italien war jedoch keine ausschließlich männliche Angelegenheit. Die faschistische Frauenorganisation, die *fasci femminili*, gewann in den 1920er Jahren die Anerkennung der männlichen Parteiführung sowie deren Unterstützung. Ein eigenes Presseorgan und die Direktive, dass in jedem Ort, in dem es eine Parteigruppe gab auch eine Vertretung der Frauenorganisation existieren sollte, ebnete den Weg zur Massenorganisation. Die Mitgliederzahlen stiegen 1935 auf fast 400.000 und lagen 1942 mehr als doppelt so hoch. In einem Land, in dem die weibliche Bevölkerung erst nach dem Zweiten Weltkrieg ein Wahlrecht erhielt und, wo bis dahin Politiker jedweder Couleur sich nicht für deren Partizipation am öffentlichen Leben interessiert hatten, erreichten die *fasci femminili* Bevölkerungsgruppen, die nie zuvor politisch aktiv gewesen waren. Dies gilt noch mehr für die *massaie rurali*, die als Gliederung der *fasci femminili* erst erheblich später, nämlich 1933, gegründet wurde, um die ländliche weibliche Bevölkerung zu organisieren und nicht zuletzt, um dem Problem der Landflucht entgegenzuwirken. Kurse und Wettbewerbe in Haushaltsführung, agrarischem Wirtschaften und Kindererziehung sollten die Attraktivität des Landlebens steigern und trugen zur Professionalisierung der Arbeit von Bäuerinnen bei. Im agrarisch geprägten Italien erzielte die Organisation mit fast drei Millionen Mitgliedern im Jahre 1943 erstaunliche Mobilisierungserfolge[20].

Ob *fasci femminili* oder *massaie rurali*, beide Organisationen vertraten ein Frauenbild, dass die männliche politische Vormacht anerkannte und das Engagement ihrer Mitglieder in eng gezogenen Grenzen vorsah, sprich weibliche Tätigkeiten im Haus, auf dem Hof und in der Familie. Besonders daran war, dass sie dies weniger biologisch begründeten, also mit Verweis auf die Natur der Frau an sich, sondern sie prägten das Konzept des „femminismo latino". Häuslichkeit und Mütterlichkeit galten demnach als italienische Nationaltugenden.

Die faschistischen Frauenorganisationen und ihre Funktionärinnen (mit Beginn der 1930er Jahre gab es neben den vielen ehrenamtlichen auch einige hauptamtliche) beließen es nicht bei Worten. Mit Mitteln wie Beratungsangeboten und materiellen Zuwendungen versuchten sie ihre Vorstellung von Häuslichkeit und Mütterlichkeit an die Frau zu bringen. Eine zentrale Bedeutung gewann dabei das 1925 gegründete Hilfswerk der Opera nazionale per la protezione della maternità e dell'infanzia (ONMI)[21]. Als halbstaatliche Körperschaft unterstand es dem Innenministerium und war eng mit der faschistischen Partei verbunden. Das Mutter- und Kind-Hilfswerk stellte materielle Fürsorgeleistungen, überwiegend in Form von Naturalien, ebenso wie Dienstleistungen bereit, und zielte mittels Beratungsangeboten darauf ab, die Verbreitung wissenschaftlicher Erkenntnisse über Schwangerschaft und die Pflege von Neugeborenen zu fördern[22]. Es war die wichtigste Organisation des Faschismus auf dem Feld der Bevölkerungspolitik, die durch pronatalistische Maßnahmen die Geburtenrate steigern und die Zahl der Kindersterblichkeit senken sollte.

ONMI pflegte engen Kontakt zu den Frauen und ihren Familien. Die Überprüfung der Bedürftigkeit und die Bereitstellung von Dienstleitungen boten Möglichkeiten der sozialen Kontrolle, was die faschistische Führung, die im hohen Maße an der politischen Loyalität der Individuen interessiert war, schätzte[23]. Indes erreichte das Hilfswerk nie die selbstgesteckten Ziele, dafür war dessen finanzieller Rahmen viel zu knapp bemessen. Neben den überschaubaren Mitteln, die der Staat bereitstellte, war es stets auf Spenden angewiesen, was eine dauerhafte Ausweitung der sozialpolitischen Programme auf weite Teile der Bevölkerung verhinderte[24].

Das Hausfrauen- und Mutterdasein, das die *fasci femminili* wie die *massaie rurali* propagierten und ONMI durch seine Leistungen unterstützte, war alles andere als apolitisch. Es stand im Dienst einer pronatalistischen Bevölkerungspolitik, die durch demographische Überalterungsprognosen des neugegründeten Istat (Istituto nazionale di statistica) an Bedeutung gewann. Die Unterweisung in Haushaltsführung, Konsumverhalten und Landwirtschaft unterstützten die Autarkiebestrebungen des faschistischen Regimes ebenso wie dessen Kolonialpolitik. Die *massaie rurali* bildeten junge Frauen aus und bereiteten sie für ein Leben in den eroberten afrikanischen Ländern vor[25].

An Unterstützerinnen fehlte es dem Faschismus in Italien nicht. Gab es aber auch Frauen, die sich als Direkttäterinnen bezeichnen lassen? Spätestens im Zweiten Weltkrieg verließen einige Frauen Haus, Hof und sogar ihre Familien, um zur Tat zu schreiten, mitunter auch bewaffnet. Die Geschichte von italienischen Frauen und Gewalt wird überwiegend als eine des Widerstandes erzählt. In den Gruppen der Resistenza pflegten und versteckten Frauen verletzte Widerstandskämpfer, sie schmuggelten aber auch Nachrichten und manche beteiligten sich sogar an Attentaten.

Doch auch auf der anderen Seite des politischen Spektrums, inmitten der überzeugten Faschistinnen, gab es jene, die sich nicht nur als Hausfrauen und Mütter berufen sahen, ihrer Ideologie und ihrem „duce" zu dienen. Mehr als zuvor hatten sie in der Republik von Salò die Gelegenheit, sich an Macht- und Gewaltausübung zu beteiligen. Die Führung der im September 1943 unter der Ägide der Nationalsozialisten gegründeten Repubblica Sociale Italiana, die ihren Regierungssitz in dem Städtchen Salò am Gardasee hatte und Nord- sowie Mittelitalien umfasste, propagierte einen entfesselten Faschismus, der nicht mehr an Monarchie und alte Eliten gebunden war. Für den Krieg gegen die Alliierten als äußere Feinde, den Kampf gegen die Partisanen im eigenen Land sowie die nun radikal durchgeführte Verfolgung und Ermordung von Juden, rekrutierte der neue Staat Milizen und Brigaden. Gerade unter jungen Leuten gab es auch viele, die sich bereitwillig den faschistischen Truppen anschlossen. Für Frauen stand vor allem der Servizio Ausiliario Femminile (SAF) als Mobilisierungsorganisation bereit, die am Ende des Krieges 6.000 Helferinnen zählte. Ganz ähnlich wie entsprechende Verbände der Wehrmacht und der SS hatte der faschistische Frauenhilfsdienst vor allem den Zweck, Aufgaben wie Krankenpflege, Telefondienst und Schreibtätigkeiten zu übernehmen, damit die Männer sich auf den bewaffneten Kampf konzentrieren konnten. An der Spitze des SAF stand mit Piera Gatteschi Fondelli eine Frau. Dienst an der Waffe war nicht vorgesehen und auch sonst kehrten die Führerinnen des Frauenhilfsdienstes die Weiblichkeit der Helferinnen heraus, die sich zwar an den Kämpfen der Faschisten beteiligen, nicht aber zu Männern werden sollten.

Manchen, vor allem jungen Frauen war das nicht genug, sie wollten mehr. Und das bekamen sie auch: Als weibliche Mitglieder Schwarzer Brigaden und anderer inoffizieller Kampfeinheiten, als Vertraute deutscher Besatzer oder Familienmitglieder faschistischer Kämpfer. Cecilia Nubola erzählt die Geschichte von 40 Frauen, militanten Faschistinnen, die auch vor roher Gewalt nicht zurückschreckten. Ihre spätere Anklage vor Gericht und die dabei entstandene Überlieferung bildet die Grundlage für die systematische Untersuchung, die bisherige Einblicke in diesen Teil der Geschichte italienischer Frauen umfassend beleuchtet. Besonders wichtig ist dies vor allem auch deswegen, weil die Ergebnisse in Übersetzung vorliegen und damit einem nicht italienischsprachigen Publikum zugänglich sind. Während nämlich über die Faschistinnen der Republik von Salò in Italien bereits in den 1980er Jahren erste Beiträge vorgelegt wurden[26], dominiert in der englisch- und deutschsprachigen Forschung das Interesse für die faschistischen Frauenorganisationen der 1920er und 1930er Jahre. Dies führte zu dem oben beschriebenen schiefen Bild: Unter den Italienerinnen gab es Unterstützerinnen des Faschismus, aber kaum Direkttäterinnen.

Cecilia Nubolas Buch widerlegt dies überzeugend anhand von erdrückendem Beweismaterial.

Warum aber kam es zur Radikalisierung mancher Frauen in der letzten Phase des Krieges?

Zunächst muss festgehalten werden, dass die militanten Faschistinnen der Republik von Salò Vorgängerinnen hatten. Im frühen Squadrismus gab es neben den Frauen, die männliche Kämpfer umsorgten und sie anfeuerten, auch solche, die tatsächlich als Mitkämpferinnen auftraten. Sie genossen die Anerkennung der männlichen Führung, was besonders im Vergleich zur SA in der Bewegungsphase des Nationalsozialismus hervorsticht, die Frauen als Kämpferinnen ablehnte[27]. Ein Beispiel für solch eine frühe Kämpferin des Squadrismus ist die aus Florenz stammende Fliegerin Fanny Dini. Im Vorfeld des Zweiten Weltkriegs versuchte sie sogar – wenngleich erfolglos – Mussolini davon zu überzeugen, Frauen für den aktiven militärischen Dienst zuzulassen[28]. Für Faschistinnen gab es also bereits vor der Gründung der Republik von Salò mehr, als ihr Glück im Hausfrauen- und Mutterdasein zu suchen. Insbesondere die kleine Gruppe derjenigen, die es in die Kolonien verschlug, konnte die Phantasien der faschistischen Kämpferinnen zumindest zeitweise ausleben. In Selbstzeugnissen, wie denen von Alba Felter Satori, begegnen wir Frauen, die sich als Pionierinnen und Soldatinnen sahen, nach Abenteuern Ausschau hielten und ihre vermeintliche Überlegenheit über die indigene Bevölkerung, Männer wie Frauen, genossen.

Das Buch Cecilia Nubolas liefert weitere Erklärungen. Die von ihr ausgewerteten Justizakten geben tiefe Einblicke in das Privatleben der angeklagten Frauen. Es zeigt sich, dass genau hier Antworten auf die Frage liegen, warum Frauen zu Täterinnen wurden. Da gibt es den Fall von Aristea Pizzolato, die Frau des Carabiniere Giannino

Giarda in Treviso, mit dem sie gemeinsam Razzien durchführte, denen viele Antifaschisten zum Opfer fielen. Sie arbeiten derart eng zusammen, dass sich Taten kaum eindeutig dem einen oder anderen zuschreiben lassen. Verfügte er durch seinen Posten über die Machtmittel, machte sie sich durch ihren fanatischen Eifer und der Bereitschaft zur rohen Gewalt einen Namen.

Andere Frauen, meist im jugendlichen Alter, handelten an der Seite ihrer Väter. Sie schlossen sich den von diesen geführten faschistischen Banden an, beteiligten sich an Massakern und an Folterungen. Der Anerkennung und des Stolzes ihres Vaters konnten sie sich dabei sicher sein. Der Kampf für den Faschismus und die Ausübung von Gewalt war eben nicht nur Männer- oder Frauensache, sondern eine Familienangelegenheit. Dieser Befund weist über die Geschichte der Republik von Salò und des italienischen Faschismus hinaus und bietet Anknüpfungspunkte mit der derzeitigen Geschlechterforschung zum Nationalsozialismus.

Einerseits wirft dies ein neues Licht auf das für die italienische Geschichte so wichtige Forschungskonzept des „familismo"[29]. Die hohe Bedeutung von Familienbeziehungen für das Denken und Handeln Einzelner verhinderte nicht etwa die politische Vergemeinschaftung. Ganz im Gegenteil: Sie begünstigen die Anbindung an den Faschismus. Andererseits unterstützt der Befund eine Forderung, die auch für die Erforschung der Geschichte des NS-Regimes jüngst verstärkt vorgebracht wird, nämlich die nach einer relationalen Geschlechtergeschichte, der es weniger um Individuen geht, als um Männer und Frauen als Paare und in anderen Beziehungskonstellationen[30]. Dass in den Diktaturen des 20. Jahrhunderts das Private politisch war, wissen wir seit Langem. Dass sich dieser Satz auch umkehren lässt, wir also fragen müssen, wie Einzelne das Politische im privaten und intimen Raum verhandelten – dafür interessiert sich die Forschung erst in jüngster Zeit[31].

Schließlich muss die Radikalisierung von Frauen im Zusammenhang mit der Kriegslage und der besonderen geostrategischen Situation Italiens gesehen werden. Anders als Wehrmachtshelferinnen und die Nationalsozialistinnen, die sich in den eroberten Ostgebieten an der Umsiedlungspolitik beteiligten, übertraten die Faschistinnen von Salò keine territorialen Grenzen. Doch als „doppelt besetztes Land mit zwei Regierungen und drei fremden Besatzungsmächten"[32] durchzogen Italien politische wie ideologische Konfliktlinien. Geschlechtsspezifische Ungleichheits- und Machtverhältnisse blieben davon nicht unberührt. Hass und Gewalt richtete sich oft nicht gegen Fremde, sondern gegen ein vertrautes, mitunter sogar das nächste Umfeld.

Cecilia Nubola spricht vom Bürgerkrieg und trifft in den von ihr ausgewerteten Quellen auf eine Gruppe von Frauen, die eines eint: Ihr handeln war gegen Angehörige der Dorfgemeinschaft und gegen Mitglieder der eigenen Familie gerichtet. Ideologische Überzeugung und materielle Vorteile können diese Taten nur teilweise erklären. In Massakern wie dem, das sich in der Nacht vom 4. April 1944 in Leonessa, einem Ort in Latium, ereignete, wandten sich Frauen gegen Personen aus ihrem nahen Umfeld, von denen sie zuvor ausgegrenzt und geächtet worden waren. Rosina

Cesaretti brandmarkte ihren Bruder, der sie wegen ihres Lebenswandels des Hauses verwiesen hatte, und weitere Männer der Dorfgemeinschaft als Antifaschisten, woraufhin sie von SS-Männern erschossen wurden.

Verschafften solche Taten einzelnen, wie Cesaretti, Genugtuung für die in der Vergangenheit erfahrene soziale Diskriminierung, sorgten sie für neue tiefreichende Verwerfungen, die lange in die Zukunft hineinwirkten. Im Mai 1945 kamen die Waffen in Italien zwar zum Schweigen und die Republik von Salò war beendet. Die heiße Phase des Bürgerkriegs war damit vorüber, doch die Konfliktlinien und Feindschaften durchzogen auch die neue demokratische Republik.

Ein Teil der Faschistinnen fand sich auf den Anklagebänken der Nachkriegsprozesse wieder. Wenngleich eine systemische Auswertung der italienischen Nachkriegsjustiz bislang fehlt, lassen regionale Statistiken vorsichtige Vergleiche mit dem deutschen Fall zu. In Prozessen der westdeutschen Justizbehörden wegen NS-Verbrechen gab es 1249 Frauen, etwa 7,5%, unter den Angeklagten, von denen 369 verurteilt wurden[33]. Dagegen standen allein in der Region Piemont 438 Frauen wegen Kollaboration unter Anklage. In der Provinz Rovigo und durch die außerordentlichen Schwurgerichte in Padua, Varese, Bozen und Reggio Emilia wurden nachweislich etwa 70 Frauen verurteilt, teils auch zu langjährigen Haftstrafen.

Ein genauerer Blick auf die Prozesse offenbart indessen viele Parallelen zwischen dem deutschen und italienischen Fall. Das Geschlecht der Angeklagten spielte bei der Urteilsfindung eine wichtige Rolle, wobei sich zeitgenössische Geschlechterstereotype ebenso strafmildernd wie -verschärfend auswirken konnten. So zeigte das Gericht im Fall der jungen Margherita Cerasi Milde, denn sie habe unter dem erzieherischen Einfluss ihres Vaters gestanden. Andere, die durch ihre zur Schau getragene Liebe zu Waffen, die man Männern, aber nicht Frauen zugestand, auffielen oder aber durch verbale Aggressivität, stießen auf große Ablehnung und hatten dementsprechend härtere Strafe zu gewärtigen[34].

Freilich stellten sich die Frauen selbst, ob Deutsche oder Italienerinnen fast ausnahmslos als unschuldig und mitunter sogar als Opfer dar. Hier weichen die historischen Geschehnisse doch deutlich, um wieder an den Anfang zurückzukehren, von dem ab, was im Roman „Der Vorleser" erzählt wird. 18 Jahre verbrachte Hanna Schmitz, die Hauptfigur des Romans, im Gefängnis und am Tag der Entlassung erhängte sie sich. In ihrer Zelle standen Bücher von Primo Levi, Elie Wiesel, Rudolf Höß und Hannah Arendt, mit denen sie sich über die Verbrechen der Nationalsozialisten, in die sie involviert gewesen war, informiert hatte. In einem Brief wies sie an, Geld, das sie gespart hatte, an eine Überlebende zu geben[35].

Solche Geschichten von Läuterung, Schuldeingeständnis und Reue vermag der Historiker, der sich an das halten muss, was er in den Quellen findet, kaum zu erzählen. Es bleibt dem Belletristen vorbehalten, in Worte zu fassen, was geschehen hätte können, aber nicht geschah.

Einleitung

Diese Untersuchung befasst sich mit einer Gruppe von etwa 40 Frauen, die nach dem Waffenstillstand vom 8. September 1943 der Repubblica Sociale Italiana (RSI), der Italienischen Sozialrepublik, angehört hatten und gleich nach Kriegsende wegen „Kollaboration mit dem deutschen Besatzer" angeklagt worden sind[1]. Sie waren die – letztlich wenigen – Faschistinnen von Salò, deren Verbrechen als so gravierend beurteilt wurden, dass sie nicht (oder nur teilweise) unter das Amnestiegesetz vom 22. Juni 1946 (DPR Nr. 4) fielen. Vor allem Artikel 3 des Dekrets *Amnistia e indulto per reati comuni, politici e militari* (Amnestie und Begnadigung für allgemeine, politische und militärische Vergehen) schloss bestimmte Straftaten von der Amnestie aus; darunter die Beteiligung an Massakern, besonders grausame Misshandlungen, Mord oder Plünderung sowie Verbrechen aus Habgier. Die Frauen, von denen hier die Rede sein wird, waren aufgrund genau dieser Straftaten verurteilt worden.

Den Großteil des Materials zu diesen Fällen haben wir in den Akten des italienischen Justizministeriums (Ministero di Grazia e Giustiza, Ufficio IV Grazie) gefunden: Prozessakten, Urteile, Strafverfahren, Ermittlungsprotokolle der Staatsanwaltschaft, der Carabinieri, Material der Anwälte der Angeklagten, Briefe der Familienangehörigen, Fürsprachen von Politikern und vieles mehr. Diese Quellen halfen uns dabei, die Verfahren gegen diese Frauen sowie einen Teil ihrer Biografien zu rekonstruieren[2].

Außer diesen Fällen werden wir weiteren Geschichten von FaschistInnen nachgehen, die unserer Einschätzung nach helfen, den „italienischen Bürgerkrieg" zu verstehen – jene Art Geschichten, die die kollektive Erinnerung bis heute spalten[3].

Grundsätzlich kollaborierten sehr viel weniger Frauen als Männer mit den Deutschen; es war nur eine Minderheit unter den ohnehin wenigen Faschistinnen in der Republik von Salò, die sich – vor allem als Angehörige des Frauenhilfsdienstes Servizio Ausiliario Femminile (SAF) – aktiv für den Nationalsozialismus eingesetzt hatte.

Unwesentlich war ihre Zahl jedoch keineswegs. Einige wenige Daten können dies veranschaulichen[4]. Im Piemont waren von den 3.634 Faschisten, die der Kollaboration angeklagt wurden, 438 Frauen[5]. In Venetien in der Provinz von Rovigo waren unter den 466 verurteilten Faschisten 20 Frauen[6]; die Corte d'Assise Straordinaria (CAS) – das außerordentliche Schwurgericht – von Padua behandelte 478 Fälle mit insgesamt 970 Angeklagten, von denen 911 Männer und 59 Frauen waren. Verurteilt wurden insgesamt 457 Personen, also 47%, und nur 20 davon waren Frauen[7].

Die CAS von Varese führte zwischen Ende Mai und dem 13. November 1945 genau 75 Prozesse mit 81 Angeklagten, davon 70 Männer und 11 Frauen; am anschließend eingerichteten Sondergericht der CAS wurden bis zum 31. Dezember 1947 156 Prozesse mit 275 Verurteilten (255 Männer, 20 Frauen) geführt[8]. Die CAS von Bozen sprach 63 Verurteilungen aus. Von den 109 Angeklagten waren 22 italienischsprachig, 87 deutschsprachig, neun waren Frauen; zwei wurden besonders hart bestraft: Carolina Knoll zu lebenslanger und Herta Maringgele zu 30 Jahren Haft[9]. An der CAS von

http://doi.org/10.1515/9783110642889-002

Reggio Emilia kam es zu wenigen Verurteilungen: Unter den 243 Angeklagten gab es nur 8 Frauen, das entsprach 3,29 %; alle bis auf eine kamen zwischen 1946 und 1947 durch Amnestien wieder frei[10].

Unter den 69 Mitgliedern der „Koch-Bande" gab es zehn Frauen, also 15%. Drei Frauen wurden der Folterung von Gefangenen angeklagt[11]. Aus dem Bericht der Präfektur von Cuneo geht hervor, dass von den 19 Kollaborateurinnen, die 1946 begnadigt wurden, sechs Frauen den Militäreinheiten der Italienischen Sozialrepublik angehört hatten, darunter Maria Borghezio, die örtliche Kommandantin des SAF, die viele „Säuberungsaktionen" angeführt hatte. Zu den zivilen Kollaborateurinnen gehörte unter anderem Angela Migliardi, die wegen Denunziation und Beihilfe zur Erschießung von Partisanen zu 20 Jahren Haft verurteilt wurde[12].

Die Straftaten der etwa 40 Faschistinnen, mit denen sich die Akten der Abteilung Gnadenrecht befassten, werden anhand der Prozessakten der außerordentlichen Schwurgerichte sowie der Berichte weiterer Instanzen und ihrer Urteilsbegründungen – in seltenen Fällen Freisprüchen – nachgezeichnet[13].

Die ersten italienischen Nachkriegsregierungen räumten Gnadengesuchen großen Raum ein, strebten sie doch eine möglichst baldige „nationale Versöhnung" an, um nach dem Faschismus ein „neues Kapitel aufschlagen" zu können. So kam es nach der Gründung der italienischen Republik am 2. Juni 1946 zu zahlreichen Amnestien, die sich natürlich auf die Strafverfahren auswirkten. Das begann mit der bereits erwähnten frühen und weitreichenden Amnestie vom 22. Juni 1946, benannt nach Palmiro Togliatti, Justizminister in der ersten Nachkriegsregierung unter Ministerpräsident Alcide De Gasperi[14].

Die entscheidende, abschließende Amnestie war die sogenannte „Azara-Amnestie" vom 19. Dezember 1953 (DPR Nr. 922)[15]. Sie ermöglichte die Freilassung der letzten inhaftierten Faschisten und Faschistinnen, die sich eines Verbrechens schuldig gemacht hatten. Damit sollte ein Schlussstrich unter die Strafverfolgung faschistischer Verbrechen in Italien gezogen werden.

Zu den Amnestien kamen die Begnadigungen einzelner Personen und die zuweilen vorschnelle Genehmigung, die restliche Haft auf Bewährung auszusetzen. Erstere wurden vom Präsidenten der Republik auf Anraten des Justizministers ausgesprochen, letztere konnte direkt vom Justizminister veranlasst werden. Beide waren Verfahren eher politischer Natur, ohne parlamentarische Kontrolle und teilweise auch unter Ausschluss der Öffentlichkeit[16].

Die dringlichsten Gnadengesuche betrafen die zum Tode verurteilten Faschisten und Faschistinnen. Kaum war das Urteil gesprochen, wurde dies umgehend der Abteilung Gnadenrecht mitgeteilt, die das Verfahren einleitete, die Todesstrafe umzuwandeln. Sämtliche zum Tode verurteilte Kollaborateurinnen bekamen damit lebenslänglich, sodass letzten Endes keine einzige exekutiert wurde.

Eine erhebliche Anzahl Faschistinnen, die der Italienischen Sozialrepublik angehört hatten, wurde strafrechtlich überhaupt nicht verfolgt – entweder weil nicht genug belastendes Material gesammelt werden konnte oder weil sie untertauchten.

Einer der bekanntesten Fälle ist der von Piera Gatteschi Fondelli, Brigadeführerin im SAF. Der Journalist Ulderico Munzi fasst ihre Geschichte wie folgt zusammen:

> Sie kam davon: Monatelang lebte sie in Kirchen, Klöstern, in Leichenhallen, wie sie in ihren Erinnerungen erzählt. Erst 1947 tauchte sie wieder auf. Der Militärgerichtshof hatte kein Verfahren gegen sie eröffnet. Man hielt sie für verstorben[17].

Viele wurden freigesprochen; andere, die verurteilt wurden, kamen im Zuge der Amnestie von 1946 sofort wieder frei, oder ihre Strafen wurde derart reduziert, dass sie bereits nach wenigen Jahren das Gefängnis verlassen durften. Weitere Strafminderungen wurden im Zuge der Amnestien von 1948, 1949 und 1953 erwirkt. Nur wenige Kollaborateurinnen kamen nach Durchlaufen aller Instanzen in den Genuss der Begnadigung; trotz wiederholter Gesuche wurde diese oft nicht bewilligt, da die Vergehen als besonders schwerwiegend eingeschätzt wurden – nicht zuletzt, weil sie von Frauen begangen worden waren. Eher wurde ihre Strafe, wie auch bei den männlichen Kollaborateuren, auf Bewährung ausgesetzt.

Abschließend ist festzuhalten, dass sämtliche Frauen auf die eine oder andere Weise, wie auch fast alle männlichen Faschisten, im Laufe der ersten zehn Jahre nach Kriegsende wieder auf freien Fuß kamen.

Die Prozessakten und die Gnadenverfahren im Justizministerium erlauben einen anschaulichen, wenn auch unvollständigen, Blick auf die Art der Aktivitäten dieser Frauen in der Republik von Salò. Einige griffen zu den Waffen – bereit, selbst Gewalt auszuüben –, andere bespitzelten und denunzierten Antifaschisten, Partisanen, Juden; viele benutzten den Krieg, um sich ihre kleine persönliche Machtposition aufzubauen, um sich für erlittene Übergriffe und Unterdrückung zu rächen, indem sie Familienmitglieder oder Nachbarn denunzierten und deren Ermordung in Kauf nahmen: Sie alle waren aktiv am Bürgerkrieg beteiligt und unterstützten die Mussolini-Republik und deren nationalsozialistische Verbündeten.

Anhand der Prozessakten lassen sich Tod und Zerstörung kartografieren, deren Spuren wir vom Süden des Landes bis hinauf in den Norden verfolgen können. Den Faschistinnen von Salò begegnen wir im Gefolge der NS-Truppen auf deren Rückzug; und zwar stets dort, wo der Krieg besonders brutal und grausam wurde, etwa entlang der sogenannten „Gotenstellung" zwischen den Marken und der Emilia-Romagna, zwischen der Toskana und Ligurien. Und vor allem begegnen wir ihnen im Piemont, in der Lombardei und in Venetien, wo die Republik von Salò mit ihrem eigenen Heer, mit den Schwarzen Brigaden und ihren Banden, auf eigene Faust oder zusammen mit den nationalsozialistischen Einheiten einen erbarmungslosen Kampf führte. Dieser Kampf richtete sich gegen Partisanen wie Antifaschisten, junge Kriegsdienstverweigerer oder auch ehemalige Soldaten des italienischen Heers, die nach dem Waffenstillstand von Cassibile am 8. September 1943 von den Nationalsozialisten entwaffnet wurden.

Auch geben die Justizakten Einblick in das Leben einiger dieser Frauen, die sich bewusst und freiwillig dafür entschieden hatten, auf der Seite der Italienischen Sozialrepublik zu kämpfen. Vielleicht werden wir auch – zumindest ansatzweise – Antwort auf die Frage finden, wie sich die Justiz gegenüber diesen Kollaborateurinnen verhielt. Anhand welcher kulturellen und strafrechtlichen Kriterien sprachen die Gerichte ihre Urteile aus? Verhielten sich die Gerichte den Frauen gegenüber nachsichtiger oder härter? Mit welchen Verteidigungsstrategien rechtfertigten die Angeklagten ihre Haltungen und Taten in den Jahren 1943 bis 1945? Und können wir in der italienischen Justiz in der Phase des Übergangs von einem totalitären Regime zu einer Demokratie eine „geschlechtsspezifische" Rechtsprechung ausmachen?[18].

I Kollaborateurinnen

Sondergesetze und Rechtsprechung zwischen 1943 und der Nachkriegszeit

Die Rekonstruktion der Strafrechtsfälle der Frauen (und Männer) von Salò beginnt mit den nach dem 8. September 1943 eingerichteten provisorischen Regierungen Süditaliens und mit den sogenannten „Säuberungsgesetzen" beziehungsweise der Ahndung faschistischer Verbrechen. In Italien stützten sich die Prozesse vor allem auf jene Gesetze zur Säuberung vom Faschismus und gegen Kollaboration, die von der Regierung Bonomi verabschiedet worden waren. Das erste und wichtigste war das Dekret vom 27. Juli 1944 (DLL Nr. 159) mit seinen „Sanktionen gegen den Faschismus". Darin sah vor allem Artikel 5 vor, dass

> jeder, der sich nach dem 8. September 1943 Vergehen gegen die Loyalität und die militärische Verteidigung des Staates hat zuschulden kommen lassen und kommen lässt, in jedweder Art von Kommunikation, Korrespondenz oder Kollaboration mit dem deutschen Besatzer zu dessen Beistand oder Unterstützung, nach dem Kriegsstrafrecht verfolgt wird.

Man hatte sich klar dazu entschieden, nicht das gesamte faschistische Regime unter Anklage zu stellen, sondern nur die Zeit der Italienischen Sozialrepublik und die Kollaboration von Zivilisten mit dem deutschen Militär[1]. Das Strafmaß fiel hoch aus, da das Kriegsstrafrecht bei zivilen Personen zur Anwendung kam. Gegen Frauen wurde am häufigsten nach Artikel 51 „Unterstützung des Feindes" Anklage erhoben und nach Artikel 54 „Ausspähung oder Korrespondenz für den Feind". In den Artikeln 59 und 62 ging es vor allem um militärische Spionagetätigkeit beziehungsweise um die Unterstützung von Spionen und die Weitergabe von Informationen an Spione oder andere feindliche Agenten. Auf all diese Vergehen stand die Todesstrafe. Ansonsten wurde der eher allgemeine Artikel 58, „Unterstützung des Feindes bei seinen politischen Plänen" angewendet, worauf Haftstrafen von 10 bis 20 Jahren standen[2].

Mit dem Dekret vom 22. April 1945 (DLL Nr. 142) wurden die Corti d'Assise Straordinarie, die außerordentlichen Schwurgerichte, eingerichtet, die sich ausschließlich und mit größter Dringlichkeit mit den KollaborateurInnen befassten. Diesen Sonderschwurgerichten saß ein ordentlicher Richter vor, der vom Vorsitzenden des Berufungsgerichts ernannt wurde, sowie vier Laienrichter, die anfänglich aus einer Liste des Comitato di Liberazione Nazionale (CLN), des Komitees der Nationalen Befreiung, ausgelost wurden. Gegen die Urteile dieser CAS konnte nur vor einer provisorischen Sondersektion des Kassationshofs in Mailand Einspruch erhoben werden[3]. Mit dem Dekret vom 5. Oktober 1945 (DLL Nr. 625) wurden diese CAS wieder aufgelöst und in Sondersektionen der ordentlichen Schwurgerichte umgewandelt[4].

Ein weiteres Gesetz vom 26. Juni 1947 legte die Auflösung dieser Sondersektionen bis zum 31. Dezember desselben Jahres fest, wodurch die Strafverfolgung der Kolla-

http://doi.org/10.1515/9783110642889-003

borateurInnen von den normalen Militärgerichten und den ordentlichen Schwurgerichten übernommen wurde. Die Gerichte und Prozesse kehrten damit zurück in die Hände von Richtern, von denen die meisten ihre Karriere während des faschistischen Regimes begonnen hatten und die nicht im Zuge einer „Säuberung" von ihren Stellen entfernt worden waren[5].

Unter der allgemein gehaltenen Kategorie „Kollaboration mit dem deutschen Besatzer" hatten die CAS unterschiedliche Straftaten zu verhandeln. Darunter fielen Kriegsverbrechen wie die Beteiligung an Strafaktionen gegen die Zivilbevölkerung, die Beteiligung an Brandstiftungen und Zerstörungen, die Beteiligung an Kunstraub und Plünderungen, die Beteiligung an der Deportation von Juden, die Beteiligung an Hinrichtungen, die Beteiligung an Sondergerichten der Italienischen Sozialrepublik, die Folterung von Personen aus der Zivilbevölkerung und von Partisanen, die Denunziation von Personen aus der Zivilbevölkerung und von Partisanen sowie jede Art materieller Kollaboration[6].

Gegen fast alle Urteile der CAS wurde Einspruch erhoben. Oft wurden die Verfahren aufgrund von Formfehlern von den Kassationshöfen eingestellt, die Angeklagten freigesprochen oder die Haftstrafen drastisch reduziert. In vielen Prozessen kam es gar nicht erst zur Verurteilung und eine große Anzahl von FaschistInnen, die verurteilt worden waren oder die wegen ihrer Vergehen noch vor Gericht standen, kam infolge der Togliatti-Amnestie vom 22. Juni 1946 wieder auf freien Fuß.

Diese Amnestie markierte eine entscheidende Wende im Umgang mit den inhaftierten KollaborateurInnen. Mit einer ihrer Auswirkungen, die allerdings nicht zu unterschätzen ist, hatte wohl kaum jemand gerechnet: Das Gefängnistor öffnete sich nicht nur für sehr viel mehr KollaborateurInnen, als es der Befürworter der Amnestie beabsichtigt hatte; sondern sie verhalf auch vielen zur Freiheit, die für Vergehen verurteilt worden waren, die eigentlich von der Amnestie ausgenommen waren. Bei deren Berufungsverfahren wurde argumentiert, viele FaschistInnen mit viel schwerwiegenderen politischen und militärischen Anklagen seien wieder freigelassen worden, und die Frage gestellt, weshalb dann wegen oft minderer Vergehen Verurteilte im Gefängnis verbleiben sollten?

Diese Argumentation beeinflusste maßgeblich die Entscheidungen zugunsten von Gnadenerweisen und der Haftaussetzung auf Bewährung durch die jeweiligen Justizminister und Staatspräsident Luigi Einaudi. Einaudi erklärte die Entscheidungen wie folgt:

> Ein Grund für viele Bedenken waren die Straftaten, die von Deutschen und von den Schwarzhemden in der Zeit des Partisanenkriegs begangen worden waren. Über die Schwere dieser Straftaten und ihre Grausamkeit gibt es kaum Zweifel. Allerdings lag den Gnadenerweisen eine ernstzunehmende Motivation zugrunde, die die Juristen *par condicio* nennen. Dem Komplizen bei Massakern, der schlimmere Grausamkeiten begangen hatte als derjenige, der um Begnadigung bat, mehr noch, dem Anführer der Bande, dem, der den Schießbefehl gegeben hatte, war es dank der Amnestien, dank besserer Verteidigung und passender Erinnerung gelungen, freizukommen: Seelenruhig spazierte er, manchmal geradezu provokant, in der Öffentlichkeit herum.

Was sollte man da machen? Wer einsaß, war ein Delinquent, mit allem Grund, seine Haftstrafe bis zum allerletzten Tag abzusitzen. Aber die anderen, noch viel schlimmeren Delinquenten, die nun frei waren? Wohin führte diese *par condicio*? Und so geschah es, dass auch jener Delinquent – nach vielen Gewissenskonflikten – freigelassen wurde[7].

Nach dem Historiker Guido Crainz gab es „eine lange Reihe ermüdender Vertagungen und Einsprüche, und die Laienrichter [wurden] immer stärker von Richtern beeinflusst, die noch im Faschismus ihre Ausbildung absolviert hatten und die sich eilfertig der zum Freispruch tendierenden Rechtsprechung des Kassationshofs anpassten"[8].

Nach der deutlichen Wahlniederlage der linken Demokratischen Volksfront und dem Sieg der Christdemokraten im April 1948 nahm bei den Gerichten die Tendenz zum Freispruch noch zu. Zwischen 1948 und 1950 wurden in mehreren Prozessen gegen Vertreter der Republik von Salò, die wegen schwerwiegender Gewaltverbrechen während des Bürgerkriegs angeklagt waren, besonders milde Urteile gefällt. Im Februar 1949 kam der Kommandant der Zehnten MAS-Flottille, Junio Valerio Borghese, der als direkt verantwortlich für 43 Ermordungen zu zwölf Jahren Haft verurteilt worden war, umgehend nach dem Urteilsspruch wieder frei. Im Mai 1950 wurde Marschall Rodolfo Graziani, oberster Kommandant des Heeres der Italienischen Sozialrepublik, von einem Militärgericht zu 19 Jahren Haft verurteilt. Auch Graziani profitierte von einem Hafterlass und befand sich nur drei Monate nach seiner Verurteilung wieder auf freiem Fuß[9].

Nach der Amnestie von 1946 wurde das Jahr 1951 ein weiterer wichtiger Wendepunkt in Sachen Straferlässe: Denn der ehemalige Partisane und Christdemokrat Adone Zoli wurde zum Justizminister ernannt und machte sich stark für eine Politik der Begnadigungen und Haftaussetzungen auf Bewährung der Faschisten, die er „politische Gefangene" nannte.

1951 ist auch für die verurteilten und noch in Haft befindlichen Frauen ein bedeutendes Jahr der Freilassungen[10]. Am 28. Oktober 1951 veröffentlichte der Journalist Giovannino Guareschi[11] in seiner Zeitschrift „Candido" einen kurzen, polemisch zugespitzten Artikel mit dem Titel *Detenute politiche*, in dem er die Daten des Ministeriums anzweifelte und seinerseits eine Liste von zwölf Kollaborateurinnen zusammenstellte:

> Frauengefängnis von Perugia: Adriana Barocci, verheiratet, eine Tochter (lebenslänglich); Lidia Frizzo (30 Jahre Haft); Ada Giannini (lebenslänglich); Alba Gelsomina Raffaelli, verheiratet, ein Sohn (14 Jahre Haft); Annamaria Cattani, Witwe mit drei Kindern (lebenslänglich); Linda Dell'Amico, verheiratet, vier Kinder (lebenslänglich); Margherita Albani, Witwe (lebenslänglich). Gefängnis von Turin: Olga Ribet, Maria Torsellini. Gefängnis von S. Verdiana, Florenz: Maria Lesca. Gefängnis von Parma: Anna Capelli (lebenslänglich). Gefängnis von Venedig: Maria Pasquinelli (lebenslänglich). In einer der nächsten Ausgaben werden wir eine zweite Liste veröffentlichen.

Die zweite Liste wurde nie publiziert; in der Zwischenzeit hatte Justizminister Zoli die Zentralstelle für Strafangelegenheiten mit der Beschaffung der entsprechenden Daten beauftragt, um dem „Candido" antworten zu können. Auf Grundlage dieser Informationen verfasste der Minister am 28. November 1951 eine Antwort an Guareschi und legte detailliert dar, welche der Gefangenen zu den politischen Häftlingen gehörten, die zu diesem Zeitpunkt noch wegen Kollaboration einsaßen:

> Capelli, Maria Anna (nicht Anna) seit dem 20. Dezember 1950 frei. Frizzo, Lidia seit dem 23. August 1951 frei. Raffaelli, Anna ist keine politische Gefangene, sondern wegen Mordes in Haft. Pasquinelli, Maria ist nicht wegen Kollaboration verurteilt, sondern wegen der Tötung eines englischen Generals. Cattani, Anna Maria ist als Kriegsverbrecherin auch vom britischen Kriegsgericht in Neapel verurteilt worden. Baroni [*sic*], Adriana und Dell'Amico, Linda warten noch auf ihr Urteil.

> Von den zwölf, die in Ihrer Zeitschrift als wegen Kollaboration Verurteilte genannt sind, trifft das tatsächlich nur auf fünf zu: Giannini, Ada; Albani, Margherita; Ribet, Maria; Torsellini, Maria und Lesca, Maria (die Haftstrafe der Letztgenannten ist in diesen Tagen auf Bewährung ausgesetzt worden). Ehrlicherweise muss ich hinzufügen, dass da auch noch Knoll, Carolina und Viglietti [*sic*], Caterina sind. Insgesamt also sieben statt sechs: und zwar, weil für eine – die Viglietti [*sic*] – ein Begnadigungsverfahren läuft[12].

Ende 1951 befanden sich dieser Liste zufolge von den Hunderten Faschistinnen der Republik von Salò, die wegen Kollaboration verurteilt worden waren, nur noch sieben in Haft.

Schließlich bereiteten im Jahr 1953 zwei gleichzeitig herausgegebene Erlässe dem Problem der faschistischen „politischen Gefangenen" ein definitives Ende: Die Amnestie vom 19. Dezember 1953 (DPR Nr. 922) sowie ein neues Gesetz zur Strafe auf Bewährung (Nr. 921) vom 18. Dezember 1953 ermöglichten es, dass allein auf Initiative des Justizministers Haftstrafen für politische Vergehen auf Bewährung ausgesetzt werden konnten, und zwar unabhängig davon, wie viel von der Haft bereits abgesessen beziehungsweise noch abzusitzen war. Als Folge dieses neuen Gesetzes wurden im Lauf von drei Jahren, von März 1954 bis Dezember 1956, 121 KollaborateurInnen auf freien Fuß gesetzt, neuerdings ohne besondere Verfahren und ohne die üblichen Begnadigungsprozeduren[13]. Ganz anders hingegen ging man mit den Partisanen um, die wie gewöhnliche Verbrecher behandelt wurden und nicht als politische Gefangene galten. Von Dezember 1954 bis Oktober 1955 wurden 109 KollaborateurInnen, aber nur 17 PartisanInnen auf Bewährung aus der Haft entlassen[14].

Die Amnestie und das Bewährungsdekret von 1953 wurden auch auf FaschistInnen angewendet, die nicht zum Prozess erschienen oder untergetaucht waren. Unter den Faschistinnen betraf dies Bolivia Magagnini, zum Tode verurteilt, und Adriana Paoli, verurteilt zu 30 Jahren Haft, ferner die zu 15 Jahren Haft verurteilte Denunziantin jüdischer Bürger Antonia Rosini Vicentini sowie Luciana Jeannet mit einer Haftstrafe von 10 Jahren.

Wechselnde, unklare und verborgene Identitäten

Der *Federale* Vincenzo Costa, Chef der faschistischen Partei Mailands, teilte die Anhänger der Republik von Salò in zwei Kategorien ein, in „Idealisten" und „Schakale". Nach seiner Klassifizierung meinten die „Schakale", sie könnten „als Träger einer Uniform ihre niederen Beweggründe, ihre Schurkereien verschleiern"[15]. Trifft die Unterscheidung auch auf die Faschistinnen der RSI zu? Und gibt es nur diese beiden Kategorien oder kann man von vielen „Schwarzschattierungen"[16] innerhalb der faschistischen Ideologie sprechen?

Es ist noch schwieriger als bei den Männern, die Biografien der wegen Kollaboration verurteilten Frauen zu rekonstruieren, ihre ideologische Gesinnung zu zeichnen, die Aktivitäten und Aufgaben, die sie innerhalb der RSI tatsächlich übernahmen, festzustellen. Schon allein ihre genaue Identität auszumachen ist nicht leicht. Vielleicht waren sie auch besonders geschickt darin, diese vor Gericht zu verbergen. Allerdings rechneten die italienische Justiz und Öffentlichkeit auch nicht damit, dass Frauen ein Gewehr in die Hand nehmen und Gewalt anwenden könnten. Die Berichte und Zeitungsartikel, in denen ihre Taten rekonstruiert wurden, lösten in der öffentlichen Meinung wie auch bei vielen Geschworenen einen regelrechten Kulturschock aus.

Ein Beispiel ist Marina Capelli, deren in den Provinzen von Reggio Emilia und Parma nachgewiesene Taten wie folgt beschrieben wurden:

> Cappelli [*sic*], Marina kollaborierte nach dem 8. September 1943 aktiv mit dem deutschen Besatzer in Ciano d'Enza, indem sie Informationen über die Partisanen weitergab und die Militärs in deutscher Uniform und mit einem Maschinengewehr auf Razzien begleitete. Dabei kam es zu einem Massaker im Dorf Castione Baratti, bei dem Häuser in Brand gesteckt, mehrere Personen festgenommen und einige Partisanen erschossen wurden[17].

In den Akten über sie widersprechen sich die Informationen über ihr Leben und über ihre Prozesse. Hieß sie nun Anna, Maria oder Marina? Schrieb sich ihr Nachname Cappelli oder Capelli? War sie die Tochter von Alberico oder von Albino? Auch die zeitlichen Überschneidungen ihrer Strafverfahren und Gefängnisaufenthalte lassen sich nur schwer entwirren. Dreimal stand sie vor Gericht und mit jeder Amnestie verringerte sich ihre Haftstrafe. Als man den Gefängnisleiter in Parma nach ihr befragt, kommt heraus, dass sie ins Gefängnis von Varese verlegt worden ist; ein Gnadengesuch folgte dem anderen, dabei wussten die Antragsteller nicht, ob sie schon frei war oder nicht. Während die Staatsanwaltschaft im Laufe der Überprüfung ihres Gnadengesuchs befragt wurde, befand sie sich bereits auf freiem Fuß, da ihre Haft in der Zwischenzeit auf Bewährung ausgesetzt worden war.

Ähnlich erging es auch Liselot Picknel, deren Vor- und Nachname auf jede mögliche Weise falsch geschrieben wurden. Das erschwert ihre Identifizierung im Nachhinein, und ihr Weg durch Prozesse, Gefängnisse und Ministerien lässt sich nur schwer zurückverfolgen. Selbst sich auf das Geschlecht festzulegen, fiel den Beamten in den Ministerien offenbar schwer – ob es sich um einen Mann oder eine Frau handelte ist nicht in allen Akten klar ersichtlich. Picknel war eine Frau, eine österreichische Staatsbürgerin, die in Südtirol lebte und am 26. April 1945 vom Alliierten Gerichtshof in Florenz wegen Spionage verurteilt worden war. Sie galt als besonders gefährlich und stand auf der eher kurzen Liste von von alliierten Gerichten verurteilten Spion-Innen, die die Engländer der italienischen Regierung hatten zukommen lassen. Die Übergabe dieser Liste an die italienischen Justizbehörden war von der Aufforderung begleitet, die Verurteilten nicht zu schnell wieder auf freien Fuß zu setzen[18]. Der Justizminister hielt sich daran, obschon die österreichischen Behörden darauf drängten, Picknel freizulassen. Trotzdem wurde Picknel ihre Strafe nicht erlassen – im Gegensatz zu vielen anderen Männern, die 1948 wegen Spionage verurteilt wurden. Dafür wurde ihre Strafe (unter Justizminister Giuseppe Grassi) von 20 Jahren Haft auf sieben Jahre, vier Monate und 20 Tage reduziert[19].

Für die Spionin Picknel war die Fähigkeit zu „verschwinden" oder sich zu verstecken aus offenkundigen Gründen noch wichtiger als für andere, auch wenn das letztendlich mehr oder weniger für alle Kollaborateurinnen galt. Wer waren diese Frauen? Was waren ihre Beweggründe und Vorstellungen, wie weit reichte ihre tatsächliche Verantwortung für die Taten und Verbrechen in den Bürgerkriegsjahren ab 1943?

Tab. 1: Begnadigte Spioninnen (AMG, Decreti di grazia condizionale, 1948–1949)

Name	Datum der Begnadigung
Amalia Ansalone	7. April 1948
Giovanna Baraldi	7. April 1948
Tecla Boni	7. April 1948
Olga Spera (oder Sperea)	7. April 1948
Carla Costa	16. April 1948
Fernanda Cecchi	24. Juni 1948
Anna Maria Dei Brentis identifiziert als Antonia Angela Catenacci	19. August 1948
Liselot Pickel (oder Picknel)	17. Dezember 1949

Auf all diese Fragen lassen sich nur schwer eindeutige Antworten finden. Zwischen dem Bild, das von den Frauen durch die Prozesse, die Zeugenaussagen, die Berichte der Carabinieri entsteht, und dem Bild, das sich aus persönlicher Erzählung, aus den Verteidigungsschriften, den Gesuchen der Betroffenen, ihrer Familienangehörigen oder ihrer Rechtsbeistände ergibt, klaffen gewaltige Unterschiede[20].

Das Durcheinander bei den Namen, Fakten und Daten verwundert nicht allzu sehr, hält man sich die Bedingungen vor Augen, unter denen die Gerichte direkt nach dem Krieg angesichts Tausender von Gnadengesuchen arbeiten mussten. Aber es steckt noch etwas anderes dahinter: Die Frauen verlieren in diesen Prozessen ihre Rolle als eigenständiges Subjekt, mit der Leugnung ihrer Taten wird ihnen ihre Persönlichkeit abgesprochen, werden sie nicht mehr als Handelnde gesehen. Die Schwierigkeit der Frauen, sich in ihrer Individualität zu behaupten, „wahrgenommen" zu werden, mit anderen Worten, über eine konkrete Identität und eine spezifische Rolle in der Geschichte zu verfügen, egal wie klein oder groß, betrifft bekanntermaßen nicht nur die Justiz[21].

Jedoch verstanden es auch viele dieser republikanischen Faschistinnen, diese unklare Identität, diese Gemeinplätze über weibliche Schwäche und Bedeutungslosigkeit für ihre Verteidigungsstrategien zu nutzen, um geringere Haftstrafen und in manchen Fällen ihre Begnadigung zu erzielen[22].

Wer war Ester Bottego Pini?

Um die Schwierigkeiten der Gerichte bei der Einschätzung der Persönlichkeiten der Angeklagten sowie bei der Feststellung ihrer Taten nachvollziehen zu können, ist die Geschichte von Ester Bottego (oder Bottega), verheiratete Pini (oder Pinni)[23], besonders aufschlussreich. Doktor Giovanni Amati, der für die Feststellung der Zurechnungsfähigkeit zuständige Arzt in der psychiatrischen Vollzugsanstalt von Aversa, in die man Bottego, die sich bis dahin im Gefängnis von Venedig befunden hatte, im Oktober 1948 einlieferte, schrieb sie wie folgt:

> Sie ist eine Insassin von sanftmütigem Charakter bei stets guter Führung, diszipliniert und je nach Umstand anpassungsfähig, verständnisvoll gegenüber den Mitinsassinnen, korrekt im Umgang mit dem Wachpersonal, einsichtig für die Bedingungen ihrer Lage, sie zeigt Reue für ihr vergangenes Leben, das zu ihrer Verurteilung geführt hat, sie hofft auf ihre Rückkehr in die Freiheit, auch aufgrund ihrer körperlichen Verfassung – sie ist angeschlagen wegen verschiedener Krankheiten, die sie während ihrer Haft durchlitten hat und von denen sie noch nicht ganz genesen ist.

Sanftmütiger und disziplinierter Charakter, anpassungsfähig, gefasst und reuig, verständnisvoll gegenüber ihren Mitinsassinnen, korrekt gegenüber dem Wachpersonal: Das ist das Porträt, das der Psychiater von ihr zeichnet, und er spricht sich abschließend für ihre Begnadigung aus[24]. Seine Beschreibung meint es gut mit der Frau, sie klingt allerdings nicht nach einer professionellen ärztlichen Diagnose. Tatsächlich befand sich Ester Bottego nicht wegen psychiatrischer Probleme in der Anstalt von Aversa, sie wurde lediglich wegen ihrer diversen Erkrankungen auf der dortigen Krankenstation behandelt.

Der Bericht von Doktor Amati blieb nicht die einzige Fürsprache für Bottego. Doch zunächst soll hier ihre Biographie dargestellt und geklärt werden, was während der Zeit in der RSI passiert war und weswegen sie 1946 vom Schwurgericht von Vercelli verurteilt wurde.

Ester Bottego war 1915 in Refrontolo in der Provinz Treviso als Tochter von Alessandro (wahrscheinlich eher Abramo) und Iosefa Lot auf die Welt gekommen. Ihr Name – und die Namen ihrer Eltern – legen jüdische Wurzeln nahe, allerdings wird nirgendwo in den Unterlagen darauf eingegangen. Sie hatte einen Bruder, der im Franziskanerkonvent in Vicenza lebte, Bruder Eletto Bottego, und eine Schwester, die Nonne war – das lässt den Schluss zu, dass es sich bei der Familie möglicherweise um zum Katholizismus konvertierte Juden handelte[25].

Ester hatte den anderen Frauen, mit denen sie die Zelle in Aversa teilte, erzählt, ihre Familie könne sich eines angesehenen Vorfahren rühmen, des Offiziers und Forschers Vittorio Bottego, der mit seinen Expeditionen am Horn von Afrika berühmt geworden und sogar mit der *Medaglia d'oro al valor militare* ausgezeichnet worden sei[26]. Ausgehend von den vom Gericht ermittelten Informationen schien es sich aber eher um eine durchschnittliche Familie zu handeln:

> In Refrontolo leben die Eltern, ihnen gehören ein bescheidenes Wohnhaus und ein Stück Land. Sie hat einen Klosterbruder in Vicenza und eine Schwester, die Nonne ist. Sämtliche Familienmitglieder haben sich nichts zuschulden kommen lassen. Sowohl die Bottego als auch ihre Familienmitglieder haben keine besonderen Kriegsverdienste[27].

Kriegsverdienste vorweisen zu können, hätte bei einem Gnadengesuch Pluspunkte eingebracht und für eine Bewilligung ausschlaggebend sein können.

Verteilt über die gesamte umfangreiche Akte zu Bottegos Gnadengesuchen finden sich weitere persönliche Daten. Sie war mit Giovanni Pini aus der Gemeinde Vazzola (Venedig) verheiratet, die Ehe blieb kinderlos. 1948 war der Ehemann aus der Gefangenschaft in Westafrika heimgekehrt. Nach Angaben der Carabinieri von Pieve di Soligo, einem Ort nicht weit von ihrem Heimatdorf entfernt, war die Frau „von zweifelhafter Moral, denn während der Abwesenheit ihres Mannes, der etwa neun Jahre in Westafrika in Gefangenschaft saß, hat ihr Privatleben sehr zu wünschen übrig gelassen"[28]. Sie war diplomierte Krankenschwester und arbeitete 1944 in Treviso als Helferin im Krankendienst bei der *Compagnia della Morte*, einer faschistischen Freiwilligeneinheit. Dort befand sie sich auch am 7. April 1944, einem Karfreitag, als die Stadt von den Alliierten bombardiert wurde. Palmira Gottardi, die ehemalige Vertrauensperson der weiblichen Fasci, der faschistischen Aktionsbünde der RSI in Treviso, erinnerte sich gut an sie. Sie fand es bewundernswert, wie sie sich um die Verletzten kümmerte, „mutig, furchtlos und voller Anteilnahme für die Unglückseligen"[29].

Möglicherweise war sie gleich nach diesen Ereignissen nach Vercelli gezogen. Reichte ihr die Rolle der Helferin nicht mehr? Fühlte sie sich, wie viele faschistische Mädchen und Frauen, bereit für eine anspruchsvollere Rolle, bereit, zu den Waffen zu greifen? Offenbar, denn ab Mai 1944 war sie Unterleutnantin des Sturmregiments *Volontari della morte*, das in Vercelli stationiert war. Und von hier aus habe sie sich, so die Prozessakten, „an den Repressalien und Gewaltaktionen gegen die Partisanen" beteiligt[30].

Der Prozess vor dem außerordentlichen Schwurgericht von Vercelli endete am 15. Dezember 1946 mit einer Verurteilung zu 24 Jahren Haft wegen Kollaboration und Folter. Ihre anschließende Berufung wurde vom Kassationshof 1947 abgewiesen. Doch infolge der Amnestien von 1946, 1948 und 1949 konnte Ester Bottego von verschiedenen Strafnachlässen profitieren. Außerdem reichten sie und ihre Angehörigen mehrere Gnadengesuche ein – 1948, 1949 und 1950 –, die allerdings alle abgelehnt wurden. Aufgrund der Strafminderungen war ihre Freilassung für 1953 vorgesehen, sie kam aber schon früher frei: Mit dem Erlass vom 2. Januar 1951 setzte Justizminister Attilio Piccioni ihre Haft auf Bewährung aus.

Bei ihrer Freilassung war Ester Bottego 36 Jahre alt; von den 24 Jahren, zu denen sie verurteilt worden war, hatte sie fünf abgesessen. Ein Einblick in den Prozess zeigt, wie die Fakten rekonstruiert und die Taten der Frau eingeschätzt wurden.

Sie war angeklagt, als diensteifriger Feldwebel des Sturmregiments *Volontari della Morte* an Vergeltungsaktionen und Gewalttätigkeiten gegen Partisanen beteiligt gewesen zu sein – und dabei am 13. Mai 1944 in Vercelli den Unteroffizier Domenico Frello besonders grausam gefoltert zu haben. Er hatte demselben Regiment angehört und war desertiert. Sie soll ihm „höllische Folterungen und Verbrennungen an verschiedenen Körperteilen und vor allem im Genitalbereich [zugefügt haben], mit Verletzungen, wegen der er in besonders ernstem Zustand ins Krankenhaus eingeliefert wurde".

Frello, der die Folterungen überlebte, gab als Zeuge im Prozess seine Version der Ereignisse zu Protokoll. Am 11. Mai 1944 hatte er sich von Vercelli entfernt, um sich den Partisanen anzuschließen. Das war ihm aber nicht gelungen, da er sich in der Gegend nicht auskannte und weil sich eine Vorhut, die ihm wohl nicht traute, geweigert hatte, ihn zu begleiten. Daher kehrte er in die Kaserne zurück und wurde umgehend, noch am 13. Mai, festgenommen und verhört. Seine Angaben stellten seine Verhörer offenbar nicht zufrieden – vor allem hatte er keine plausiblen Erklärungen zu einer Liste geben können, die er bei sich trug und auf der die Offiziere und Militärs seiner Einheit namentlich aufgeführt waren –, weswegen man ihn folterte. Man hatte ihn ausgezogen und ausgepeitscht, eine brennende Kerze unter seine Hoden gehalten und ihm brennende Papierblätter auf den Rücken gelegt, was schlimme Verbrennungen und „unvorstellbare Pein und Schmerzen" verursachte.

Frellos Aussagen wurden wie folgt festgehalten:

> Bottego, die bei den Folterungen anwesend war, war diejenige, die den Befehl gab, die Kerze anzuzünden und damit Frellos Hoden zu verbrennen und sie persönlich verbrannte ihm mit den Papierblättern den Rücken. Sie war es, die die Qualen des armen Frello noch steigerte, indem sie mit der sehr scharfen Spitze ihres Dolchs über seine Brust fuhr und ihm Verletzungen zufügte und sie versuchte, ihn damit auch an der Hüfte zu verletzen.

Die Angeklagte legte während der Ermittlungsverhöre ein Teilgeständnis ab, indem sie zugab, sie sei von einem „Kollegen" dazu aufgefordert worden, in den Raum zu gehen, in dem sich Frello befand, und zu versuchen, ihn zum Reden zu bringen: „Sieh mal, ob du ihn zum Reden bringen kannst", habe er ihr gesagt. Bottego war in den Raum gegangen und hatte nach eigenen Angabe versucht, Antworten von ihm zu bekommen. Doch bei der Anhörung im Prozess erklärte sie sich für unschuldig und behauptete, man habe sie gezwungen, in den Raum mit Frello zu gehen, und dass andere ihn „verdroschen" hätten. Im Lauf des Prozesses rechtfertigte Bottego ihre Zugehörigkeit zur RSI, indem sie erklärte, der Beitritt sei nicht freiwillig gewesen, sondern nur infolge ihrer Gefangennahme durch die Deutschen geschehen.

Angesichts der vor Gericht als erwiesen angesehenen besonderen Grausamkeit der Angeklagten und der Qualen, die der „arme Frello" erlitten hatte und die ihm „besonders brutal" zugefügt worden waren, wurde sie von der Amnestie von 1946 ausgeschlossen. Ferner hieß es:

> Da die Tat nicht um ihrer selbst willen durchgeführt wurde, was den Tatbestand der schweren Körperverletzung erfüllt hätte, sondern zwei weiterführende Absichten zum Ziel hatte, nämlich einmal, um Informationen über die Partisanenverbände zu bekommen und zum anderen, die Desertion aus dem selbst ernannten republikanischen Militär durch Abschreckung durch diese barbarische Repression zu verhindern, [...] bildet sie eine Straftat nach Art. 51 des CPMG[31].

Für dieses Vergehen ist Ester Bottego, „für schuldig zu befinden, deren sehr schwere Tat in jener Zeit eine solche Welle der Missbilligung und der Empörung in der Stadt auslöste, dass sich sogar die Militärbehörde der RSI damit befassen musste. Sie leitete eine Untersuchung ein, und das politische Ermittlungsbüro Ufficio Politico Investigativo (UPI) bestrafte und verbannte die Angeklagte aus Vercelli".

Statt der Todesstrafe durch Erschießen in den Rücken, wie es beim Tatbestand nach Art. 51 des *Codice penale militare di guerra*, vorgesehen war, verhängte das Schwurgericht von Vercelli eine Haftstrafe von 24 Jahren: nicht weil man „der haarsträubenden Geschichte Ester Bottegos als Gefangener der Deutschen und deshalb Opfer ihrer maßlosen Liebe zu den Partisanen (alles durch den Bericht der Carabinieri von Conegliano widerlegt, der der Akte beiliegt und aus dem hervorgeht, dass die Angeklagte vielmehr die Geliebte faschistischer Parteifunktionäre und deutscher Offiziere gewesen ist)" Glauben schenkte, sondern weil sich die Frau für einen zum Tode Verurteilten eingesetzt und anderen gute Ratschläge gegeben hatte, wie man sich der Einberufung in die Streitkräfte der RSI entziehen konnte. Aus diesen Gründen gestand ihr das Gericht mildernde Umstände zu (Art. 62/2 CP), was ihre Verurteilung zu 24 Jahren sowie später den Erlass eines Drittels ihrer Haftstrafe möglich machte.

Nach dem Prozess und der Ablehnung der Berufung am Kassationshof suchten die Angehörigen, in erster Linie ihr Bruder, der Mönch, nach Zeugen, die zu ihren Gunsten bei einem Gnadengesuch aussagen würden. Tatsächlich kamen viele Zeugenaussagen zusammen, die alle auf die Zeit zwischen Januar und März 1949 datiert sind.

Außer dem Brief von Palmira Gottardi, der ehemaligen Verantwortlichen für die weiblichen Fasci der RSI, gab es auch einen Brief des Partisanen Leone Paolin, genannt „Diavolo" (Teufel), auf Papier mit dem Briefkopf der nationalen Partisanenvereinigung ANPI aus dem Ortsverband von Miane (Treviso) verfasst. Darin bestätigte er, dass Bottego zwischen April und September 1944 aktiv mit der Brigade Mazzini, deren Mitglied er war, kooperiert hatte. Paolin schrieb, die Frau sei am 25. Mai 1944 von den Partisanen festgenommen worden, da man sie verdächtigte, für die RSI tätig zu sein. Man hatte sie in die Berge gebracht. Dort zum Tode verurteilt, warteten die Partisanen aber noch mit der Exekution auf die Aussage von Francesco Sabbatucci, Spizname „Cirillo". Nachdem dieser versicherte, Ester Bottego habe mit ihm zusammengearbeitet, wurde sie umgehend wieder freigelassen. Paolin bestätigte auch, dass die Frau den Partisanen wichtige Informationen habe zukommen lassen:

> Dazu erinnere ich mich, dass „Cirillo" mir mitteilte, er habe, zusammen mit Mik, die Bottego in der Zeit vom 10. bis zum 20. Mai 1944 in Refrontolo gesehen und sie haben auf Nachfragen von ihr erfahren, dass die Schwarzen Brigaden des berüchtigten Guerra die gefangenen Partisanen im Schloss von Conegliano festhielten und dass sie in jenen Tagen eine Razzia in der Gegend von Vittorio Veneto geplant hatten[32].

Allerdings bezog sich Paolin genau auf jenen Mai 1944, in dem Bottego nicht im Dorf gewesen sein konnte; denn das Gericht hatte ja festgestellt, dass sie am 13. Mai 1944 in Vercelli war und Frello gefoltert hatte. Das war nur einer der Widersprüche, aufgrund derer man seine Zeugenaussage als wenig glaubhaft einstufte.

Zwei weitere Aussagen bezeugten, die Frau habe einigen Dorfbewohnern geholfen und ihr Einsatz für sie bei den Deutschen habe jenen das Leben gerettet[33]. Ein anderer Zeuge namens Giuseppe Lorenzon äußerte sich zu ihr – nicht als sie bei der RSI war, sondern über die Zeit davor –, er habe sie schon vor dem Krieg gekannt, als sie noch ein Kind war, und er habe bei ihr „alle guten Eigenschaften, in allem ehrlich und korrekt, einer italienischen Bürgerin" bemerkt[34].

Man könnte spekulieren, ob im Fall Ester Bottego eine Art Persönlichkeitsspaltung vorlag, die sie zu einem „Doppelleben" führte. Das wäre immerhin alles andere als selten in dieser sehr komplexen und konfusen Zeit[35]. Agierte sie einerseits grausam und lebte als überzeugte Faschistin unter den *Volontari della morte* in Vercelli, während sie andererseits ihren Heimatort mit Informationen über die Pläne der Nazifaschisten versorgte und bei den Behörden der RSI zugunsten von Personen intervenierte, denen Deportation oder Erschießung drohte? Der Vergleich einiger Zeugenaussagen scheint diese Schlussfolgerung nahezulegen.

Die Staatsanwaltschaft von Turin, die dafür zuständig war, die für den Gnadenerweis notwendigen Gutachten zusammenzutragen, kannte diese Aussagen, hielt sie aber nicht für relevant „angesichts der Verantwortlichkeit derselben für die in Vercelli begangenen Straftaten", und blieb somit bei ihrem negativen Bescheid des Gnadengesuchs. Diesem Standpunkt der Staatsanwaltschaft folgte der Justizminister und lehnte ihre Begnadigung ab. Ein Jahr später, 1950, liegen zur Unterstützung eines weiteren Gnadengesuchs zwei unterschiedliche, aber jeweils sehr interessante Schreiben vor: eine Erklärung von Frello, in der er Bottego verzeiht, sowie eine von Camilla Restellini Bassanesi unterzeichnete Verteidigungsschrift zugunsten der Salò-Faschistin.

Zunächst zu Frello: Bei der Entscheidung, einem Gnadengesuch stattzugeben, spielte es eine zwar selten ausschlaggebende, aber dennoch wichtige Rolle, ob die Leidtragenden den Tätern vergeben hatten oder nicht. Auch wurden die Opfer befragt, ob sie einen finanziellen Schadensersatz von den Tätern erhalten hätten. Die Carabinieri hatten von den Opfern, die überlebt hatten, oder von deren Angehörigen eine eidesstattliche Erklärung über deren Bereitschaft zur Vergebung einzuholen, die dann an die Abteilung Gnadenrecht weitergereicht wurde. In diesem Fall hatten die Carabinieri von Lusiana, Bezirk Verona, am 2. November 1950 vom geschädigten Frello dessen Erklärung aufgenommen. Frello gab an, aufgrund der durch Folter erlittenen Verletzungen teilweise arbeitsunfähig geworden zu sein (er war von Beruf Zimmermann). Die Schadensumme von 50.000 Lire, die er bereits von Bottego erhalten hatte, hielt er für unzureichend. Zwar versicherte der ehemalige Unteroffizier, Bottego vergeben zu haben, forderte dafür aber eine höhere Entschädigung, über die sich beide auch schon geeinigt hatten, „immerhin ein Symbol der Wiedergutmachung für den erlittenen Schaden". Die Familie Bottegos, obwohl nicht sehr wohlhabend, hatte tatsächlich bereits eine nicht unerhebliche Entschädigung an Frello gezahlt, doch anders als die meisten anderen Folteropfer versuchte dieser, so viel Geld wie möglich auszuhandeln.

Nur in seltenen Fällen überhaupt hatten die Betroffenen und ihre Familien von verurteilten oder auch nur angeklagten Faschisten eine Wiedergutmachung für den in „juristischem Sinn erlittenen Schaden" gefordert. Gegenüber den Carabinieri erklärten sogar fast alle, sie seien nicht entschädigt worden und hätten auch keine Entschädigung gefordert. Sehr viel häufiger waren es die Familien der Faschisten, die den Opfern oder ihren Angehörigen von sich aus Geld als „Wiedergutmachung" anboten, damit diese ihre Anzeigen und belastenden Aussagen zurückziehen oder auch zugunsten der Angeklagten aussagen würden. Allerdings geschah diese Art der Bestechung auf inoffiziellem Weg, weshalb kaum etwas darüber in den Justizunterlagen zu finden ist.

Bottegos Gnadengesuch wurde weiterhin von der Witwe eines berühmten Antifaschisten unterstützt. Camilla Restellini Bassanesi, hatte einen 14-seitigen Text mit dem Titel *Für eine Begnadigung*, datiert 10. – 11. Juni 1950, in Aosta beim Gericht eingereicht. Sie war die Ehefrau von Giovanni Bassanesi, dem berühmten Luftwaffenpiloten, der am 11. Juli 1930 bei einem Flug über Mailand antifaschistische Flugblätter mit der Aufschrift „Giustizia e Libertà" (Recht und Freiheit) abgeworfen hatte. 1927 hatte sich Bassanesi nach Frankreich abgesetzt und dort die im Exil lebende Sozialistin Camilla Restellini kennengelernt und geheiratet[36]. Während des Faschismus hatte das Paar seinen antifaschistischen Kampf weitergeführt, bis beide am 1. September 1939 unter der Anklage festgenommen wurden, pazifistische Flugblätter verteilt zu haben. Er wurde zu vier Jahren Verbannung verurteilt, sie zu zwei Jahren, während ihre drei Kinder in einem Heim untergebracht wurden. Während Camilla später begnadigt wurde, wurde Giovanni in eine psychiatrische Klinik in Neapel eingewiesen. Auch nach dem Ende von Faschismus und Krieg waren die beiden im anhaltenden faschistischen Klima von Haft und Psychiatrie betroffen[37]. Giovanni Bassanesi starb am 19. Dezember 1947 in der Psychatrie Montelupo Fiorentino, Camilla wurde im Juli 1949 aus der psychiatrischen Vollzugsanstalt in Anversa freigelassen und kehrte nach Aosta zurück[38].

Letztere und Bottego kannten sich, da sie in Aversa die Zelle geteilt hatten. Als Camilla wieder auf freiem Fuß war, wollte sie der einstigen Faschistin helfen, denn sie hielt sie für unschuldig. Mit ihrer langen Bittschrift unterstützte sie deren Gesuch um Begnadigung, „Ausdruck vom Streben nach dem Guten, vom Bewusstsein von den Grenzen menschlicher Gerechtigkeit, ein Mittel der Schlichtung", eine Begnadigung, die – so schrieb sie – Ester ehren würde, denn sie habe es geschafft, ihr Schicksal mutig in die Hand zu nehmen und dabei eine reine Seele zu bewahren. Ohne den Urteilsspruch des Gerichts anzweifeln zu wollen – schrieb Restellini weiter –, sei sie dennoch von der Unschuld ihrer Zellengenossin überzeugt, eine Unschuld, die Bottego auf ihre Eltern, auf Gott, auf ihre Ehre beschworen habe:

> Was den, sagen wir politischen Aspekt in der Sache Bottego betrifft, liegt es mir fern, die Fakten infrage zu stellen oder [...] schlimmer, das Gerichtsurteil anzuzweifeln. Ich gehe hier meiner Zeugenpflicht nach [...] als Bürgerin und als Italienerin. Wer wie ich Tage und Nächte im Kerker verbracht hat und dann ins Leben zurückgekehrt ist, trägt in sich die Erinnerung an den Schrei der Zellengenossin, unterdrückt und dennoch ohne Unterlass, dazu ein Blick, der die Seele nicht Lügen straft [...] Diesen Schrei habe ich am Lager Ester Bottegos gehört. Auf die heiligsten Werte – die Eltern, das Gewissen, Gottvater, an den sie glaubt, die Ehre, so gewichtig, wie es die Ermittlungen sind – hat sie mir ihre Unschuld angesichts der ihr gegenüber erhobenen Anklagen beteuert[39].

Camilla Restellini wandte sich also an jene Antifaschisten, die inzwischen an der Macht waren und die sie gut kannten, und forderte sie im Namen ihrer im Exil verstorbenen Genossen dazu auf, sich für eine Feindin aus der Vergangenheit zu verwenden.

> Sie kannten mich – denn ich hatte Anna Kuliscioff und Filippo Turati und Claudio Trèves und Giacomo Matteotti kennengelernt – und sie hielten mich für lange Zeit fast wie eine Tochter, nachdem meine Mutter, die „Genossin" Jacchia, auf dem [Friedhof] Père Lachaise nicht weit vom großen Republikaner Chiesa beigesetzt worden war, noch bevor viele andere dazu stießen, mit ihnen Nello und Carlo Rosselli, der Lehrmeister für die Jungen[40].

Allerdings konnte ihre Fürsprache im Namen der im Exil gestorbenen oder ermordeten Antifaschisten, Sozialisten und Aktionisten die Gemüter im Jahr 1950 lange nicht mehr so erregen – sehr wahrscheinlich hatten die Richter und die Beamten im Justizministerium nur noch wenig gemein mit dem politischen und kulturellen Hintergrund von Camilla Restellini; vielleicht hielten sie sie als Zeugin für wenig glaubwürdig. Wie dem auch sei, dem Gnadengesuch Ester Bottegos konnten weder Camillas Bittschrift noch weitere Zeugenaussagen helfen. Immerhin wurde ihre Haftstrafe wenige Monate später, am 2. Januar 1951, von Justizminister Attilio Piccioni zur Bewährung ausgesetzt.

Mit dieser ungewöhnlichen Bittschrift schien sich ein Kreis zu schließen: Sowohl der Direktor des psychiatrischen Vollzugs von Aversa als auch eine antifaschistische Pazifistin hatten sich für Bottego verwendet, der Erste von ihrer Reue überzeugt, die Zweite von ihrer Unschuld. In diesen Fürsprachen gab es Bottego nicht mehr als fanatische Faschistin und grausame Folterin, sondern es wurde ein sehr menschliches Bild von ihr gezeichnet.

Über die persönlichen, spezifischen Aspekte hinaus hat die Geschichte von Ester Bottego etwas Beispielhaftes. Schon fünf oder sechs Jahre nach Kriegsende begann man die faschistischen Verbrecher als Opfer, die unschuldig einsaßen, wahrzunehmen. Tatsächlich war das Bedürfnis nach Verdrängung groß. Der Wunsch zu glauben, es habe die Gräuel des Bürgerkriegs nie gegeben, führte dazu, dass man nach einer politischen Lösung suchte, um die verurteilten und inhaftierten Faschisten mithilfe verschiedener Formen der Begnadigung wieder auf freien Fuß zu setzen und somit die Jahre 1943–1945 möglichst ungeschehen zu machen.

Biografien

1943, im Jahr des Waffenstillstands, der Gründung der Italienischen Sozialrepublik und dem Beginn des Bürgerkriegs, war Ester Bottego 28 Jahre alt, somit eine erwachsene Frau und für ihre Entscheidungen verantwortlich. Welches Alter hatten die anderen Frauen in jenem schicksalhaften Jahr, in dem sie ihre Taten begangen? Lediglich das Alter von 31 Frauen ist bekannt – was wohl nicht repräsentativ für alle Faschistinnen der RSI ist, die wegen Kollaboration angeklagt waren, aber es ist ein Anhaltspunkt.

Neun von ihnen waren jung beziehungsweise sehr jung: Margherita Abbatecola Cerasi und Elisa Carità waren 15 Jahre alt. Mit 18 Jahren nur wenig älter Franca Carità, Lidia Golinelli und Maria Garrone. Adriana Barocci, Luciana Jeannet und Marina Capelli waren 19 Jahre alt; Maringgele war 20. An der oberen Altersgrenze standen Maggiano und Rosini, mit 48 beziehungsweise 46 Jahren. Demnach waren nur zwei Frauen bereits älter als 40. 13 waren zwischen 21 und 29 Jahren alt, weitere sieben zwischen 30 und 39 Jahren[41].

Das Durchschnittsalter betrug kaum mehr als 26,5 Jahre; das entsprach einerseits dem der Soldaten der faschistischen Republik von Salò, andererseits weist sie ihre relative Jugend als Teil der „neuen faschistischen Frauen" aus, wie sie in den verschiedenen Kinder- und Jugendorganisationen der nationalen faschistischen Partei – etwa in den *Figlie della lupa* oder in den *Giovani italiane* – erzogen wurden[42].

Tab. 2: Alter im Jahr 1943

Alter	Anzahl
15-20	9
21-29	13
30-39	7
40-49	2
insgesamt	31

Über ihre Schulausbildung und ihre Berufe vor ihrem Dienst in der RSI liegen nur wenige Informationen vor, und diese sind zum Teil auch noch falsch oder ungenau. Beispielsweise wurde Maria Antonietta di Stefano, Studentin, später Absolventin der Wirtschafts- und Sozialwissenschaften an der Universität zu Rom, als Hausfrau geführt. Cornelia Tanzi Pizzato, Schriftstellerin und Poetin, hatte ein Literaturstudium hinter sich, und Anna Maria Maggiano war Musiklehrerin. Franca Carità wurde als Studentin verzeichnet. Viele andere waren Hausfrauen oder Angestellte in klassischen Frauenberufen: Verkäuferin, Kellnerin, Haushaltshilfe, Friseurin, Hebamme, Grundschullehrerin, Drogistin, Krankenschwester, Stenografin[43].

Mehr Informationen hingegen liegen bezüglich „Familienstand" und Kindern sowie zu ihrer „moralischen Führung" vor. Viele Kollaborateurinnen entsprachen nicht unbedingt dem Frauenbild, das die faschistische Ideologie und Rhetorik propagierte. Vielmehr zeigten die meisten von ihnen ihren Unmut gegenüber traditionellen Bindungen, gegenüber der Familie und den ihnen zugewiesenen Rollen als Ehefrau und Mutter. Nicht wenige hatten ihre Ursprungsfamilie oder den Ehemann verlassen und manchmal sogar ihre Kinder, und waren nach ihrem Eintritt in die militanten Zweige innerhalb der RSI mit faschistischen oder nationalsozialistischen Männern liiert.

So war etwa Tanzi Pizzato eine der zahllosen Geliebten Mussolinis gewesen, auch wurden ihr Verhältnisse mit faschistischen und nationalsozialistischen Parteifunktionären und Offizieren nachgesagt[44]. Maria Concetta Zucco hatte Mann und Kinder in Frankreich zurückgelassen und war eine Beziehung mit dem Brigadier Martinelli eingegangen, mit dem sie in Sanremo zusammenlebte. Während des Prozesses hatten sich die Zeitungen intensiv mit ihrem Privatleben beschäftigt: dass sie mit 15 Jahren geheiratet hatte, wohl, weil sie schwanger war, und dass sie Jahre später nicht gezögert hatte, Mann und Kinder zu verlassen und eine außereheliche Beziehung einzugehen[45].

Linda Dell'Amico, verheiratet und Mutter von vier Kindern, war „Waffenkameradin des Geliebten Diamanti" geworden. Mit ihm zusammen beging sie ihre Verbrechen, wie das Massaker von Bergiola Foscalina in der Gemeinde von Carrara, für das sie anfänglich zu lebenslänglicher Haft verurteilt worden war[46]. Adriana Barocci wiederum war die Geliebte von Oberst Jürgen van Korff, dem Kommandanten jener Einheit, für die sie als Spitzel tätig war. Nach dem Krieg heirateten die beiden und bekamen eine Tochter, die im Gefängnis von Perugia auf die Welt kam, wo Barocci ihre Haftstrafe verbüßte[47].

Ähnlich liest sich die Geschichte Marina Capelli. Sie war unverheiratet und ihr moralischer Leumund galt als „sehr fragwürdig": „heimlich der Prostitution nachgehend". In der Haft wurde sie schwanger, offenbar von ihrem Schwager Carlo Campana, einem kriegsversehrten Schuster, der selbst Vater von kleinen Kindern war. Sie beschlossen zu heiraten, weswegen Campana ein Gnadengesuch für seine Partnerin stellte, das er damit rechtfertigte, dass er eine Frau brauche, die ihm bei der Versorgung seiner kleinen Kinder helfe.

Lidia Golinelli lebte mit ihrem Geliebten Melloni, mit dem sie gemeinsam politische Gegner tötete und folterte. Bolivia Magagnini, unverheiratet, schloss sich als 22-Jährige nach dem 8. September 1943 der SS an und beteiligte sich an Massakern und Strafaktionen, „durch ihren Geliebten Bussoli Romualdo zu diesen politischen Ideen gebracht"[48].

Über Caterina Racca heißt es, sie sei durch ihren Geliebten Carlo Ferrari ins Umfeld des Ufficio Politico Provinciale (UPP) geraten, habe den patriotischen Idealen abgeschworen, die sie und ihre Familie bis dahin vertreten hatten, um nun „mit ganzer Seele" die Pläne und die Mitglieder der Befreiungsbewegung auszuspionieren und zu denunzieren[49].

Anna Maria Cattani war 1943 25 Jahre alt, bereits verwitwet und hatte drei Kinder, die in Terni geboren waren, wo sie als Friseurin arbeitete. Sie verließ ihre Stadt, um sich den deutschen Truppen auf deren Rückzug gen Norden anzuschließen. Auch Olga Ribet verwitwete sehr jung. Sie hatte Modane in Frankreich verlassen und war nach Turin gezogen, wo sie mit 16 Jahren einen Rechtsanwalt heiratete, der bald verstarb und sie mit einer Tochter zurückließ. 1944 heiratete sie erneut, einen Dolmetscher der SS, der einige Monate später von den Partisanen getötet wurde[50].

Zwei weitere Frauen benutzten ihre Freundschaften und Beziehungen zu Faschisten und Nationalsozialisten auch, um sich aus den Beziehungen zu ihren Ehemännern zu lösen. Margherita Albani zeigte ihren Mann Roberto Rossi Canevari, einen Rechtsanwalt und wohlhabenden Kaufmann mit Wohnsitz in Genua-Pegli, gar bei der deutschen Polizei an, „mit dem Ziel, ihre Freiheit wiederzuerlangen und sich sein Vermögen anzueignen", wie es in der Akte zum Verfahren ihrer Kollaboration hieß[51]. Canevari wurde festgenommen und nach Deutschland deportiert, wo er in einem Konzentrationslager starb. Möglicherweise hatte Albani die Festnahme ihres Mannes zusammen mit ihrer Freundin Letizia Icardi organisiert, doch im Laufe ihres Strafverfahrens ließ sich die Mithilfe Icardis nicht nachweisen. Auch Elena Ambrosiak, Spitzel im Dienst der deutschen SS, die im Hotel Regina in Mailand ihren Standort hatte, denunzierte ihren Mann, den Patrioten Ennio Sarti, was zu seiner Verhaftung führte, sowie weitere Personen, von denen einige nach Deutschland deportiert wurden und dort in Konzentrationslagern ums Leben kamen[52].

Eine Ehe, die auf gemeinsamer faschistischer Ideologie gründete, war jene der „berühmten Folterin" Aristea Pizzolato. Sie schien die fanatischere der beiden gewesen zu sein, was sich in ihrer Verurteilung spiegelte: Sie wurde zu 30 Jahren Haft verurteilt, während ihr Ehemann, Giannino Giarda, acht Jahre erhielt[53].

Das letzte anzuführende Beispiel ist Elisa Carità, Isa genannt. Ihre gesamte Familie bestand aus Salò-Faschisten, die wegen Säuberungsaktionen, Folterungen, Denunziation, Raub und Plünderung verurteilt worden waren. Der Vater, Mario Carità, war Anführer und Begründer der gleichnamigen Bande. Innerhalb der Carità-Bande fand er auch einen Verlobten für seine Tochter, die 1943 erst 15 Jahre alte Isa: Enrico Trentanove aus Florenz – ein „Folterexperte"[54].

Anklagen und Urteile

Die meisten Prozesse an den außerordentlichen Schwurgerichten, die den Tatbestand „Kollaboration" verhandelten, fanden im Piemont, in Ligurien, in der Lombardei und in Venetien statt – in jenen Regionen, wo der Bürgerkrieg besonders lang und blutig gewesen war. Die Italienische Sozialrepublik war in diesen Regionen am stärksten vertreten, hier waren die meisten und am besten organisierten Partisanengruppen aktiv und die Existenz des CLN, des nationalen Befreiungskomitees, trug maßgeblich dazu bei, dass hier in der ersten Nachkriegszeit strafrechtliche Ermittlungen angestrengt wurden.

Die Faschistinnen von Salò wurden in der Regel wegen mehrerer Straftaten angeklagt, was eine aktive Rolle in der Bekämpfung der Partisanen voraussetzte: Beteiligung an sogenannten „Säuberungsaktionen", Denunziation und Gefangennahme von Partisanen, Folter. So lauteten die Anklagen dann auf Mord oder Beihilfe zum Mord, des Weiteren auf Brandlegung, Raub und Plünderung.

Der zweithäufigste Strafvorwurf war die Denunziation, ein allerdings schwierig einzuschätzender und schwer nachzuweisender Tatbestand. Zu den wegen Denunziation Verurteilten gehörten zum einen die Frauen, die als Berufsspioninnen im Sold der Faschisten oder der deutschen Nationalsozialisten standen. Ihnen gelang es aber in vielen Fällen, sich in den Prozessen erfolgreich als Gelegenheitsdenunziantinnen zu präsentieren. Und zum anderen gehörten jene Frauen dazu, die kontinuierlich für den UPI gearbeitet hatten, die dafür bezahlt worden waren, dass sie ausspähten und denunzierten und sich, je nach Fall, aktiv an der Gefangennahme von Antifaschisten, Partisanen und Juden beteiligt hatten. Und zuletzt gab es die Verurteilten, die nur gelegentlich gegen Geld denunziert hatten.

Von den 36 hier untersuchten verurteilten Kollaborateurinnen wurden 20 wegen Säuberungsaktionen, Denunziation, Gefangennahme und Folterung von Partisanen verurteilt; zwölf wegen Denunziation; vier wegen anderer Straftaten, die von Diebstahl bis „Unterstützung des Feindes" reichten.

Die Mehrheit der Verurteilten hatte sich also aktiv an schweren Verbrechen beteiligt, während eine erhebliche Anzahl wegen Denunziation ebenfalls im Gefängnis saß – eine Tat, die als typisch weiblich galt[55]. In den Verurteilungen der CAS zwischen 1945 und 1946 wurden zehn Kollaborateurinnen zum Tode verurteilt – wobei kein Urteil vollstreckt wurde[56] –, fünf zu lebenslänglich[57], elf zu 30 Jahren Haft[58]. Siehe Tabelle 3.

Insgesamt wurden 27 von 35 Frauen zu Höchststrafen verurteilt: zum Tod durch Erschießen, zu lebenslänglich sowie zu 30 Jahren Haft, während neun Frauen zu Strafen zwischen zehn und 24 Jahren Haft verurteilt wurden[59].

Die von den außerordentlichen Schwurgerichten ausgesprochenen Urteile wurden in der Folge nur in seltenen Fällen bestätigt. Kaum ein Urteil wurde rechtskräftig. In neuen Verfahren wurden die Strafen mittels Amnestien, Begnadigungen und Bewährungsstrafen herabgesetzt, umgewandelt oder ganz aufgehoben.

Tab. 3: Urteilssprüche der CAS

Urteil	Anzahl
zum Tode verurteilt	10
lebenslänglich	5
30 Jahre Haft	11
24 Jahre Haft	1
20 Jahre Haft	3
16 Jahre Haft	2
15 Jahre Haft	2
10 Jahre Haft	1
Freispruch	1
insgesamt	36

Dabei muss bedacht werden, dass nur wenigen der Tausenden Gnadengesuchen von Frauen und Männern stattgegeben wurde, darunter besonders seltenen Gnadengesuchen von Kollaborateurinnen. Zehn zum Tode verurteilte Salò-Faschistinnen erreichten, dass ihre Strafe umgewandelt wurde, allerdings wurde kaum eine begnadigt, die meisten Gnadengesuche wurden auch bei wiederholten Versuchen (in acht Fällen) immer wieder abgelehnt. Allerdings konnten die meisten das Gefängnis infolge der Aussetzung ihrer Haft auf Bewährung verlassen (12).

Einige Frauen gehörten zu den letzten „politischen Gefangenen", die wieder auf freien Fuß kamen. So zum Beispiel Margherita Albani, die zu 30 Jahren verurteilt worden war, weil sie ihren Ehemann bei den Deutschen denunziert hatte. Am 24. Dezember 1956 kam sie schließlich auf Bewährung frei – infolge eines von Justizminister Aldo Moro unterzeichneten Erlasses zur Strafaussetzung.

II Denunziantinnen

Von Männern verhaftet, von Männern verhört, von Männern verurteilt, von Männern geköpft. Aber von Frauen verraten. Ein leiser Verrat. Ein heimlicher und sauberer Verrat. Kein Blut an den zarten Händen, das Blut klebte am Fallbeil. Frauen, die andere Menschen durch ihren Verrat töteten: Was waren das für Frauen?

Das Zitat stammt aus dem Buch „Judasfrauen"[1] von Helga Schubert, einer Autorin aus der ehemaligen DDR, die sich mit zehn Fällen von Denunziantinnen beschäftigt. Dazu stützt sie sich auf das Aktenmaterial der Volksgerichtshöfe und auf Prozesse, die in der Nachkriegszeit in der Bundesrepublik geführt wurden. Die Beispiele waren in der Regel ganz normale Frauen und Männer, die ihre Nachbarn, Bekannte, Verwandte, Unbekannte, oder Juden denunzierten.

Die parallele Zeit der Taten legt nahe, nach den Gemeinsamkeiten zwischen diesen „Judasfrauen" und ihren Geschichten und denen der Italienerinnen aus der Zeit von 1943 bis 1945 zu fragen. Auch das faschistische Regime in Italien hatte Sondergerichte zur „Verteidigung des Vaterlands" eingerichtet, die den Auftrag hatten, jede Form von Kritik durch Andersdenkende zu unterdrücken. In der Zeit der RSI und der nationalsozialistischen Besatzung Italiens nahmen Überwachung, Bespitzelung und Denunziation zu. Die Repression wurde nun weniger institutionalisiert, brutaler, unorganisierter, unsystematischer ausgeübt und sie ging von unterschiedlichen Stellen aus. Gleichzeitig mehrten sich die als „Feinde" des Regimes bezeichneten Gruppen: Kriegsdienstverweigerer, Fahnenflüchtige, Antifaschisten, Partisanen und Juden.

In Italien, in Deutschland sowie in den anderen europäischen Ländern, die sich im Krieg befanden, handelten die Judasfrauen und -männer mehr oder weniger aus denselben Motiven. Kann die Frage von Helga Schubert bezüglich der Denunziantinnen, „Was waren das für Frauen?", beantwortet werden? Wahrscheinlich ja, nur wird man diese Antwort auch außerhalb der Geschichtsbücher suchen müssen.

Die Denunziantinnen

Die anhand der Prozessakten rekonstruierten Fallgeschichten von Denunziantinnen ähneln einander stark. Die faschistischen Denunziantinnen in Italien kollaborierten mit verschiedenen Dienststellen der RSI, mit den Schwarzen Brigaden oder direkt mit der SS; sie standen auf den Gehaltslisten der Faschisten und der Nationalsozialisten und wurden entweder nach Dienstleistung, nach Wichtigkeit der Denunziation, bezahlt oder aber monatlich entlohnt, mit Geld und/oder in Form von Naturalien, indem sie sich an Razzien, Plünderungen und Erpressungen beteiligten. Vergütet wurden sie für Informationen über ihnen nahestehende Personen und mögliche Feindgruppen. Die Motive für diese Taten ähnelten sich: fanatisches Bekenntnis zur

http://doi.org/10.1515/9783110642889-004

faschistischen und vaterländischen Ideologie, Rachegelüste und/oder persönliche Ressentiments gegenüber den denunzierten Menschen, materielle (und moralische) Armut, häufig schlicht Habgier.

Dies sind die Namen der wegen Denunziation verurteilten Frauen, auf deren Rolle in der RSI und auf deren Prozesse wir hier näher eingehen werden: Rosa Amodio, Maria Garrone, Olimpia Bongiovanni, Olga Ciampella, Jole Boaro, Letizia Icardi, Teresita Pivano, Luciana Jeannet, Caterina Racca und Angela Viola.

In Asti im Piemont verurteilte die CAS Jole Boaro, Grundschullehrerin aus Refrancore, am 26. Juli 1945 zum Tode. In einem neu aufgerollten Verfahren vor dem Gericht von Casale Monferrato sprach man sie sieben Monate später aus Mangel an Beweisen frei (am 22. Februar 1946). Laut dem Urteilsspruch der CAS Asti hatte Boaro, „Agentin im politischen Dienst des deutschen Besatzers", Informationen an den UPI von Asti geliefert, die Partisanen betrafen, die im Gebiet von Asti und Refrancore aktiv gewesen waren und die man daraufhin gefangen genommen hatte. Im Prozess rechtfertigte sie diese Tat mit ihrem Hass auf den Partisanen Luigi Amato, an dem sie „sich für die Übergriffe und für die Gewalt rächen [wollte], die Amato ihr und ihrer Familie angetan habe"[2].

Teresita Pivano war Geheimagentin des UPI von Vercelli für den Raum Biella; ihrem Fall hatte man im Staatsarchiv des Justizministeriums das Aktenzeichen 0.22.0 zugeordnet[3]. Bei den Ermittlungen kam allerdings nicht ausreichend Beweismaterial zutage, um Pivano die Ausspähung und Denunziation von Partisanen nachweisen zu können. Dafür fanden sich zahlreiche Beweise und Zeugenaussagen über ihre Aktivitäten aus Habgier, „dem niedrigsten Tatmotiv" – so in der Urteilsbegründung –, wie Diebstahl und illegale Aneignung zum Schaden von Ladenbesitzern und anderen wohlhabenden Personen aus der Gegend[4].

Eines der vielen Tatbeispiele, die im Prozess zur Sprache kamen, war der Fall Berzonetto. Eines Tages hatten sich Pivano und ihre Mittäter unter dem Vorwand, sie wollten eine goldene Uhr verkaufen, Zugang zur Wohnung eines gewissen Berzonetto verschafft, in der Akte ohne Vornamen. Im Anschluss wurde der alte Mann wegen illegalen Handels mit Gold angezeigt und man brachte ihn ins Ufficio politico der Brigade Pontida in Biella. Dort folterte man ihn so lange, bis er verriet, wo die Familie ihr Gold aufbewahrte. Das Gold und alle anderen Wertsachen, die sich im Haus befanden, schaffte man fort, „nur die Möbel stehengelassen". Der Schaden betrug schätzungsweise 1,5 Millionen Lire. Teresita Pivano erhielt ihren Anteil von 15% vom Wert des Diebesguts. Der Fall Berzonetto hatte in Biella erhebliches Aufsehen erregt und Pivano war dadurch wohl, anders als sonst, zu stark ins Visier geraten. Sie musste vorsichtig werden: Sie färbte sich die Haare und zog weg, erst nach Vercelli, dann nach Trino. Nichtsdestotrotz behielten die Partisanen sie im Auge.

Gleichwohl wurden aufgrund ihrer Hinweise einem Herrn Revello aus Turin 14 kg Silber und 99.000 französische Francs entwendet, sowie in der Firma Cartotti 6.700 Wollballen und 5.000 m Stoff beschlagnahmt, die Informationen wurden in Naturalien bezahlt.

Am 5. September 1945 verurteilte das Gericht Teresita Pivano zu 16 Jahren Haft. Die anschließende Berufung wurde abgelehnt, ebenso das im Oktober eingereichte Gnadengesuch.

Zwei weiteren Denunziantinnen wurde von der CAS in Genua der Prozess gemacht. Margherita Albani war verurteilt worden, weil sie ihren Mann denunziert hatte, der daraufhin in einem Konzentrationslager ums Leben gekommen war. Im Prozess spielte die mit ihr befreundete Letizia Icardi ihre Rolle in der ganzen Geschichte so stark herunter, dass man die Anklage, sie hätte ihrer Freundin geholfen, fallen lassen musste. Allerdings blieb der Vorwurf bestehen, sie hätte für die Nationalsozialisten als geheime Informantin gearbeitet. Dafür verurteilte man sie zu einer Haftstrafe von 15 Jahren, die infolge der Amnestie auf zehn Jahre reduziert wurde[5].

In Sampierdarena, einem Stadtteil von Genua, lebte auch die junge Luciana Jeannet, die im Jahr 1943 19 Jahre alt war[6]. Sie war als Informantin für die in Genua stationierte SS tätig und erhielt dafür regelmäßige Zahlungen. Im Dezember 1944 tauchte sie in einer Bar ihres Stadtviertels auf, in der man sie kannte. Dort überredete sie den Barbesitzer Bruno Tortolesi, sie mit den Partisanen in Kontakt zu bringen, da sich vier ihrer Bekannten ihnen anschließen wollten. Tortolesi nannte ihr Giuseppe Belletto, einen jungen Mann, der zu den in der Stadt operierenden Partisanen gehörte. Außerdem vertraute er ihr 3.000 Lire an, die sie dem Anführer der in den Bergen aktiven Partisanen übergeben sollte.

Zehn Tage später kam die Frau wieder in die Bar, diesmal in Begleitung eines Freundes, und erzählte, es sei ihnen nicht gelungen, die Partisanen in den Bergen ausfindig zu machen, und ob man ihr weiteres Geld geben könne. Tortolesi wurde misstrauisch, aber Belletto, der in diesem Moment dazustieß, erklärte sich bereit, den beiden zu helfen. Kurz darauf stürmte eine *squadra* der Schwarzen Brigaden die Bar und nahm Jeannet, ihren Bekannten, Belletto und Tortolesi fest. Die beiden Letzteren brachte man in die *Casa dello studente*, ins faschistische Studentenheim, wo man sie folterte. Später im Prozess sagten sie aus:

> Nachdem man uns zum Verhör ins Studentenheim gebracht hatte, begegneten wir dort Luciana Jeannet: sie war frei wie ein Vogel und scherzte mit dem falschen Partisanen, mit dem zusammen sie „verhaftet" worden war, und mit einem von den Schwarzen Brigaden, der beim Einfall in die Bar dabei gewesen war.

Am 20. Mai 1946 verurteilte die Sondersektion des Schwurgerichts von Genua die junge Frau – in Abwesenheit – zu zehn Jahren Haft. Von dieser Strafe saß sie nicht einen einzigen Tag ab. 1954 war sie noch immer untergetaucht, kam aber dann doch in den Genuss der Amnestie von 1953, wie das Berufungsgericht von Genua am 13. April 1954 beschied.

Wie im Fall von Jole Boaro schien auch Angela Viola, verwitwete Comi, laut der Erhebungen des Schwurgerichts, aus persönlichem „Hass" agiert zu haben[7]. Die Hebamme aus Colico in der Provinz von Lecco verurteilte man „wegen Spionagetätig-

keit für die NS-Einheiten aus Hass gegenüber der Befreiungsbewegung, mit wiederholten, kontinuierlichen Aktionen, die sich umgehend auswirkten, da sie zum Tod
einiger Patrioten führten, darunter Pezzini, Pietro und Scalcini, Leopoldo, sowie zu
schwerem finanziellen Schaden für Personcini, Bernardo"[8]. Viola hatte nämlich bei
ihrem Liebhaber, dem Polizeikommissar Frigerio, den Antifaschisten Pietro Pezzini
denunziert. Dieser wurde erst verhaftet, dann aber wieder freigelassen, und zwar auf
Betreiben eines deutschen Offiziers mit Namen Nesteler, der bei ihm zur Untermiete
wohnte. Da die akute Gefahr bestand, dass Pezzini erneut verhaftet werden könnte,
erklärte sich Nesteler bereit, ihm bei der Flucht in die Schweiz zu helfen und ihn persönlich mit seinem Wagen zu begleiten. Auf der Fahrt wurde auf die beiden geschossen und Pezzini wurde tödlich getroffen. Der Verdacht fiel auf Angela Viola, denn sie
hatte von Pezzini als „Person, die vernichtet werden muss" gesprochen. Wie es zu
diesem tödlichen Angriff kam, konnte nie genau geklärt werden, doch das Gericht
war sich sicher, dass Viola von Pezzinis Ausreise erfahren und den Überfall organisiert hatte.

Das außerordentliche Schwurgericht von Lecco war außerdem überzeugt, dass
Angela Viola mitverantwortlich für die Aufstellung einer Liste mit Namen von Anti-
faschisten gewesen war, die daraufhin verhaftet worden waren; einer von ihnen,
Personcini, konnte sich durch Flucht ins Ausland retten, aber sein Geschäft, das er
zurücklassen musste, wurde verwüstet, wobei ein Schaden von über einer Million
Lire entstand. Viola denunzierte offenbar weitere Antifaschisten, darunter Vigo, den
Marschall der Carabinieri von Colico, der sich im März 1944 gezwungen sah, sich bei
den Partisanen zu verstecken. In den Befragungen gab sie an, wie eine „gedungene
Informantin" agiert zu haben. Das Mailänder Gericht übernahm die Urteilsbegründung des Schwurgerichts von Lecco indem es die „besondere Verbissenheit" Violas
bestätigte. „Noch viel schlimmer ist", so die Urteilsbegründung weiter, „dass sich die
Angeklagte nicht darauf berufen kann, unter dem Einfluss von Lügenpropaganda und
einer falschen Ideologie gehandelt zu haben, denn ihre Taten waren durch Habgier
und einen grundsätzlich unmoralischen Lebenswandel bedingt"[9].

Der Mailänder Gerichtshof billigte ihr am Ende mildernde Umstände zu:

> Berücksichtigt man das zuvor gute Führungszeugnis der Angeklagten und manch seltene Tat
> zugunsten der Antifaschisten, nicht aus Überzeugung, sondern aus Freundespflicht, was aus-
> schließen dürfte, dass sie jemals Reue empfunden hat [...], hält das Gericht 15 (fünfzehn) Jahre
> Haft, wovon ein Drittel erlassen wird, für eine angemessene Strafe[10].

Der Kassationshof lehnte am 28. Mai 1948 zwar die Berufungsklage Violas ab, erließ
ihr aber weitere fünf Jahre Haft, sodass sie bereits 1950 aus dem Gefängnis kam.

Caterina Racca und ihr Liebhaber aus „guter Familie"

Piemont gehörte zu den Gebieten, in denen der Bürgerkrieg besonders erbittert ausgetragen wurde. Das zeigt das tragische Beispiel der Geschehnisse um Caterina Racca und die Schwarzen Brigaden im Umfeld des UPP, des politischen Provinzbüros von Cuneo[11].

Caterina Racca, im Jahr 1943 22 Jahre alt, war in Cuneo geboren und aufgewachsen und stand mit der Partisanenbewegung in Verbindung. Um ihrem Bruder, einem gefangen genommenen Partisanen, zu helfen, wandte sie sich an den Schwarzbrigadisten Carlo Ferrari aus dem UPP von Cuneo mit der Bitte, sich für ihn zu verwenden. Aus diesem ersten Kontakt entwickelte sich eine Liebesbeziehung und Caterina „geriet in die Fänge des Nazifaschismus, da sie sich in Carlo Ferrari verliebt hatte und nun seiner Gesinnung folgte und ihn in seiner politischen Aktivität unterstützte", so die Erklärung im Urteilsspruch gegen sie. Einmal im Einflussbereich des UPP begann sie, mit fanatischem Eifer ein Netz aus Intrigen zu spinnen, um Aktionen und Personen der Befreiungsbewegung auszuspähen.

Carlo Ferrari aus Brescia, Jahrgang 1913, verheiratet, war als besonders engagiertes Mitglied der Schwarzen Brigade *Lidonnici* im UPP von Cuneo aktiv, zusammen mit seinem zehn Jahre jüngeren Bruder Giovanni (oder Gianni). Die Provinzeinheit war die Kernzelle der faschistischen Aktivitäten der RSI auf lokaler Ebene: Sie „überwachte die Gesinnung der Bürger, forschte sie mithilfe eines Netzwerks von Informanten systematisch aus, erschoss Personen, in denen man eine besondere Gefahr sah, oder ließ diese nach Deutschland deportieren, und terrorisierte diese friedfertige und arbeitsame Bevölkerung mit unerhörten, blutigen Repressalien" wie das Schwurgericht zusammenfasste. Organisator und Seele des UPP war der stellvertretende Leiter Tommaso Brachetti, eine zentrale Figur im Kampf gegen die Partisanen. Nach Ansicht der CAS von Cuneo „waren die Gewaltakte, die Folterungen, die Grausamkeiten, die von Mitgliedern des Büros im Gefängnis [...] begangen wurden, ungeheuerlich und vor allem das triste Werk von Ferrari, Gianni, von Ferrari, Carlo und am Ende sogar des stellvertretenden Leiters Brachetti".

Caterina Raccas Liebhaber Ferrari war besonders dienstbeflissen und gründlich in seinem mörderischen Tun. Er führte sogar ein perfides Heft, „in dem sich auf jeder Seite die Fotografie eines getöteten Partisanen mit entsprechenden Anmerkungen befand: es waren 52 an der Zahl!".

Die Brüder Ferrari waren verantwortlich für die öffentlichkeitswirksamsten Aktionen, Terror und Angst zu verbreiten. Beispielsweise fuhren sie Ende August 1944 in einem Lastwagen voller Squadristen der Schwarzen Brigade *Lidonnici* in das Dorf Demonte ein, ihr Anführer war Dino Ronza, faschistischer Parteiführer. Sie suchten nach dem Partisanenanführer Lorenzo Spada, den sie verletzt und mit hohem Fieber im Krankenhaus aufspürten. Sie schleppten ihn hinaus und hängten ihn an einer Straßenlaterne auf dem Dorfplatz auf. Zuvor hatten sie ihm ein rotes Hemd angezogen, das sie eigens dafür aus Cuneo mitgebracht hatten[12].

Unter den Partisanen und normalen Bürgern, die von den Schwarzen Brigaden gefoltert und umgebracht worden waren – meist als Repressalie beziehungsweise als Vergeltungsmaßnahme –, befand sich auch der Pfarrer von San Chiaffredo Busca, Don Costanzo Demaria, den sie verdächtigten, die Partisanen zu unterstützen. Am 14. September 1944 hatte ihn eine Gruppe von Schwarzhemden unter Führung von Leutnant Bellinetti zu Hause aufgestöbert, bis aufs Blut verprügelt und in seinem religiösen Glauben beleidigt. (Zeugen sagten aus, man habe ihm ein Bild von Papst Pius XII. um den Hals gehängt und ihn gezwungen zu beten.) Zusammen mit zwei anderen jungen, zufällig aufgegriffenen Männern – Bartolomeo Lerda und Luigi Albissone – brachte man ihn an die Stelle, an der ein Kamerad der Schwarzhemden getötet worden war. Dort erschoss man die drei Geiseln. Unter diesen Schwarzhemden befand sich auch Carlo Ferrari[13].

Ebenfalls auf das Konto der Ferrari-Brüder ging eine Gewalttat im Dorf Castelletto Stura: Dort erschossen sie mit ihren Maschinengewehren zwei Angler, Männer aus dem Dorf, obwohl diese ihre Hände als Zeichen der Ergebung erhoben hatten.

Ende 1944 beteiligte sich Carlo an der Gefangennahme von sieben Geiseln, die am Nachmittag des 30. Dezember 1944 erschossen wurden, ein Vergeltungsakt für die Ermordung eines Soldaten der Division *Littorio*. Eine der Geiseln war der Doktor Damiano Piasco: Er hatte sich bereit erklärt mitzugehen, nachdem Ferrari seiner Ehefrau „auf sein Ehrenwort [versichert hatte], ihm würde kein Haar gekrümmt"[14].

Noch in den Tagen unmittelbar vor der Befreiung Europas durch die Alliierten hielten die Brüder Ferrari unbeirrt an ihren Aktionen fest. Am 24. April lieferten sie dem deutschen Sicherheitsdienst den Patrioten Cosimo Terrazzini sowie sieben weitere Gefangene aus – wohl wissend, dass diese von den Deutschen getötet werden würden, was auch prompt geschah. Am Nachmittag des 25. April nahmen die Ferrari-Brüder den Partisanen Fiorino Raballo in ihre Gewalt, nachdem Raballo einige Militärs entwaffnet hatte, und erschossen ihn mit einem Revolver auf dem Hauptplatz von Cuneo.

Auch wenn Caterina Racca an diesen Strafaktionen nicht beteiligt gewesen war, unterstützte sie die Faschisten von Cuneo durch ihre Informationen maßgeblich und wurde deshalb zusammen mit den Ferrari-Brüdern und neun weiteren Squadristen vor dem außerordentlichen Schwurgericht von Cuneo unter Anklage gestellt – wegen „Informationsbeschaffung und Feindkontakt" und wegen Denunziation. So hatte sie beispielsweise Anita Barbero denunziert, eine Partisanin, die einer Einheit der Widerstandsbewegung Giustizia e Libertà angehörte und die ihr, ihre politische Gesinnung verkennend, vorgeschlagen hatte, einen Sprengkörper im Büro neben dem von Ferrari zu platzieren: schließlich arbeite sie im selben Gebäude als Stenografin für den Kreisarzt[15].

Daraufhin verhaftete man Barbero und sperrte sie in eine gemeinsame Zelle mit Racca. Sich als vermeintliche politische Gefangene verstellend gewann diese das Vertrauen Barberos. Bis Anita Barbero vor Gericht klar wurde, dass Racca sie verraten hatte, war sie bereits verhört und dabei brutal gefoltert geworden.

Für all diese Taten erhielt Caterina Racca zwar die Todesstrafe, die aber nach Art. 114 in eine Haft von 24 Jahren umgewandelt wurde. Auch billigte man ihr allgemeine mildernde Umstände zu, sodass sich ihre Haft auf 20 Jahre reduzierte. Die Ferrari-Brüder und weitere Mitglieder der Schwarzen Brigaden wurden ebenfalls zum Tode verurteilt, allerdings ohne mildernde Umstände[16].

Bald darauf ging beim Justizministerium ein Gnadenappell für die beiden Brüder ein. Die Apostolische Nuntiatur legte es am 12. März 1946 beim Außenministerium vor, das es seinerseits an das Justizministerium weiterreichte, mit der Bitte, die Todesstrafe in eine Haftstrafe umzuwandeln:

> Es ist um das hochverehrte Eingreifen des Heiligen Vaters gebeten worden, um für Ferrari, Carlo, Sohn des Alessandro, und Ferrari, Giovanni, Sohn des Alessandro, geboren 1913 beziehungsweise 1923, die Begnadigung von der Todesstrafe zu erwirken, zu der sie das Außerordentliche Schwurgericht von Cuneo verurteilt hat. Der Bischof von Brescia setzt sich angelegentlich für sie ein, da es sich um Personen aus guter Familie handelt, beide verheiratet, und Letzterer zudem Vater einer Tochter. Die Apostolische Nuntiatur hat daher die Ehre, im Auftrag des Staatssekretärs des Heiligen Stuhls den königlichen Außenminister zu bitten, die Autorität seiner Hohen Behörde geltend zu machen, um die Umwandlung der Strafe der Verurteilten zu erwirken[17].

Derlei Fürsprachen vonseiten der Apostolischen Nuntiatur waren nicht selten; ebenso setzten sich in den folgenden Jahren immer wieder Politiker und Parlamentarier mit Fürsprachen für die verurteilten KollaborateurInnen ein[18]. Zwar wurde dem Gnadengesuch für die beiden Brüder nicht stattgegeben, aber auch das Todesurteil wurde nicht vollstreckt. Es folgten Berufungen, neue Prozesse, neue Gnadengesuche (die regelmäßig abgelehnt wurden), bis die Ferrari-Brüder schließlich infolge des Dekrets zur Strafaussetzung, des damaligen Justizministers und Christdemokraten Michele Di Pietro, am 16. Oktober 1954 unterzeichnet[19], auf Bewährung freikamen.

Und wie erging es Caterina Racca? Man weiß, dass sie kein Gnadengesuch einreichte und dass sich keine einflussreichen Personen für sie verwendeten. Wie die anderen Verurteilten legte sie Berufung gegen das Urteil der CAS von Cuneo ein, und der Kassationshof hob es aufgrund von „Begründungsmängeln im Hinblick auf die Anerkennung von mildernden Umständen nach Art. 26 CPMG" auf. Eine neue Verhandlung ihrer Anklage übernahm die Sondersektion des Schwurgerichts von Turin.

Wurde sie in einem neuen Prozess freigesprochen? Ermöglichte ihr das Urteil, die Togliatti-Amnestie in Anspruch zu nehmen und das Gefängnis zu verlassen? Das läge nahe, aber wir wissen es nicht, denn nach dem Prozess in Cuneo verliert sich ihre Spur.

Die Spioninnen von Savona

Rosa Amodio, Maria Garrone, Olimpia Bongiovanni und Olga Ciampella waren Helferinnen in der in Savona stationierten Division *San Marco*. Mario Mazzanti, Unterleiter dieser Division, hatte sie für die Gruppe der geheimen InformantInnen für den Spionagedienst im *Ufficio Informazioni* rekrutiert[20]. Unter anderem beauftragte er sie, „ihm einige Hinweise über die Partisanenformationen zu beschaffen, die in den Bergen des ligurischen Apennin aktiv waren".

Das außerordentliche Schwurgericht von Savona verurteilte Rosa Amodio und Maria Garrone am 9. Juni 1945 zum Tode; eine Strafe, die am 12. März 1946 in 30 Jahre Haft umgewandelt wurde[21]. Im selben Prozess wurden auch Mario Mazzanti und Carlo Revelli wegen zahlreicher Verbrechen zum Tode verurteilt: darunter militärische und politische Spionage, Polizeiübergriffe gegen Partisanen, Gewaltakte jeglicher Form, Geisel- und Gefangennahme mit Mord[22].

Über die konkreten Taten von Rosa Amodio und Maria Garrone ist wenig bekannt. Garrone war im November 1944 von Zuhause ausgezogen, um sich als gerade 18-Jährige dem SAF anzuschließen. Zusammen mit Rosa Amodio beschaffte sie Informationen über die Partisanen um Pietro De Blasis sowie über weitere in der Provinz von Savona aktive Partisanengruppen[23].

Nach Art. 154 des Kriegsstrafrechts wurde sie, vertreten durch einen Pflichtverteidiger, wegen Spionage für den Feind in Abwesenheit zum Tode verurteilte. Ihr Anwalt beschränkte sich darauf, ein Gnadengesuch zur Umwandlung des Todesurteils in eine Gefängnisstrafe einzureichen, was er mit ihrem jugendlichen Alter begründete. Darauf berief sich auch die ältere Schwester bei ihrer Unterstützung des Gnadengesuchs. Ihr zufolge hatte Maria in gutem Glauben gehandelt:

> Ich sage es noch einmal, ich bin sicher, dass dieses gutherzige Mädchen nichts Böses getan hat, und auch wenn sie sich gutgläubig mit einer kleinen Schuld befleckt haben sollte, liegt das an der großen Propaganda, der sie in ihrer Schule ausgesetzt war, aus diesem Grund war sie gewiss guten Glaubens, ihrem Vaterland, das sie so sehr liebt, nützlich zu sein. Es kann doch nicht sein, dass mein kleines Mädchen auf diese Weise sterben soll, wie eine Verbrecherin, eine Mörderin? Das ist der unaufhörliche verzweifelte Schrei meiner Mama[24].

In den Fürsprachen vonseiten der Angehörigen der Verurteilten, bei Frauen wie bei Männern, begegnet man immer wieder dieser gutgläubigen Verwunderung, oft verbunden mit der entschiedenen Anzweifelung der Fakten: Ihre Verwandten konnten unmöglich dieser Verbrechen fähig sein, Mittäter sein, überhaupt etwas Böses getan haben[25].

Die weiteren Lebenswege Amodios und Garrones sind aus den Akten nicht nachvollziehbar. Auch Olimpia Bongiovanni und Olga Ciampella gehörten zu den von Mazzanti rekrutierten Informantinnen. Und wie Amodio und Garrone verurteilte auch sie die CAS in Savona wegen Kollaboration und bestrafte sie mit je 30 Jahren Haft. Sie beide hingegen kamen infolge der Togliatti-Amnestie bereits am 29. Juni 1946 wieder auf freien Fuß[26].

Olimpia Bongiovanni, geboren 1921 in Frankreich, lebte in Savona mit ihrem Ehemann Domenico Fiorito, einem Arbeiter im dortigen Ilva-Stahlwerk. Die Deutschen hatten ihn von dort zur Zwangsarbeit nach Deutschland geschickt, wo er bis zum 18. Juli 1945 blieb. Zurück in Savona erfuhr er, dass seine Frau mit einer Haftstrafe von 30 Jahren im Gefängnis saß. Man hatte ihm berichtet, seine Frau habe „sich aus schlimmer Notlage heraus, weil sie buchstäblich Hunger litt, gegen eine monatliche Entlohnung von 2.000 Lire in die Liste der Informantinnen eintragen lassen". In seinem Gnadengesuch behauptete der Ehemann voller Überzeugung, seine Frau habe niemanden denunziert und keine Informationen weitergegeben, auch habe sie nur einen einzigen Monatslohn abgeholt. Weiter schrieb er, seine Ehefrau sei unfähig, Böses zu tun, darüber hinaus zu beschränkt, um politische Überzeugungen zu entwickeln: „unfähig, jemandem Böses anzutun und sie ist auch nicht ausreichend intelligent, als dass sie ein politisches Bewusstsein entwickelt haben könnte"[27].

Olga Ciampella hatte sich als Helferin im Heer der Salò-Republik anheuern lassen, mit der Aufgabe, militärisch relevante Informationen auszuspähen. Sie war an der Festnahme des Partisanen Alessandro Baldi beteiligt und besorgte Hinweise und Informationen unterschiedlicher Art[28]. Wie die Schwester von Maria Garrone reichte auch die Mutter von Olga Ciampella ein Gnadengesuch mit ganz ähnlichem Wortlaut und Rechtfertigungen ein: Sie hatte früh ihren väterlichen Beistand verloren, und wenn sie einmal einen Monatslohn angenommen hatte, dann aus purer Hungersnot. „In Wirklichkeit", so schrieb die Mutter, „hat sie nie jemanden angezeigt, nie hat sie sich für die Angelegenheiten anderer interessiert und schon gar nicht für Politik"[29]. Am Ende brauchte nicht mehr über das Gnadengesuch von Olga Ciampella entschieden zu werden, da sie in der Zwischenzeit von der generellen Amnestie profitiert hatte.

III Verfolgerinnen von Juden

Eine besondere Kategorie von DenunziantInnen stellten diejenigen dar, die sich bereicherten, indem sie Juden denunzierten – was meist deren Deportation in Konzentrationslager zur Folge hatte.

Die 1938 von Mussolini erlassenen Rassengesetze erfuhren in der Zeit der Italienischen Sozialrepublik eine zusätzliche Verschärfung. Auch wurde die Verfolgung von Juden entschieden durch das nationalsozialistische Regime forciert[1]. Viele ItalienerInnen, normale Leute aus der Bevölkerung, trugen dazu bei, dass jüdische MitbürgerInnen verfolgt, verhaftet und in die Vernichtungslager verschickt wurden: ein Weg meist ohne Wiederkehr, denn nur 12,3% der internierten italienischen Juden überlebten die Lager[2].

Nach dem Krieg gab es nur wenige Verfahren gegen diejenigen, die Juden denunziert hatten, und in den allerwenigsten Fällen kam es zu Verurteilungen und Strafen, die nicht unter eine Amnestie fielen. Zudem endeten zahlreiche Prozesse gegen ItalienerInnen, die in den Jahren der Salò-Republik Juden verraten hatten, aus Mangel an Beweisen mit Freispruch[3]. Laut Franzinelli ging die Justiz „schleppend, schlampig oder willfährig" vor, „eine epochale Tragödie, die sich in einer Unzahl kleiner familiärer Trauerfälle auflöste, die nur die direkt Betroffenen etwas anzugehen schienen. Es fehlte in Italien unter den Richtern und Politikern wie überhaupt in der Zivilgesellschaft die Anerkennung der nationalen Mitverantwortung am nationalsozialistischen Völkermord"[4].

Auf „Judenjagd" an einem ruhigen Weihnachtsabend

Die Strafverfahren gegen Maria Lesca gehören zu den wenigen, bei denen DenunziantInnen und sogenannte „JudenjägerInnen" zu einer Strafe verurteilt wurden, die der Schwere der Tat angemessen war – ansonsten legten viele Gerichte bemerkenswerte Indifferenz bei der Verfolgung dieser Vergehen an den Tag[5].

Maria Lesca, genannt „Mara", war am 8. November 1909 in Canale d'Isonzo geboren[6]. Ab 1936 hatte sie in Turin gelebt und dort als Büroangestellte in einigen Handelsfirmen gearbeitet. Nach Kriegsausbruch wurde sie „von politischer Passion erfasst" und trat nach dem 8. September 1943 der faschistischen Partei, der RSI, bei; sie kollaborierte aktiv mit den Deutschen und stellte sich freiwillig in den Dienst des Leiters der politischen Einheit der republikanischen Polizei. Sie „denunzierte Bürger jüdischen Glaubens und Angehörige der Organisation der Befreiungsbewegung"[7].

Eine der Straftaten, wegen der die einstige Salò-Anhängerin unter Anklage stand, hatte sich am frühen Abend zu Weihnachten 1943 zugetragen. Gegen 18.30 Uhr am 25. Dezember erschien in Rivalta Torinese, einem Dorf in den Hügeln, ein Kader des Turiner Ortsverbands der faschistischen Partei unter dem Kommando von Polizeihauptmann Domenico De Amicis, in dessen Gefolge auch Maria Lesca. Vom Posten

http://doi.org/10.1515/9783110642889-005

der Carabinieri in Gassino ließ sich De Amicis zwei Beamte zuteilen. Dann zog der Miliz-Trupp weiter zur Villa Bachi, in der sich einige jüdische Familien eingefunden hatten, um Weihnachten zu feiern. Ziel der Operation war es, Ermanno Bachi mitzunehmen. Mit ihm in der Villa war auch seine Verlobte Carlotta Aloris, eine Arbeitskollegin von Maria Lesca[8].

De Amicis ließ das Haus umstellen und gab seinen Leuten den Befehl zu schießen, falls jemand zu fliehen versuchte. Nach Zeugenaussagen hatte Maria dem Befehl noch nachgesetzt: „Passt gut auf, dass bloß keiner entkommt!" Die Milizionäre drangen in das Haus ein, während die drei anwesenden jungen Männer – Ermanno Bachi, Aldo Melli und Achille Ceresole – versuchten, durch einen Hinterausgang zu fliehen. Von draußen hörte man Gewehrsalven und gleich darauf kam einer der Milizionäre ins Haus und teilte De Amicis mit, draußen lägen zwei Tote. Furio Ceresole zwang man, nach draußen zu gehen, um den Leichnam seines einzigen Sohnes, Achille, zu identifizieren und er „durfte sich nicht einmal zu ihm niederbeugen, denn die Agenten hielten ihm eine Pistole an den Kopf, während eine Frau (Lesca) von hinten schrie: ‚Stillhalten, du Feigling, sonst schlag ich dir den Kopf ein!'". Aus zwei Schritten Entfernung erkannte Ceresole auch den Leichnam seines Neffen, Aldo Melli.

Als die Milizionäre ins Haus zurückkehrten und feststellten, dass Ermanno Bachi nicht dort war (es war ihm, nur leicht am Ohr verletzt, gelungen zu fliehen[9]), schärfte De Amicis den noch Anwesenden ein, die Villa in den nächsten zwanzig Minuten nicht zu verlassen, sonst würden sie das Feuer eröffnen.

In der Zwischenzeit durchsuchte Maria Lesca draußen die Leichen, wobei sie die Brieftasche von Achille Ceresole mit 1.500 Lire sowie verschiedene Papiere und ein Buch von Anatole France: *Gli dei hanno sete* (*Die Götter dürsten*), an sich nahm. Nach einem Blick auf den Titel warf sie das Buch auf den Boden und rief: „Wenn die Götter Durst haben, sollen sie dein Blut trinken!".

Irgendwann verließ der faschistische Miliz-Trupp die Villa, um nach Turin zurückzukehren. Auf der Rückfahrt reute es einen der Milizionäre: „Das war eine große Dummheit [fesseria]!", woraufhin Lesca erwidert haben soll: „Nur Mut, Jungs, hoch die Gemüter und zerbrecht euch nicht den Kopf". Ein „rohes, gefühlskaltes, grausames Gebaren" hieß es in der Urteilsbegründung, „und ein weiterer Beweis für die moralische und konkrete Täterschaft der Angeklagten bei diesem Verbrechen und dafür, wie sie mit ihrem Handeln ausschlaggebend dazu beigetragen hat, das Verbrechen bis zu seinem bitteren Ende auszuführen".

So rekonstruierte das Schwurgericht von Novara 1948 den Tathergang. Und was hatte Lesca selbst zu ihrer Verteidigung vorzubringen? Wie lautete ihre Version der Tat an jenem Weihnachtsabend? Im ersten Prozess vor der Turiner CAS hatte sie noch vehement bestritten, an dieser Operation überhaupt teilgenommen zu haben. Doch während des Prozesses kam zutage, dass es Lesca gewesen war, die zu diesem Massaker angeregt und es persönlich mitorganisiert hatte. Denn als Kollegin von Ermanno Bachis Verlobter wusste sie, dass die beiden an jenem Tag in der Villa in Rivalta Torinese sein würden. Nachdem Zeugenaussagen und Beweise sie beim Prozess in Novara in die Enge getrieben hatten, musste sie „angesichts der Vergeblichkeit, weiterhin so dreist zu leugnen", schließlich doch gestehen, dass sie die Frau gewesen war, die am Abend des 25. Dezember 1943 zusammen mit der faschistischen Miliz an der Villa in Rivalta Torinese gewesen war. Allerdings versuchte sie, Ihre Rolle stark herunterzuspielen. Sie sei an jenem Weihnachtstag rein zufällig De Amicis begegnet und habe ihn zum Ortsverband der republikanisch-faschistischen Partei begleitet. Der Polizeihauptmann hätte den Befehl zu einer Hausdurchsuchung erhalten und sie aufgefordert, daran teilzunehmen. Sie habe aber nur abseits gewartet. Das Gericht folgte den Zeugenaussagen und so wurde Lesca in einem ersten Prozess vor der CAS von Turin am 7. Februar 1947 wegen Kollaboration und Mord zu 30 Jahren Haft verurteilt. Allerdings führte ihr Berufungsverfahren am Kassationshof zu einer Aufhebung des Urteils „wegen mangelhafter Begründung der Motive für die Mittäterschaft an den Morden", woraufhin das Verfahren an das Schwurgericht von Novara weitergeleitet wurde.

Das Gericht von Novara befand sie für schuldig als „Mittäterin [...] bei der rücksichtslosen Ermordung der unglückseligen Ceresole, Achille und Melli, Aldo in Rivalta Torinese am Abend des 25. Dezember 1943" und betonte, ihre schwere Schuld damit, dass sie die Anführer der Partei in Turin über das Versteck von Bachi informiert hatte. Dabei habe sich Maria Lesca nicht auf die Denunziation beschränkt; in ihrem „politischen Fanatismus" wollte sie sich an der Operation beteiligen und habe sich aus diesem Grund der Miliz angeschlossen, dabei auch De Amicis Schießbefehle wiederholt und bekräftigt.

Dennoch wurden ihr allgemeine mildernde Umstände aufgrund ihrer persönlichen Situation zugebilligt. Laut dem Gericht von Novara hatte Maria Lesca ein unglückliches Leben, sie hatte nach schweren Schicksalsschlägen ihre gesamte Familie verloren. Der Vater, im Ersten Weltkrieg Offizier im österreichischen Heer, war nach Galizien deportiert worden und nach seiner Rückkehr in einer Nervenheilanstalt verstorben; die Mutter war einem Bombenangriff zum Opfer gefallen; ein Bruder war nach Russland deportiert worden und nie wieder heimgekehrt und eine Schwester hatte in den Foibe-Massakern ihr Leben gelassen. Somit musste man annehmen, dass Maria Lesca „in einem Klima der Unsicherheit und des Unglücks" aufgewachsen war, und dadurch „gefühllos gegenüber menschlichem Leid" geworden war, so die Verteidigung.

Mit dieser Begründung billigte das Gericht ihr zwar eine Strafminderung zu, wollte aber dennoch nicht ihren „politischen Fanatismus" außer Acht lassen. Am Ende wurde sie der Kollaboration und Mittäterschaft an der Ermordung von Achille Ceresole und Aldo Melli für schuldig befunden und zu 30 Jahren Haft verurteilt; infolge der Amnestien von 1946 und 1948 wurden ihr aber 20 Jahre erlassen[10].

Das Turiner Berufungsgericht erließ ihr am 24. März 1950 ein weiteres Haftjahr auf Grundlage des Dekrets vom 23. Dezember 1949 (DPR Nr. 930) und nach zwei Jahren, am 24. November 1951, unterzeichnete Justizminister Zoli am 24. November 1951 ihre Freilassung auf Bewährung.

Im Verfahren am Schwurgericht von Novara kam ein weiterer Anklagepunkt zur Sprache, der aber nicht weiterverfolgt wurde. Der Vorwurf lautete, Lesca habe dem Chef der politischen Polizei in Turin aus freien Stücken angeboten, Bürger jüdischen Glaubens und Mitglieder der Befreiungsbewegung zu denunzieren. Das hatte zur Verhaftung von Cesare Segre (nach Deutschland deportiert), von Elsa Mongilardi, Domenico Coggrola und Silvio Peradotto geführt. Von diesen Fällen lässt sich nur der des jüdischen Rechtsanwalts Cesare Segre ansatzweise rekonstruieren[11]. Infolge der Rassengesetze war Segre mit seiner Familie im Dezember 1943 von Turin in den Bergort Valle Mosso bei Biella geflüchtet, allerdings nur für kurze Zeit: Im Dorf war ein Milizposten der RSI im Kampf gegen die Partisanen stationiert worden, und Segre hatte keine Wahl als nach Turin zurückzukehren.

Er wandte sich Hilfe suchend an Maria Lesca, die er bei ihrer Wohnungssuche unterstützt hatte, indem er sie einem Freund empfohlen hatte. Die Frau dankte es ihm, indem sie ihn bei sich aufnahm. Dadurch erfuhr sie aber auch von seinen Plänen, ins Exil zu gehen, wofür sie ihn sogar mit allem Notwendigen versorgte. Am Tag seiner Abreise rief sie von außerhalb an, um zu kontrollieren, ob sich Segre noch bei ihr zu Hause befand. Nur wenige Minuten später rückte die Polizeimiliz an und nahm den Mann mit. Drei Monate hielt man ihn im berüchtigten Sitz des UPI in Turin fest, bis er von dort ins Vernichtungslager deportiert wurde. Von den 200 auf diese Weise Deportierten kehrten nur drei lebend nach Hause zurück, einer davon war der Rechtsanwalt Segre.

Falsche Fluchthelferinnen

Allegra schreibt: „Da das Solidaritätsnetz zwischen den eigenen Leuten geschwächt war, blieb den Juden nichts anderes übrig, als unvorsichtig zu werden: Ihre gewohnten Bezugspunkte gab es nicht mehr, vertraute Bekannte waren verschwunden, und so mussten sie immer höhere Risiken eingehen und Menschen kontaktieren, denen zu trauen ein gefährliches Wagnis darstellte"[12]. Die Notwendigkeit, sich anderen anzuvertrauen, um in die Schweiz zu gelangen – eines der wenigen möglichen Exilziele der italienischen Juden –, konnte diese teuer zu stehen kommen: Die Schleuser verlangten ein Vermögen, die Gefahr war hoch, an die faschistische Polizei verraten, festgenommen und in die Vernichtungslager deportiert zu werden. Einige wandten sich an eine ältere Frau, die vertrauenswürdig und hilfsbereit schien: Antonia Rosini Vicentini, geboren 1898.

Rosini war Kräuterfrau in Malnate in der Provinz Varese – ein Ort, der besonders günstig lag , um eine Ausreise zu wagen[13]. Unter den Juden, die in den letzten Monaten des Jahres 1943 zu fliehen versuchten, befand sich auch Edoardo Orefice, der über eine Freundin der Familie in Kontakt mit Rosini kam. Diese „versicherte, sie könne es ihm sofort ermöglichen, über die Grenze zu gelangen, indem sie ihn einem erfahrenen Führer anvertraute, ja, sie versprach ihm sogar, dass sie ihn selbst auf einem einfachen und kurzen Grenzübergang begleiten und stützend unterhaken würde (es handelte sich um einen Mann fortgeschrittenen Alters)"[14]. Sie verlangte dafür 5.000 Lire für den Schleuser, „zum guten Gelingen der ganzen Aktion", sowie weitere im Voraus zu zahlende 1.000 Lire als Entlohnung für sie selbst. Am 6. Dezember 1943 machte sich Orefice auf den Weg und noch am selben Abend überbrachte Antonia Rosini der Familie einen von ihm geschriebenen Zettel, auf dem er der Familie mitteilte, er sei heil in der Schweiz angekommen. Doch nur wenige Tage später erfuhr die Familie von seiner Verhaftung. Einige Personen hatten beobachtet, dass er am Bahnhof von Varese in einen versiegelten Wagon hatte einsteigen müssen, der nach Mailand fuhr. Orefice kehrte nie wieder zurück.

Wohl im Hinblick auf den leichten Verdienst versuchte Rosini, weitere Juden ausfindig zu machen, die sich gezwungen sahen, Italien zu verlassen. Auch Giorgio und Iole Camerini Goldschmidt nahmen ihr Hilfsangebot an. Das Paar musste aus Mailand fliehen und hatte in der Provinz Varese auf einem Bauernhof bei einer Frau Albrighi Unterschlupf gefunden. Von ihnen hatte Rosini eine sehr viel höhere Summe gefordert, pro Person 20.000 Lire im Voraus. Am 10. Dezember 1943 machten sich die Goldschmidts auf den Weg. Einer Freundin überbrachte Antonia Rosini diesmal keine handgeschriebene Notiz, ließ sie aber wissen, das Paar sei sicher auf der anderen Seite der Grenze angelangt, allerdings habe es im Moment des Übergangs eine Schießerei gegeben und im Tumult und vor lauter Angst habe man keine Nachricht schreiben können. In Wahrheit waren die Goldschmidts, wie man ein paar Tage später erfuhr, festgenommen und ins Gefängnis von Varese gebracht worden. Von ihnen verlor sich jede Spur, sehr wahrscheinlich kamen sie in einem Konzentrationslager ums Leben (die Prozessakten geben keinen Aufschluss über ihren Verbleib).

Ein weiteres Paar, der Rechtsanwalt Cammeo und seine Ehefrau, wollte in die Schweiz fliehen und nahm Kontakt zu Antonia Rosini auf. Im letzten Moment lehnte Cammeo ab, weil er gewarnt worden war.

Ebenfalls am Jahresende 1943 kam es zu einem Kontakt zwischen Rosini und dem Venezianer Carlo Bassi, der mit seiner Mutter über die Grenze wollte. Diesmal forderte Rosini für ihre Dienste 45.000 Lire. Nach den „komplizierten Verhandlungen" machten sich Mutter und Sohn auf den Weg nach Intra am Lago Maggiore. Hier wurden sie einem gewissen Umberto Muzzi übergeben, der sie mit dem Auto an die Grenze bringen sollte: Mit dieser Aktion begann die kriminelle Zusammenarbeit zwischen Antonia Rosini und Umberto Muzzi. Sie hatte Muzzi zufällig in Intra kennengelernt, nachdem seine Mutter ihr anvertraut hatte, dass der Sohn „als Schmuggler tätig war und sich gegen hohen Lohn und im Einverständnis mit der Finanzpolizei für die Ausreise der Juden verdingte"[15].

Laut Rekonstruktion des Tathergangs im Lauf der Ermittlungen zu ihrem Prozess brachen die Bassis zusammen mit Umberto Muzzi auf, doch nach nur wenigen Kilometern begann dieser zu hupen und zog damit die Aufmerksamkeit der republikanisch-faschistischen Straßenpatrouillen auf sich, die das Auto anhielten und das Ehepaar in eine Villa brachten. Dort „vor dem Polizeikommissar von Intra mit Namen

Falletta, einem Kriegsversehrten, der die Milizen kommandierte, ließ Muzzi die Maske fallen, gab sich als republikanischer Faschist aus und warf Bassi und seiner Mutter vor, Juden zu sein, die heimlich versuchten, über die Grenze zu gelangen". Sie nahmen Mutter und Sohn sämtlichen Schmuck und Gold im Wert von 400.000 Lire, Bargeld und die Koffer ab, ließen sie aber eine Woche später wieder frei. Nach Kriegsende gaben ihnen Falletta und sein Komplize, der faschistische Kommissar Duse, die entwendeten Schätze, bis auf das Bargeld, zurück.

Im Laufe des Prozesses leugneten die Angeklagten Rosini und Muzzi jede Verantwortung für die Festnahme der Juden, die sich ihnen bei ihrem Fluchtversuch anvertraut hatten. Vor allem Rosini lastete alles ihrem Komplizen an, indem sie behauptete, nichts von seinen Taten gewusst zu haben. Für das Gericht von Novara hingegen war die für den Prozess beziehungsweise die Gerichtsverhandlung ermittelte Beweislage mehr als eindeutig und reichte vollkommen aus, um die Schuld beider Angeklagten zu belegen. Die beiden hatten sich die Aufgaben geteilt, indem „Rosini nach Auftraggebern suchte und die Bezahlung für die Schlepper eintrieb", und Muzzi vortäuschte, die Juden über die Grenze zu begleiten, sie stattdessen aber an die faschistische Miliz auslieferte, mit der er sich die Wertsachen der Gefangenen und den Inhalt ihres Gepäcks teilte. Vor allem das Gepäck wurde zu einem wichtigen Beweisstück für das eigentliche Ziel des Gespanns Rosini-Muzzi. Denn das Gepäck der Eheleute Goldschmidt war so schwer, dass man die Koffer nach Aussage von Frau Albrighi auf einem von Ochsen gezogenen Karren zum Bahnhof transportiert hatte. Zuvor hatte Rosini die Goldschmidts ausdrücklich dazu ermuntert, so viel Gepäck wie möglich mitzunehmen, denn „die Grenzüberquerung sei so gut organisiert, dass auch der Transport großer Reisekisten dazugehöre und keine Komplikationen zu befürchten seien".

Dieser Zeugenbericht lieferte für den Urteilsspruch einen weiteren Beweis für das eigentliche Tatmotiv der Frau, nämlich Habgier, ein Motiv, das sie von der Gunst der Togliatti-Amnestie ausschloss.

Die CAS von Novara verurteilte die beiden am 9. Juli 1946 zu je 15 Jahren Haft, außerdem mussten sie die Prozesskosten tragen und ihnen wurde auf Lebenszeit jedes öffentliche Amt untersagt. Nachdem der Kassationshof am 24. Juni 1947 Rosinis Einspruch abgelehnt hatte, wurde ihre Verurteilung rechtsgültig. Noch am selben Tag beantragte ihr Anwalt, Giovanni Maria Cornaggia Medici, Haftaufschub aufgrund des Gesundheitszustands seiner Mandantin und reichte ein Gnadengesuch ein. Während ihr der Haftaufschub bis 1951 immer wieder zugestanden wurde, lehnte man sämtliche Gnadengesuche ab.

Rechtsanwalt Cornaggia Medici betonte in seinem Gnadengesuch, seine Mandantin habe schließlich auch Zeugnis abgelegt „von ihrer ausdrücklichen Vaterlandsliebe, indem sie Heldinnen des Widerstands im Norden vor dem sicheren Tod gerettet hat, wie Elena Dreher und deren Schwester Susanna, indem sie ihre Freundin Frau Melli Sacerdoti bei sich untergebracht hat, um sie vor der Festnahme zu bewahren, und indem sie die Namen von Juden von den Einwohnermeldelisten von Malnate hat verschwinden lassen"[16].

Wer waren die Schwestern Dreher, die Rosini laut Aussage des Anwalts gerettet haben sollte? Elena Fischli Dreher gehörte zur Partisanenformation *Giustizia e Libertà* und war im Raum Mailand in den Gruppen zum Schutz der Frauen und im nationalen Befreiungskomitee, dem Comitato di Liberazione Nazionale, CLN aktiv. Ihre bedeutendste Aufgabe war es gewesen, im Auftrag des CLN ein sicheres Versteck für den Partisanenchef Ferruccio Parri zu suchen. Nach dem Krieg wurde sie in der Mailänder Stadtverwaltung Assessorin für öffentliche Fürsorge und Wohlfahrt. Sie war keine Unbekannte, eine Widerstandskämpferin und eine der ersten Frauen, die in der italienischen Nachkriegszeit ein öffentliches Amt bekleideten[17]. Aufgrund ihres Ansehens hätte eine Stellungnahme ihrerseits zugunsten der Angeklagten großes Gewicht gehabt, allerdings findet sich nichts Derartiges in den Prozessakten.

Dennoch hieß es im Urteilsspruch der CAS von Novara, Rosini habe während der Judenverfolgung ihre Freundin Melli Sacerdoti „beherbergt, beschützt und unterstützt", die sogar zu ihren Gunsten aussagte[18]. Auch habe sie für einen Abend Elena Dreher bei sich aufgenommen, da die Mailänder Faschisten der Muti (Legione autonoma mobile Ettore Muti, eine im Raum Mailand aktive Militäreinheit der RSI) nach ihr suchten, und sie habe sich dafür eingesetzt, einige Namen von Juden aus den Einwohnermeldelisten von Malnate verschwinden zu lassen. Auch wenn das Gericht diese Taten als „nicht besonders repräsentative Handlungen" einstufte, berücksichtigte man sie, um Rosini mildernde Umstände zuzugestehen[19]. Aber gleichzeitig betonte man den „abstoßenden Zynismus" der Frau, die aus Habgier denunziert hatte, wohingegen ihr Verteidiger versuchte, sie als Patriotin darzustellen, die sich für den Widerstand gegen die Faschisten und Nationalsozialisten und für die Juden eingesetzt habe.

Dabei waren die Juden für die Rosini keineswegs Unbekannte und auch nicht unbedingt Feinde. Es ist sehr wahrscheinlich, dass sie ihnen gegenüber keinen besonderen, weder ideologisch noch persönlich begründeten Hass hegte. Wie aber im Prozess deutlich wurde, hatte Rosini keinerlei Skrupel gehabt, einer profitablen Tätigkeit nachzugehen, die zur Verhaftung, Deportation und oft zum Tod von jüdischen Bürgern führte, deren Vertrauen sie missbrauchte.

Bei ihren Gnadengesuchen stand Rosini nicht allein da: Tatsächlich konnte sie auf einige Parlamentarier zählen, die sich beim Justizministerium für sie verwendeten. Um das Gesuch von 1947 kümmerte sich der Untersekretär des Innenministeriums persönlich, der Christdemokrat Achille Marazza, der aus derselben Gegend stammte wie die Verurteilte. In mehreren Schreiben versuchte Marazza, das Sondersekretariat des Justizministeriums und den Stabschef auf Rosinis Fall aufmerksam zu machen[20]. Und in der Tat nahm man sich Anfang 1948 erneut des Falles an. So setzte im Februar eine vertrauliche Notiz Justizminister Grassi davon in Kenntnis, dass „der Fall infolge wiederholten Drängens vonseiten des Herrn Abgeordneten Marazza erneut untersucht wird". Nachdem man allerdings die Prozessakten ein wei-

teres Mal in Augenschein genommen und weitere Informationen über Rosini einge-
holt hatte, kam der zuständige Richter Alicata zu folgendem Schluss: „Angesichts all
dessen würde ich 1. das Gnadengesuch der Vicentini ablehnen, 2. den Abgeordneten
Marazza von dieser Entscheidung in allen Einzelheiten in Kenntnis setzen und 3. die
Regelungen bezüglich eines neuen Straferlasses abwarten". Entsprechend dieser Einschätzung wurde das Gnadengesuch abgelehnt, dafür konnte Rosini, wie von Alicata
vorausgesehen, von einer Minderung der Haftstrafe aufgrund des neuen Dekrets über
Straferlass von 1948 profitieren[21].

Auf persönliche Initiative des sozialistischen Senators Giovanni Persico, Vorsitzender der Kommission Justiz und Wiederaufnahmeverfahren, wurde 1950 ein
neues Gnadengesuch eingereicht. Im Juni 1950 präsentierte er in einem Schreiben an
Giuseppe Lattanzi, Direktor der Abteilung Gnadenrecht, „einen bemitleidenswerten
Fall, der mir sehr ans Herz gelegt worden ist"[22]. Zwei Wochen später antwortete Lattanzi dem Senator, das Gnadengesuch sei abgelehnt worden, da es die Rosini zur Last
gelegten Taten nicht erlaubten, „die Unschuldsbeteuerungen der Betroffenen" ausschlaggebend zu berücksichtigen. Lattanzi ließ aber auch wissen, dass „das Gesuch
erneut einer Überprüfung unterzogen werden kann, und beim nächsten Mal mit grö-
ßerem Wohlwollen, sobald die Verurteilte einen erheblichen Teil ihrer Strafe verbüßt
hat"[23].

Da sämtliche Gnadengesuche Rosinis abgelehnt wurden, musste sie noch die
nächstfolgende Amnestie abwarten, um am 22. Dezember 1953 endgültig aus der Haft
entlassen zu werden.

Von einer Partisanenbotin zur Milizionärin in SS-Uniform

Die Abteilung Gnadenrecht bewahrte ein Gnadengesuch vom 12. August 1945 auf, sei-
tenlang und handgeschrieben von einer Maria Ribet aus Pinerolo. Darin bat diese um
Gnade für Olga Margherita Ribet, ihre wegen Kollaboration angeklagte Tochter, die in
den Carceri Nuove, dem Gefängnis von Turin, einsaß[24].

Die Mutter Maria Ribet erklärte in ihrem Schreiben, alle Mitglieder ihrer Familie
seien Antifaschisten. Ihr Ehemann, ein ehemaliger Garibaldi-Verehrer und von Beruf
Bahnhofsvorsteher, war dabei entdeckt worden, wie er gegen das faschistische
Regime agierte, weshalb man ihn 1924 aus dem Dienst geworfen hatte. Ihr Sohn, ein
Polizeibeamter, hatte sich „vor diesem verdammten Regime" in Sicherheit bringen
müssen, das ihn „gezwungen [hatte], außerhalb der menschlichen Gemeinschaft zu
leben und dabei im Kampf für die Freiheit in ständiger Lebensgefahr zu sein".

Die Tochter Olga schließlich, eine der Ersten, die als Botin für die Partisanen tätig
geworden war, hatte „übermenschliche Anstrengungen [unternommen], um die in
den Berghütten versteckten Offiziere mit Lebensmitteln und Waffen zu versorgen",
sie hatte „in Ungnade gefallenen Partisanen" geholfen, war dann aber von den Nazis
festgenommen und in die Carceri Nuove von Turin gebracht worden, wo man sie zur

Kollaboration gezwungen habe. „Von schwachem Charakter, krank und Witwe mit einem Kind, hatte sie in dem Glauben, sich retten zu können, unter der Androhung, man würde sie erschießen, ihre Taten teilweise gestanden". Maria räumte den Fehler ihrer Tochter ein, diese habe aber nicht aus Überzeugung gehandelt, sondern aus Angst, so ihre Argumentation.

Maria Ribet wandte sich an Justizminister Togliatti als ausdrücklich denjenigen, der „besser als jeder andere das Volk versteht", und bat ihn mit den folgenden Worten, sich für ihre Tochter Olga einzusetzen:

> Über 20 Jahre haben wir unter dem faschistischen Regime gelitten, das uns ganz besonders in Mitleidenschaft gezogen hat, und aufgrund unseres Einsatzes, unserer Gefühle, die immer antifaschistisch waren, flehe ich Sie an, hier einzugreifen: Tun Sie etwas, um das Leid meiner unglückseligen Tochter zu lindern, die schon so sehr gelitten hat und die niemandem ein Leid antun kann.

Ihre Tochter Olga, die im Gefängnis saß und auf ihr Urteil wartete, wurde bald darauf von der CAS von Turin zu 30 Jahren Haft verurteilt. Man erklärte sie der Verhaftung der Organisatoren der ersten Partisanenbanden in Val Chisone für schuldig, dafür, dass sie aus Habgier Juden verraten und für ihre Deportation gesorgt habe, dafür, dass sie an Säuberungsaktionen, Brandstiftungen und Durchsuchungen der SS beteiligt gewesen sei, an Gewaltaktionen und Einschüchterungen unter Waffenandrohung[25].

Die Beschreibung der Mutter stand im Gegensatz zu den im Lauf des Prozesses zusammengetragenen Ermittlungsergebnissen und zu dem Bild, das die Zeugenaussagen von Olga Ribet zeichneten. Eines ihrer Opfer stellt sie beispielsweise wie folgt dar:

> Sie entspricht dem Typ weiblicher Kriegsverbrecher: intelligent, gerissen, skrupellos, sie weiß die Männer in ihre verführerischen Fänge zu ziehen und sie versteht es, das Vertrauen der Partisanen zu gewinnen, um sie dann schändlich zu verraten [...] ohne Lippenstift, einfach und harmlos, eine geschickte Heuchlerin, die mit uns allen gespielt hat![26].

Als Denunziantin aus dem vermuteten Motiv der Habgier heraus im Dienst der Nazifaschisten ließ sie beispielsweise Ende November 1943 den Juden Leo Segre im jüdischen Hospiz von Turin festnehmen. Er wurde anschließend nach Auschwitz deportiert, wo er ermordet wurde. Im Mai 1944 verhaftete Ribet eigenhändig Elsa Levi, die ebenfalls in ein Lager nach Deutschland verschickt wurde, aus dem sie mit viel Glück bei Kriegsende zurückkehren konnte. Der Verlobte Levis rettete sich nur vor dem Konzentrationslager, weil er „arisch" war. Bei derselben Razzia „konnten die Eltern von Elsa Levi nicht aufgegriffen werden; zum Bedauern von Ribet, die sich darüber beklagte, keine weiteren 3.000 Lire einstecken zu können"[27].

In Wirklichkeit waren die Denunziationen nur eine ihrer zahlreichen kriminellen Aktivitäten. Ihre Spitzeltätigkeit begann unmittelbar nach dem 8. September, als sie, im Sommerurlaub in Fenestrelle im Val Chisone, „fahnenflüchtige" Offiziere unterstützte, indem sie Lebensmittel, Kleidung und Waffen für sie transportierte. Dann bot sie sich als Kurierin zwischen den Partisanengruppen an. Da sie allerdings viele Fragen zu Waffenlagern und zur Positionierung der Vorposten stellte, wurde man ihr gegenüber misstrauisch. Aber Olga Ribet war geschickt und entschlossen. Mit dem, was sie erfahren hatte, half sie den Faschisten, eine Turiner Gruppe von PartisanInnen auszuheben, die auch im Val Chisone aktiv war. Auch zur Partisaneneinheit in den Bergen konnte sie genaue Hinweise geben, worauf die SS eine Razzia durchführte, bei der sieben Offiziere der Partisaneneinheit von Rorà gefangen genommen wurden, was die Einheit praktisch zunichtemachte. Sie hatte eine Trattoria in Pinerolo als Treffpunkt nennen können, woraufhin der Partisanenanführer Giuseppe Bersanino und andere dort festgenommen wurden. In SS-Uniform und mit einem Maschinengewehr bewaffnet, führte Ribet die Deutschen auch „auf einem versteckten, auf den Militärkarten nicht verzeichneten Weg" bis zu einer Hütte, in der die Partisaneneinheit von Rorà ihre Vorräte lagerte[28]. Vier Mitglieder der von ihr denunzierten Einheit von Widerstandskämpfern wurden nach Deutschland deportiert, wo sie „unter Leid und Entbehrung"[29] den Tod fanden.

Aufgrund all dieser nachgewiesenen Taten wurde Olga Ribet wurde am 16. Januar 1946 von der CAS in Turin zu 30 Jahren Haft verurteilt. Zwei Drittel der Haftstrafe wurden ihr erlassen sowie ein weiteres Jahr infolge der Präsidialdekrete von 1946, 1948 und 1949. Wie längst allgemein üblich, saß auch sie ihre Haftstrafe nicht bis zum Ende ab: Bereits am 11. September 1952 kam sie unter Justizminister Adone Zoli auf Bewährung aus dem Gefängnis frei.

Olga Ribet gehört zu jenen Frauen, die uns unserem Thema näher bringen, zu jenen Frauen, die als Angehörige der Italienischen Sozialrepublik beschlossen hatten, selbst am Kriegsgeschehen teilzunehmen, bis zum Letzten und mit allen Mitteln. Sie griffen dafür sogar zu den Waffen und beteiligten sich aktiv an Massakern, Säuberungsaktionen, Ermordungen, Misshandlungen, Exekutionen, an Gewalttätigkeiten jeder Art, an Diebstahl und räuberischer Aneignung.

IV Bewaffnete Frauen

In einem Brief aus Florenz, den ein gewisser Giovanni 1950 an Adriana Barocci schrieb, die wegen Razzien, Denunziation und Beihilfe zum Mord verurteilt worden war und im Frauengefängnis von Perugia einsaß, heißt es:

> Zu uns Männern gehört der Kampf auf dem Schlachtfeld und in der Politik, mit Versehrung, Tod und Orden im ersten Fall, mit Macht oder Gefängnis im zweiten. Daher haben wir Kämpfter die 6.000 Heldinnen [die *ausiliare*], die gekommen sind, um uns in der schwersten Stunde zu unterstützen, in brüderlicher Liebe aufgenommen. Wir verehren die, die Opfer bestialischer verbrecherischer Gewalt wurden, und wir verehren die, die – heilige Schwesterlein wie du – noch im Kerker leiden, gerade auch, weil euch die Männer in ihrer Feigheit immer im Heiligsten der Frauen zu treffen versuchen[1].

„Heilige Schwesterlein" sind geschlechtslose Frauen, die zu „brüderlicher Liebe" inspirieren oder Objekte der Verehrung sind. „Schwesterlein" galten als Opfer der bestialischen Gewalt der Antifaschisten, für immer entehrt. Diese Zeilen zeichnen ein glorifizierendes Bild der sogenannten „Helferinnen" (*ausiliarie*) der Italienischen Sozialrepublik aus Heldentum, Religiosität und Opferrolle.

Sieht man in den Frauen von Salò jedoch immer nur Hilfskräfte, die jederzeit bereit sind, aus dem Hintergrund Trost und materielle Unterstützung zu spenden, verkennt man die Tatsachen: Denn diese Wahrnehmung führt zwangsläufig dazu, das Offensichtliche zu negieren – dass in den Banden und Kampfeinheiten der RSI bewaffnete Frauen Seite an Seite mit den Männern agierten. Es vertuscht die Präsenz von Frauen bei kriegerischen Operationen und im täglichen Kampf gegen Partisanen wie überhaupt gegen jede Form des Widerstands, wozu auch ihre Beteiligung an Denunziationen, Säuberungsaktionen, Verhaftungen und Folterungen gehörte; so werden diesen Frauen gewissermaßen ihre Identität, ihre bewusst getroffenen Entscheidungen, ihr Beitrag zur faschistischen „Sache" abgesprochen.

Die Mädchen wollen kämpfen

> Wir wollten es, zumindest die meisten von uns, manch eine verneint das, denn sie weiß nicht mehr, was sie damals gesagt hat. Wir wollten an die Front und kämpfen [...]. Sollte das noch mal geschehen, sollte ich das noch mal machen, würde ich auf niemanden hören, würde mich vielmehr auf eigene Faust organisieren. Ich wäre, was weiß ich, zu irgendeiner Einheit gegangen, die gerade kämpfte. Das reut mich[2].

> Als wir uns rekrutieren ließen, wollten wir in den Krieg ziehen, das heißt, wir waren bereit zu schießen, bereit zu kämpfen. Sie [die Kommandantin der Helferinnen der X MAS-Flottille, Fede Arnaud] gab uns im Gespräch zu verstehen, dass es nicht notwendig sei, mit in den Krieg zu ziehen, vielmehr sei unser notwendiger Beitrag, die Soldaten zu unterstützen und sie zu entlasten [...]. Wir waren erfüllt von Glut, Krieg und Kampf, doch sie hat uns auf unseren Platz verwiesen, das heißt, sie hat uns eindeutig klargemacht, was unsere Aufgabe war[3].

http://doi.org/10.1515/9783110642889-006

A.V. und Fiamma Morini, deren hier zitierte Zeugenaussagen erst am Anfang des 21. Jahrhunderts aufgenommen wurden, waren Helferinnen des SAF, des Frauenhilfsdienstes der RSI. Die beiden Mädchen waren – wie die meisten Helferinnen des SAF – mit der Vorstellung losgezogen, Seite an Seite mit den männlichen Kameraden zu kämpfen. Stattdessen zwang man sie auf ihren Platz zurück: Sie mussten sich mit der Rolle der Unterstützerinnen der Kämpfer zufriedengeben und, wenn auch ungern, auf das von ihnen angestrebte „Abenteuer" Krieg verzichten.

Doch es erging nicht allen so. Innerhalb der vielschichtigen und vielseitigen Welt der RSI fanden auch die Mädchen und Frauen einen Platz, die tatsächlich wild entschlossen waren zu kämpfen[4]. Ada Paoletti, pensionierte Lehrerin und in Libyen geboren, erzählt in einem Interview aus den 1990er-Jahren:

> Ich bedauerte es, nicht als Mann geboren zu sein, denn die Männer durften das Vaterland mit Waffen verteidigen. Die Frauen nicht. Bei Kriegsausbruch schrieb ich mit zwei Freundinnen einen Brief an den Duce, in dem wir ihn darum baten, dass auch wir Frauen an die Front gehen dürften. Wir fanden es ungerecht, dass wir, Teil des Lebens unserer Nation, kein Gewehr schultern und kein Maschinengewehr anlegen durften. Der Duce antwortete nicht. Erst die RSI erhörte unser Anliegen. Endlich durften wir unser Frauenblut vergießen[5].

Nach dem 8. September 1943 und im Laufe des Jahres 1944 kam es zur verbreiteteren Mobilisierung der Frauen. Viele Jahre später wird die Kommandantin des SAF, Piera Gatteschi Fondelli, in ihren Erinnerungen erzählen, dass im Herbst 1943 – vollkommen unerwartet – Hunderte von jungen Frauen Briefe schickten oder persönlich in den Ortsverbänden der faschistischen Partei mit der Bitte vorstellig wurden, man möge ihnen ein Gewehr geben, um den Platz von Soldaten und Milizionären einzunehmen, die sich nach dem 8. September 1943 „aus dem Staub gemacht" hätten. Das Beispiel der nahezu legendären Maria D'Alì, die sich in Sizilien an die Spitze einer Gruppe bewaffneter Faschisten im Kampf gegen die Angloamerikaner gesetzt hatte, ermutigte Mädchen und Frauen gleichermaßen[6].

Diese Welle der Begeisterung schwoll weiter an, als der Direktor der Tageszeitung „La Stampa", Concetto Pettinato, am 13. Januar 1944 einen Artikel veröffentlichte, in dem er den – provokanten – Vorschlag machte, ein „Frauenbataillon" innerhalb des republikanisch-faschistischen Heers aufzustellen:

> Ein Frauenbataillon, warum nicht? Die amerikanische Regierung hat unsere Töchter und Schwestern der widerlichen Brunst ihrer Soldaten jedweder Hautfarbe ausgeliefert. Also gut, warum sollen wir ihnen dann nicht diese Frauen schicken – aber aufgestellt, als Einheit, mit vollem Magazin am Gürtel und einem guten Gewehr über der Schulter?[7].

Nach Erscheinen dieses Artikels erreichten die Zeitung „Hunderte von Briefen" mit Beitrittsanfragen; darunter auch der einer Studentin aus Turin, in dem die Gefühle und Überzeugungen eines Teils der Faschistinnen besonders deutlich zum Ausdruck kamen:

> Viele Frauen fühlen sich wie erstickt, gefangen in der Umklammerung der Traditionen, die sie
> bei allem stets in die Rolle der Zuschauerin zwingen, der Komparsin, nie der Akteurin. Viele
> junge Frauen wie ich fühlen sich an Händen und Füßen gebunden, stampfen auf vor Wut und
> Ohnmacht, angesichts der Mauer aus Untätigkeit, Egoismus, Pessimismus und Feigheit von
> Seiten der Männer unserer eigenen Generation[8].

Der Vorwurf, den Frauen sei eine untergeordnete, passive Rolle zugewiesen, konnte
kaum deutlicher formuliert werden, ebenso wie der Wille, daraus auszubrechen –
und zwar indem sich die Frauen direkt am Kriegsgeschehen beteiligten, was sie als
Möglichkeit der Emanzipation und der aktiven Teilhabe am Schicksal des Vaterlandes
empfanden. Und wie so oft bei weiblichen Stellungnahmen ging der Wunsch nach
aktiver Teilnahme einher mit Kritik an den Männern, die sie als feige, ehrlos und nicht
auf der Höhe der historischen Stunde darstellten.

Schließlich entschied sich die Regierung von Salò dazu, die Frauen und Mädchen
im SAF zu organisieren, der am 18. April 1944 mit dem Ministerialerlass Nr. 447 ins
Leben gerufen wurde. Piera Gatteschi Fondelli übernahm als Brigadegeneralin das
Kommando dieses Frauenhilfsdienstes[9]. Laut Dekret mussten die Helferinnen Italienerinnen sein, nach nationalsozialistischer Klassifikation arisch und im Alter zwischen
18 und 45 Jahren. Ihre Aufgaben bestanden ausschließlich in der Unterstützung der
bewaffneten männlichen Einheiten: als Stenografinnen, Krankenschwestern, Telefo-
nistinnen, Reinigungs- und Küchenpersonal. Waffengebrauch war nicht vorgesehen;
ein militärisches Training galt nur der Selbstverteidigung. Verhaltensvorschriften
und moralische Vorgaben waren in allen Einzelheiten festgelegt und außerordentlich
rigide; die Frauen durften nicht rauchen, keinen Lippenstift und keine Hosen tragen.

Ende Mai 1944 lagen 5.771 Anfragen zur Aufnahme in den SAF vor, im April 1945
waren 6.000 Helferinnen gelistet. Ihr Lohn betrug 700 Lire für Büroarbeit und 350 Lire
für körperliche Arbeiten[10].

Die Auswahlkriterien des SAF waren sehr streng, aber es gab auch andere Bereiche, in denen man Helferinnen einsetzte. Die Schwarzen Brigaden und die Zehnte
MAS-Flottille rekrutierten Mädchen und Frauen nach weniger strengen Auswahlkriterien; hier durften sie teilweise sogar Waffen tragen. Schon mit 15 Jahren wurde
man zu den 250 Helferinnen der Zehnten MAS-Flottille von Junio Valerio Borghese
unter dem Kommando von Fede Arnaud zugelassen. Einige Einheiten der Helferinnen waren bewaffnet und zogen an der Seite der Marinesoldaten in den Kampf[11]. In
den Schwarzen Brigaden gab es einige Fraueneinheiten, die mit Pistolen und Maschinengewehren ausgestattet waren und manchmal an den Säuberungsaktionen teilnahmen. Waffen zu tragen „strebten mit besonderer Hartnäckigkeit vor allem die
Freiwilligen der Schwarzen Brigaden an, die in jeder Hinsicht mit regulären Soldaten
gleichgestellt sein wollten, was für sie hieß, an bewaffneten Auseinandersetzungen
sowie Razzien, Durchsuchungen und Exekutionen beteiligt zu werden"[12].

„Undisziplinierte" und „irreguläre" Helferinnen – oft noch sehr junge Frauen –
schlossen sich nach Darstellung der Historiker Di Cori und Gagliani vor allem den
Schwarzen Brigaden und der Guardia Nazionale Repubblicana (der Nationalrepubli-

kanischen Garde) an; den Leiterinnen des SAF gab das Anlass zur Sorge. Die Vizekommandantin Cesaria Pancheri erzählt in ihren Erinnerungen, dass „es ein erhebliches Problem mit der Aufstellung der Schwarzen Brigaden gab. Diese warben weibliches Personal ohne Autorisierung des Oberkommandos des Hilfsdienstes an und statteten die Frauen in den Schwarzen Brigaden manchmal sogar mit Waffen aus; außerdem rekrutierten sie ihre Helferinnen meist ohne besondere Auswahlkriterien"[13].

Der SAF lehnte die „nach Männerart gekleideten" und bewaffneten Frauen entschieden ab, dem Bund war scheinbar daran gelegen, seine Helferinnen vor negativer Kritik und Verurteilung zu schützen. Am 18. Dezember 1944 schrieb Vizekommandantin Pancheri in der ersten Ausgabe der „Donne in grigioverde", der Zeitschrift des SAF:

> Die Fanatischen, die keine Disziplin kennen und in Männerhosen und mit dem Maschinengewehr Krieg spielen, müssen wir von uns fernhalten. Wir haben keine Waffen und ziehen uns keine Männerkleidung an. Unsere Stärke ist unsere Weiblichkeit, die sich in der Pflicht stählt und diese in Aktion verwandelt [...]. Es gibt Gruppierungen von haltlosen Frauen, deren Gesinnung sich nicht ins konstruktive Ideal lenken lässt. Habt keine Angst, von uns vereinnahmt zu werden. Schluss mit den Missverständnissen. Wir wollen nur die bei uns haben, die sich, auch auf andere Weise, für unser Ideal eingesetzt und dafür jeden Eigennutz geopfert haben. Keine Sorge, Kameradinnen, die ihr das Käppi mit der Flamme der Freiwilligen nicht tragen wollt, die ihr die Waffen nicht niederlegen und keine Frauenkleider anziehen wollt [...]; Keine Sorge: Wir wollen euch nicht![14]

Pancheris Artikel verdeutlichte zum einen die klare Unterscheidung zwischen „Regulären" und „Irregulären" und zum anderen das folgende Problem: Frauen, „die in Männerhosen und mit dem Maschinengewehr Krieg spielen" wollen, werden Gruppierungen von „konfusen, haltlosen Frauen" gegenübergestellt, die das Gewehr nicht abgeben und keine Frauenkleidung anziehen wollten.

Manche fügten sich eben doch nicht in die Aufgaben, die das Regime von Salò für Frauen vorgesehen hatte. Die zahlreichen autonomen beziehungsweise halbautonomen Einheiten, Gruppierungen und Banden innerhalb der Italienischen Sozialrepublik ermöglichten es den Frauen, ihr Ziel zu erreichen: an Waffen zu gelangen, sie einzusetzen und „ihr weibliches Blut zu vergießen".

Die Massaker

Zwischen 1943 und 1945 über Waffen zu verfügen, konnte für Frauen auch bedeuten, sich an Säuberungsaktionen, an Massakern an der Zivilbevölkerung, an der Verwüstung von Dörfern zu beteiligen, ebenso wie an Exekutionen, an Folterungen und Gewaltaktionen gegen Partisanen und festgenommene Bürger. Und genau das taten einige Salò-Faschistinnen auch, und zwar überzeugt und entschlossen, wie ihre Geschichten zeigen.

Die meisten dieser bewaffneten Frauen wurden von den außerordentlichen Schwur- und Militärgerichten strafrechtlich zur Verantwortung gezogen. Zu den besonders schweren Vergehen zählte die Teilnahme an Massakern. Aber es war nicht einfach, diesen Tatbestand aus der allgemeinen „Kollaboration mit dem deutschen Feind" herauszufiltern. In der Tat wird die Straftat Massaker oder Massenvernichtung (Art. 422 *CP*) nur sehr selten in den Urteilsbegründungen ausdrücklich genannt.

Der „Krieg gegen die Zivilbevölkerung", kennzeichnend für die deutsche Besetzung Italiens, war lange in Vergessenheit geraten, nicht zuletzt aufgrund der Unfähigkeit der Gerichte, die Verbrechen ihrer Schwere angemessen zu ahnden[15]. Nicht von ungefähr ist von einem „verfehlten italienischen Nürnberg" die Rede[16]. Erst 1994 entdeckte man den sogenannten „Schrank der Schande". Er enthielt Unterlagen und Zeugenaussagen zu den Massakern, die republikanische Faschisten und Nationalsozialisten in Italien verübt hatten: 695 Akten mit polizeilichen Untersuchungen und ein Gesamtverzeichnis von 2.274 Kriegsverbrechen, das die Staatsanwaltschaft des obersten Militärgerichts von Rom zusammengetragen hatte; Kriegsverbrechen, gegen die nie Verfahren eingeleitet wurden, sämtlich vergraben und vergessen[17].

Hier wollen wir uns aber nur auf die Verfahren konzentrieren, die mit Verurteilungen endeten. In vier Fällen standen Frauen wegen ihrer Beteiligung an Massakern unter Anklage. Bolivia Magagnini hatte sich an den Massakern von Arcevia und von Monte Sant'Angelo in der Provinz von Ancona beteiligt; Marina Capelli machte man wegen der Beteiligung am Massaker von Castione Baratti in der Provinz Parma den Prozess; Ada Giannini wegen Beteiligung am Massaker von Santa Giustina in Colle in der Provinz Padua; Linda Dell'Amico wegen Beteiligung am Massaker von Bergiola Foscalina in der Provinz Carrara. Beginnen wir mit dem letzten Fall.

In Carrara rief Walter Reder, Offizier der 16. SS-Panzergrenadier-Division, am Abend des 23. August 1944 Oberst Giulio Lodovici, den Vorsitzenden der faschistischen Partei in Carrara und Vizekommandant der Schwarzen Brigade von Apuania (Provinz Massa-Carrara), zu sich. Er fragte Lodovici, der soeben eine Operation gegen die Partisanen an der Vara Brücke abgeschlossen hatte, ob er bereit sei, an einer weiteren Aktion teilzunehmen. Lodovici bejahte und erklärte, er verfüge über eine Hundertschaft.

In den frühen Morgenstunden des 24. August machten sich deutsche und italienische Autokolonnen auf den Weg ins Lucido Tal, bis zu den Ortschaften Gragnola, Monzone, Vinca und Umgebung. Erst am 26. oder 27. August kehrten sie nach Carrara zurück[18]. Die schlimmsten Massaker hatten sich im „bedauernswerten Dorf" Vinca zugetragen, wie es in der Urteilsbegründung des Schwurgerichts hieß. Die Faschisten hatten es verwüstet und geplündert, in Brand gesteckt und zerstört, und nahezu alle Einwohner ermordet. In der Urteilsbegründung beschrieb das Gericht von Perugia die Geschehnisse wie folgt:

> Die Toten von Vinca waren tatsächlich fast 200, darunter 29 Frauen und Kinder, die mit Maschinengewehren und Handgranaten in einem geschlossenen Gehöft namens Mandrione getötet

wurden; ein zwei Monate altes Mädchen (Battaglia, Nunziatina) wurde erschossen, während man es in die Luft warf; eine Frau (Papa, Ercolina) wurde erst getötet, dann entblößte man sie und spießte sie auf einen Pfahl; eine Schwangere (Marchi, Alfierina) wurde getötet und dann aufgeschlitzt; eine alte, 65-jährige Frau verbrannte man mit einem Flammenwerfer bei lebendigem Leib [...]; zwei alte Männer verbrannten lebend in ihren in Brand gesteckten Häusern (Boni, Silvio und Mattei, Paris); einen Mann, der seit dem Ersten Weltkrieg blind war, streckten die Angreifer nieder, als er versuchte, sich in einem Feld nahe des Dorfes zu verstecken; weitere Frauen töteten sie, obwohl sie um Gnade baten[19].

Bei der Rückkehr der Schwarzen Brigaden aus Vinca bemerkten Zeugen, dass einige von ihnen Handtücher, Bettwäsche, Tischwäsche und weitere Haushaltsgegenstände bei sich hatten.

Das Massaker von Bergiola Foscalina am Nachmittag des 16. September spielte sich innerhalb kürzester Zeit ab[20]. Die Angreifer steckten rund 15 Häuser in Brand und töteten 72 Menschen. Die Opfer waren 26 Kinder, 21 Frauen, acht Männer, 13 alte Leute und drei Personen unbestimmten Alters. Die meisten zwang man zunächst, „sich im Schulgebäude zu versammeln, in dem man sie dann mit einem Maschinengewehr, das auf einer nahegelegenen Anhöhe platziert worden war, sowie mit weiteren Feuerwaffen und Handgranaten ermordete"[21]. Auch in Bergiola waren die Mitglieder der Schwarzen-Brigade-Einheit *Apuania* beteiligt gewesen.

Im Verfahren um dieses Massaker stand auch eine weibliche Angeklagte vor Gericht: Linda Veneranda Dell'Amico, verheiratete Ricci, geboren am 8. April 1909 in Carrara und Hausfrau. Seit dem 27. Mai 1947 befand sie sich in Haft.

Der Prozess mit zahlreichen Angeklagten fand am Schwurgericht von Perugia statt. Allein 64 Mitglieder der Schwarzen Brigade *Apuania* standen wegen der zwischen dem 24. und dem 27. August 1944 verübten Massaker in Vinca, Gragnola, Monzone, Mommio und San Terenzo sowie wegen des Massakers in Bergiola Foscalina vom 16. September 1944 unter Anklage. Im Verzeichnis der Angeklagten tauchte der Name Linda Dell'Amico an letzter Stelle auf[22]. Wegen des Massakers in Bergiola wurden außer ihr vor allem die Männer Giuseppe Diamanti, Italo Masetti, Paris Capitani, Augusto Dell'Amico, Ruggero Ciampi, Giuseppe Del Frate und Andrea Dell'Amico angeklagt.

Der Hauptgefreite Giuseppe Diamanti, genannt „Gatton" (großer Kater), Jahrgang 1903 und vermutlich Geliebter Dell'Amicos, hatte eine wichtige Rolle bei beiden Massakern gespielt. Zeugen bestätigten, dass er in Vinca an der Erschießung des kleinen Mädchens, das man in die Luft geworfen hatte, beteiligt gewesen war; andere berichteten, er habe auf die Frage „O' Gatton, wie lautet der Befehl?" in Dialekt geantwortet: „So viele wie ihr seht, so viele bringt um!", oder: „Schießt auf jeden, den ihr findet!", so ein Zeuge[23].

Einige Zeugen, Einwohner von Bergiola, identifizierten Linda Dell'Amico: An jenem Nachmittag des 16. September habe sie gemeinsam mit Masetti und Diamanti auf einem kleinen Lastwagen gesessen, „ihren Arm um dessen Hals geschlungen". Die Brigade-Mitglieder kletterten vom Lastwagen, der vor dem Dorf haltgemacht hatte, herunter und marschierten in die Ortsmitte; kurz darauf hörte man Schreie und Schüsse. Laut der Zeugenaussage von Dina Dell'Amico, die das Massaker überlebt hatte, töteten Diamanti und Masetti

> im Haus der Zeugin, in dem ihres Onkels und in dessen Hühnerstall vierzehn Personen mit dem Maschinengewehr und mit Handgranaten, dabei ermordeten Diamanti und Masetti, taub für das Flehen der Filomena Dell'Amico, die um Erbarmen für sich und ihre acht Kinder bettelte, auch diese mit einer Handgranate. Die unglückselige Mutter hatte die beiden Mörder mit Namen angesprochen, und da sie die beiden erkannt hatte, töteten sie sie[24].

Linda Dell'Amico leugnete sogar, an jenem Tag im Dorf gewesen zu sein und behauptete, sie habe in Carrara eine gewisse Livia Vatteroni besucht. Es gab aber Zeugen, die sie erkannt hatten – was auch nicht schwer war, denn sie war in Bergiola geboren und wohnte im Nachbardorf Codena –, und deren Aussagen belegten eindeutig, dass sie an dem Massaker beteiligt gewesen war. Eine Frau aus dem Dorf versicherte, Linda Dell'Amico gesehen zu haben – „wie eine Deutsche gekleidet und mit einem Maschinengewehr bewaffnet, während sie Masetti und Diamanti ihr Haus und zwei Nachbarhäuser zeigte". Sie fügte hinzu, sie habe „gesehen, wie Linda auf Albina Dell'Amico schoss und sie tötete, als die Arme versuchte, in meinem Haus Zuflucht zu finden"[25].

In seinem Urteil ließ es sich das Gericht nicht nehmen, seine Missbilligung Dell'Amico gegenüber zum Ausdruck zu bringen. Diese war offenbar besonders stark, weil sie eine Frau war:

> Die Position der Angeklagten wird durch ihr Geschlecht zusätzlich erschwert, denn da es keinerlei Zweifel an ihrem konkreten Mitwirken in Bergiola gibt – ist sie doch sowohl bei ihrer Ankunft als auch bei der Abfahrt erkannt worden –, muss man logischerweise davon ausgehen, dass nur ein ungezügelter Fanatismus, der Pate der Niedertracht, die Frau dazu gebracht hat, den fanatischsten Kollaborateuren der Deutschen zu folgen, noch dazu war sie mit einem von ihnen besonders vertraulich[26].

Auf Grundlage der in den Ermittlungen zusammengetragenen Beweise verurteilte das Schwurgericht von Perugia am 21. März 1950 elf Brigade-Mitglieder zu lebenslänglicher Haft und zwei zu 30 Jahren Gefängnis. Giuseppe Diamanti verurteilte man für den Straftatbestand der Kollaboration und der Beteiligung an den Massakern in Vinca und Bergiola sowie der Verwüstung und Plünderung von Vinca zu lebenslänglich; lebenslänglich bekam auch seine Geliebte Linda Dell'Amico, wegen Kollaboration und ihrer Beteiligung am Massaker in Bergiola.

Einige Verurteilte fochten den Urteilsspruch des Schwurgerichts von Perugia an, sodass es zu einem neuen Prozess am Berufungsgericht von Ancona kam[27]. Dessen Urteilsspruch vom 19. Dezember 1952 bestätigte die Anklage wegen Massaker, Verwüstung und Plünderung gegen Diamanti und Dell'Amico sowie auch gegen die anderen Angeklagten, die in Berufung gegangen waren. Man verurteilte sie nun alle zu je 30 Jahren Haft, von denen ihnen 21 Jahre aufgrund der Amnestien von 1946, 1948 und 1949 erlassen wurden[28].

Linda Dell'Amico reichte kein Gnadengesuch ein, vielmehr beantragte sie gleich die Haftaussetzung auf Bewährung. Der Antrag wurde im April 1953 als unzulässig abgewiesen und auf den 27. Februar 1954 vertagt. Allerdings erübrigte sich eine neuerliche Prüfung, da in der Zwischenzeit eine weitere Amnestie in Kraft getreten war (DPR Nr. 922 vom 19. Dezember 1953), wodurch sich ihre Haftstrafe auf zwei Jahre reduzierte, sodass Linda Dell'Amico das Gefängnis trotz ihrer schweren Schuld bereits nach insgesamt sechs Jahren und sieben Monaten verlassen konnte.

Bolivia Magagnini, geboren 1921 in Trieux (Frankreich), lebte in Arcevia in der Provinz Ancona. Das außerordentliche Schwurgericht von Ancona (unter dem Vorsitz von Arturo Ritelli) verurteilte sie „dafür, dass sie, nach dem 8. September 1943 von der deutschen SS rekrutiert, in Arcevia und an anderen Orten zum Schaden der Bevölkerung und der Patrioten Spionage betrieben, mit dem deutschen Feind kollaboriert und mit Waffen gegen den italienischen Staat operiert" hatte[29]. Sie war untergetaucht; und sie stand als einzige wegen zwei Massakern, die die Nationalsozialisten in der Provinz von Ancona begangen hatten, unter Anklage.

Laut der Prozessakten und der verschiedenen Zeugenaussagen, vor allem jener von Hauptmann Gentileschi, dem Kommandanten der Carabinieri von Arcevia, hatte sich Bolivia Magagnini, eine als „leichtlebig" bezeichnete Frau und damals Lebensgefährtin des Kommandanten Romualdo Bussoli, nach dem 8. September 1943 in den Dienst der deutschen SS gestellt. Ein Untergebener von Bussoli bestätigte, dass Magagnini Informationen über Personen beschaffte, die man des Antifaschismus oder der Unterstützung der Partisanen verdächtigte. Und sie begleitete Bussoli auf seinen „Einsätzen" für die SS. Einer dieser sogenannten „Einsätze" dauerte zwei Tage, fand in Arcevia statt und kostete 60 Menschen das Leben. Magagnini war auch im Gefolge der Deutschen beim Massaker von Monte Sant'Angelo anwesend, bei dem 42 junge Menschen in einem Gehöft eingesperrt und mit Flammenwerfern verbrannt wurden. Der Überraschungsüberfall gelang aufgrund der genauen Ortskenntnisse, dank derer man alle Fluchtwege aus dem Dorf bereits im Vorfeld sperren konnte. Nach dem Massaker zog sie gemeinsam mit den Deutschen wieder ab. In der Folge hatten die Patrioten, „da sie sich nicht direkt an Bolivia Magagnini, die allen Widerständlern als Spitzel der Deutschen wohlbekannt war, rächen konnten, deren Mutter getötet"[30].

Der Prozess endete am 7. Dezember 1945 mit ihrer Verurteilung zum Tode. Im September 1946 wandelte Justizminister Fausto Gullo ihre Todesstrafe in lebenslänglich um.

Obwohl die Angehörige der Salò-Republik 1954 ihre Haftstrafe nie angetreten hatte, weil sie noch immer untergetaucht war – möglicherweise war sie heimlich nach Frankreich ausgewandert –, reduzierte das Berufungsgericht von Ancona am 27. Januar 1954 ihr Strafmaß weiter von lebenslänglich auf zehn Jahre Haft; zusätzliche Straferlasse ermöglichte das Dekret (DPR Nr. 922) vom 19. Dezember 1953[31].

Marina Capelli erwähnten wir bereits im Zusammenhang mit dem Massaker in Castione Baratti in der Provinz Parma. Im Folgenden werden nun die Grundlagen für ihren Strafprozess dargestellt[32].

Am Morgen des 3. Januar 1945 erschien eine Einheit von 50 Deutschen im Dorf Castione Baratti im Apennin. Es kam zu einem Schusswechsel mit den Partisanen, bei dem ein junger Mann getötet und vier Partisanen verletzt wurden; zwei von ihnen gelang die Flucht, die anderen beiden brachte man in das Dorf Ciano d'Enza, wo man sie einige Tage später erschoss. Am selben Tag wurden eine Scheune und ein Heuschober in Brand gesteckt, es kam zu Durchsuchungen und Festnahmen; unter den Festgenommenen waren drei Frauen, die man ebenfalls nach Ciano d'Enza brachte und dort misshandelte. In der deutschen Einheit befand sich auch Marina Capelli, eine junge Frau von 20 Jahren, die aus dem Dorf stammte, eine deutsche Uniform trug und mit einem Maschinengewehr bewaffnet war.

Sie war seit geraumer Zeit als Spitzel für die Deutschen bekannt, weshalb die Partisanen ihr verboten hatten, das Dorf zu verlassen. Sie hatte zwar versprochen, sich daran zu halten, hatte sich dann aber doch heimlich entfernt und den in Parma stationierten Deutschen ihre Dienste angeboten. Am Tag des Massakers habe sie mit der „Rückkehr der Deutschen und Verwüstungen" gedroht. Vor den gefangenen und nach Ciano d'Enza gebrachten Frauen hatte sie sich außerdem damit gebrüstet, „an jenem Tag eine Prämie von 3.000 Lire erhalten zu haben".

Sie war darüber hinaus an den Massakern der Deutschen in Basilicanova, Barrano und Ciano d'Enza beteiligt. An diesen Orten „wusste sie, wegen ihrer Auskundschaftungen, wer für die nationale Sache war oder wen man dessen verdächtigte, und konnte somit ihren Dienstherren die notwendigen Hinweise für deren Operationen liefern".

Die Folgen ihrer Denunziantentätigkeit ließen sich offenkundig nachweisen. Denn in die Zeit, in der Capelli den Deutschen zuarbeitete, fielen zahlreiche Festnahmen und Erschießungen junger Patrioten. 164 Festnahmen ließen sich direkt oder indirekt auf Capelli zurückführen. All das, ihre Taten und ihr Verhalten, bewertete die CAS von Parma als ganz besonders schwerwiegend, wie in der Urteilsbegründung deutlich wird:

> Capelli scheint weder Moral noch Mitleid zu kennen und legt eine für eine Frau ungewöhnliche Brutalität an den Tag, besonders für eine in ihren Alter. [Sie ist] beherrscht von Rachedurst und unstillbarem Hass auf die Partisanenbewegung. Einen von den Deutschen getöteten Patrioten bezeichnete sie vor seinen Mördern als „Aas". Man hat sie sagen hören: „Je mehr Italiener wir töten, umso weniger Verbrecher gibt es". In Partisanenkreisen war sie als besonders blutrünstig bekannt. Ein wirklich kriminelles und gefährliches Subjekt, das zu vernichten die Gesellschaft das Recht hat. Sie nahm an von den Deutschen organisierten Festen und Orgien teil, um die Erschießung junger Menschen, ihrer eigenen Landsleute, zu feiern. Niemand hat etwas zu ihrer Verteidigung vorgetragen[33].

Am 10. Oktober 1945 wurde Capelli wegen Kollaboration, Plünderungen und Mittäterschaft an Morden zum Tod durch Erschießen in den Rücken verurteilt. Allerdings annullierte der Oberste Kassationshof, 2. Strafabteilung, am 9. April 1946 das Urteil „wegen mangelhafter Begründung der Strafmilderung" (der Antrag auf Strafmilderung bezog sich auf die Tatsache, dass sie im 5. Monat schwanger war) und ein neuer Prozess wurde bei der Sondersektion des Schwurgerichts von Piacenza anberaumt.

In diesem neuen Prozess klagte man Marina Capelli wegen

„des Straftatbestands nach Art. 1, DLL Nr. 142 vom 22. 4. 1945 und nach Art. 5, DLL Nr. 159 vom 27. 7. 1945 des *CPMG* an, das heißt für ihre aktive Kollaboration mit dem nazifaschistischen Feind nach dem 8. September 1943, wozu sie sich in den Dienst des deutschen Postens in Ciano d'Enza gestellt hatte. Sie beschaffte Informationen über bestimmte Personen sowie über die Pläne der Partisanen im Territorium von Traversetolo und Neviano Arduina. In den ersten Monaten des Jahres 1945 begleitete sie die Deutschen – in deutscher Uniform und mit einem Maschinengewehr bewaffnet – bei ihren Säuberungsaktionen. Vor allem in den Tagen des 3., 4. und 5. Januar 1945, in denen im Dorf Castione Baratti Angst und Schrecken verbreitet und ein Massaker verübt wurden, bei dem Häuser in Brand gesteckt und verschiedene Personen festgenommen wurden, darunter Ada Maggiori, Clorinda Mori, Cesira Tonelli und die Partisanen Walter Castoncelli, Guido Gherardi, die Brüder Notari, Sergio Ferretti, Fausto Barani und ein gewisser ‚Spumino‘, die auf barbarische Weise gemeuchelt wurden"[34].

Am 8. November 1946 verurteilte das Gericht von Piacenza Marina Capelli zu 24 Jahren Haft, wobei man ihr Strafmilderung gewährte. Dabei wurden ihr zwei Drittel der Haftstrafe (also 17 Jahre) infolge der Amnestien von 1946 und von 1948 erlassen. Im März 1950 erließ ihr das Berufungsgericht von Bologna nach dem Präsidialdekret (DPR Nr. 930) vom 23. Dezember 1949 ein weiteres Haftjahr und legte ihr Haftende auf den 27. Juni 1952 fest.

In der Zwischenzeit hatte Capelli ein Gnadengesuch eingereicht, das die Staatsanwaltschaft von Bologna am 27. Oktober 1949 ablehnte:

Denn man muss davon ausgehen, dass die Antragstellerin auch vor der Straftat, wegen der sie verurteilt wurde, einen zweifelhaften Lebenswandel führte; eine Begnadigung würde in der Öffentlichkeit negativ aufgenommen werden; zudem profitiert sie bereits von zwei Straferlassen, die ihre Gesamtstrafe um zwei Drittel reduziert haben, [und] außerdem wegen der Schwere ihres Vergehens[35].

Am 5. November 1949 wurde das Gnadengesuch abgelehnt, allerdings leitete man ihre Akte an die Abteilung für Haftaussetzungen auf Bewährung weiter. Richter Giuseppe Lattanzi, damals für die Abteilung Gnadenrecht verantwortlich, nahm sich des Falles an. Am 10. Juni 1950 schickte er einen Vermerk an die Abteilung mit der Bitte, den Fall zu prüfen, „da es sich hier um ein armes unverheiratetes Hausmädchen mit einem Kind handelt, das durch die Umstände vom rechten Weg abgekommen ist, da Partisanen ihren Vater und Bruder getötet hatten, weshalb sie Mitleid verdienen könnte"[36].

Im September 1950 reichte Carlo Campana, der Schwager Marinas, ein neues Gnadengesuch bei Ministerpräsident Alcide De Gasperi ein, in dem er darum bat, man möge der Frau die letzten beiden Haftjahre erlassen. Campana, ein Schuster, kriegsversehrt und Vater von drei kleinen Kindern, brauchte jemanden, der ihm bei der Versorgung seiner Familie half, weshalb er sie baldmöglichst heiraten wollte. Ein neues Überprüfungsverfahren wurde eröffnet. Die von der Staatsanwaltschaft in

Piacenza zusammengetragenen Informationen über Capelli, die der Abteilung Gnadenrecht im Dezember vorlagen, beschrieben eine ledige Frau mit einem vierjährigen Sohn (er war im Gefängnis gezeugt worden und dort zur Welt gekommen). Ihr Lebenswandel sei „ziemlich zweifelhaft; sie gab sich der illegalen Prostitution hin". Zudem gab es von Opferseite, in diesem Fall der Vater eines erschossenen Partisanen, keine Bereitschaft zur Vergebung. Eine solche Stimme wäre Voraussetzung für eine Begnadigung gewesen. Diese lehnte das Schwurgericht daher mit folgender Begründung als nicht opportun ab: „In Neviano, vor allem im Ortsteil Castione Baratti, ist sie bei allen verhasst, da sie die Säuberungsaktionen in dieser Gegend angeführt hatte"[37].

Diese Abwägung blieb wirkungslos, denn kurz darauf, am 20. Dezember 1950, verabschiedete Justizminister Attilio Piccioni ein Gesetzesdekret zur Haftaussetzung auf Bewährung und Marina Capelli, knapp 26-jährig, konnte das Gefängnis verlassen.

Ada Giannini, die am Massaker in Santa Giustina in Colle in der Provinz von Padua beteiligt gewesen war, gehörte zu den letzten Verurteilten, die das Gefängnis verließen – sie kam am 6. Februar 1954 frei, und zwar auf recht zufällige und verwirrende Weise[38].

Giannini wurde am 14. April 1918 in Porcari bei Lucca geboren; sie war ledig, hatte eine Tochter und arbeitete als Haushaltshilfe. Am 4. März 1947 verurteilte sie die Sondersektion des Schwurgerichts Padua unter Vorsitz von Orazio Di Mascio zu lebenslänglicher Haft, wegen des Straftatbestands der Kollaboration und der Mittäterschaft an schwerem Mord, Raub und Leichenschändung; die Strafe wurde infolge der Amnestie von 1946 in 30 Jahre Haft und eine Geldstrafe von 20.000 Lire umgewandelt. Ihren Einspruch wies der Kassationshof am 18. Mai 1948 ab. Am Ende reduzierte das Berufungsgericht von Venedig im Jahr 1954 ihre Strafe auf zehn Jahre.

In dem in Padua abgehaltenen Prozess[39] legte man Ada Giannini als einziger Angeklagten schwere Straftaten zur Last: ihre Beteiligung an der Vergeltungsaktion in Santa Giustina in Colle, bei der 21 Partisanen getötet wurden; ihre wiederholte Mittäterschaft bei Ermordungen; dass sie „zusammen mit anderen an Gewalt- und Einschüchterungsaktionen sowie am Diebstahl von Gegenständen, Möbeln und Kostbarkeiten zum Schaden vieler Bewohner von Santa Giustina beteiligt gewesen" war; dafür, dass sie „mit Tritten, Bespucken und anderen Beleidigungen die Leichen der Erschossenen geschändet"[40] hatte.

Die Ereignisse, auf die sich die Anklagepunkte bezogen, hatten sich zwei Tage nach dem Ende der Republik von Salò, am 27. April 1945, in Santa Giustina zugetragen. An jenem Tag hatten sich einige Partisanen unter dem Kommando von Graziano Verzotto auf der Piazza von Santa Giustina in Colle eingefunden; sie waren bewaffnet und planten, die Deutschen auf ihrem Rückzug aufzuhalten. Plötzlich erschien ein Lastwagen mit deutschen SS-Militärs und einer Frau. Um den Lastwagen zu stoppen, gaben die Partisanen Schüsse auf die Reifen ab und nahmen zwei Deutsche sowie Ada Giannini gefangen; den anderen gelang die Flucht. Nach ein paar Stunden füllten über hundert Deutsche den Dorfplatz von Santa Giustina; angesichts dieser Übermacht an Menschen und Waffen sahen sich die Partisanen zum Rückzug gezwungen und die SS-Militärs „begannen mit brutalen Vergeltungsaktionen, nahmen Partisanen und schutzlose Dorfbewohner gefangen, verwüsteten die Häuser und verübten jede erdenkliche Grausamkeit, bevor sie das Dorf wieder verließen"[41].

Von den gefangen genommenen Zivilisten wurden 21 erschossen, darunter ein 16-jähriger Junge und zwei Geistliche, der Kaplan und der Dorfpfarrer von Santa Giustina, die die Deutschen um Gnade für die Gefangenen angefleht hatten.

Aus den Prozessakten geht hervor, dass Giannini, die die Deutschen begleitete, eine führende Rolle bei der ganzen Sache gespielt hatte: Sie hatte den Deutschen die Partisanen und die Personen genannt, die erschossen und deren Häuser geplündert werden sollten:

> Die Frau, die auf dem Lastwagen mit den ersten Deutschen war, offenbarte sich bei der Ankunft der Nachhut als besonders bösartig, indem sie ihren deutschen Kumpanen die Partisanen nannte, die an der vorherigen Operation beteiligt gewesen waren, und auch Personen, die überhaupt nichts damit zu tun gehabt hatten, wie den Sohn des Polizeikommissars; außerdem führte sie die Deutschen in die Häuser und forderte sie dazu auf, die kostbarsten Wertsachen mitzunehmen. Sie zeigte den Deutschen, wer erschossen werden sollte, denn sie hatte die Stunden, die sie vor Eintreffen des deutschen Nachschubs in Santa Giustina verbracht hatte, genutzt, um diverse Partisanen kennenzulernen.

Einige Zeugen berichteten, sie hätten gesehen, wie Giannini nach der Erschießung der 21 Dorfbewohner zur Leiche des Dorfpfarrers gegangen sei, ihm einen Tritt gegeben, ins Gesicht gespuckt und dabei gerufen habe: „Du wolltest Gnade, hier hast du deine Gnade!". Und bevor sie mit den Deutschen das Dorf wieder verließ, hörten Zeugen sie sagen: „Recht ist getan"[42].

Ada Giannini hielt während der gesamten Ermittlungen und später im Prozess an ihrer Verteidigung fest, indem sie leugnete, dass sie an jenem Tag in Santa Giustina gewesen war. Selbst in der letzten Vernehmung, nach mehreren Gegenüberstellungen mit Zeugen, die sie zweifelsfrei identifiziert hatten, beharrte sie darauf, man verwechsele sie wahrscheinlich mit einer anderen. Sie behauptete aber auch, sich an nichts zu erinnern und dass sie wie im Wahn gehandelt habe, denn sie leide an einem erblich bedingten Wahnzustand:

> Ich kann mir nicht erklären, weshalb so viele Personen in mir die Schuldige für die Taten von Santa Giustina erkannten, wenn nicht wegen einer seltsamen Ähnlichkeit mit der bezichtigten Person und aufgrund der Tatsache, dass ich mich nicht an das erinnere, was ich getan haben soll, da ich mich im Zustand des Wahnsinns befand. Ich mache darauf aufmerksam, dass meine Großmutter in der Irrenanstalt verstorben ist und mein Vater Selbstmord begangen hat[43].

Im Urteilsspruch wurden der Angeklagten allgemeine mildernde Umstände zugesprochen, „aufgrund der einfachen sozialen Herkunft und der offensichtlichen Einfalt der Angeklagten", weshalb sie nicht die Todesstrafe erhielt, die auf Kollaboration stand, sondern eine Haftstrafe von 24 Jahren. Was ihre Mittäterschaft an wiederholtem schwerem Mord betraf, „hält das Gericht die Strafe von 24 Jahren Haft für angemessen; diese kann auf 27 Jahre angehoben werden wegen erschwerender Umstände nach Art. 61, Nr. 5, da die Tötungsdelikte unter Bedingungen begangen wurden, unter denen die Opfer keine Möglichkeit hatten, sich zu verteidigen, sowie auf 30 Jahre für die Wiederholung der Straftat"[44].

Anders als andere Kollaborateure, Männer wie Frauen, reichte Giannini ihr Gnadengesuch recht spät ein, erst im Jahr 1952. Ein erneutes Gesuch legte sie am 28. Januar 1953 vor, als die meisten Verurteilten bereits wieder auf freiem Fuß waren.

Ihr Gnadengesuch enthielt nichts Außergewöhnliches, vielmehr spiegelte es die übliche Haltung der ehemaligen FaschistInnen von Salò wider. In der Tat finden sich darin – in aller Deutlichkeit – all die Motive und Gefühle der inhaftierten KollaborateurInnen. Ihr Gesuch ist auch deshalb repräsentativ, weil es einen Strategiewechsel vorführt: Zunächst neigte man dazu, die eigene Mitschuld zu leugnen oder herunterzuspielen – wie es viele Angeklagte im Prozessverlauf taten –, später bediente man sich einer sehr viel offensiveren Strategie, bei der die Angeklagten die eigenen Standpunkte verteidigten, ohne dabei jedoch genauer auf die ihnen zur Last gelegten Vergehen einzugehen. Es lässt sich keinerlei Reue hinsichtlich der eigenen Taten erkennen, mit keinem Hinweis wird der Wunsch deutlich, dass die Opfer ihnen vergeben mögen. Die rhetorische Berufung auf die Vaterlandsliebe scheint als Rechtfertigung für jedes Verhalten, für jedes Verbrechen auszureichen.

Die Gnadengesuche führen uns somit, besser als jede andere Quelle, die Weigerung – beziehungsweise die Unfähigkeit – der KollaborateurInnen vor Augen, die eigene Geschichte und die eigene Vergangenheit zu hinterfragen; ganz im Gegenteil offenbaren die Gesuche sogar den Willen, daran festzuhalten: Die Angeklagten nehmen sich als Opfer, nicht als Täter wahr, als von den Siegern bestraft, da sie im Krieg unterlegen waren, und nun Opfer eines Hasses wurden, der sie „tritt" und „zerstört". Diese Selbstwahrnehmung, diese Sicht auf die Fakten, diese selektive „Erinnerung" fand ihre Bestätigung durch die öffentliche Meinung und die politische Klasse Italiens, die wenige Jahre nach Kriegsende davon überzeugt waren, es sei das Beste, einen Schlussstrich unter die Vergangenheit zu ziehen. Das hatte nicht nur zur Folge, dass alle ehemaligen FaschistInnen der Salò-Republik innerhalb kurzer, ja kürzester Zeit freigelassen wurden, sondern ganz generell die Negierung der faschistischen Verbrechen der RSI.

Das Gesuch Ada Gianninis, das an den italienischen Staatspräsidenten Einaudi gerichtet war, war wie folgt formuliert:

> Exzellenz, die Begeisterung, die Liebe für mein Vaterland in jenen Zeiten, in denen es starke und entschlossene Gemüter brauchte, hat mich dazu gedrängt, ihm voller Freude all meine Kräfte zu opfern.
>
> Wehe den Besiegten, denn leider wurde das, was vorher Heldentum, positive Eigenschaften waren, übermannt und getreten und wir Opfer erleiden heute die Folgen unseres Ideals. Auch wenn es falsch war, ist es doch noch immer ein hehres Ideal.

Erscheint Ihnen nicht, Exzellenz, dass sieben Jahre des Schmerzes, der Tränen und der Opfer ausreichen sollten, um die Stimmen und den Hass zu beschwichtigen, die sich gegen uns erhoben haben, die uns treten und zerstören?

Nun also, da Ruhe eingekehrt zu sein scheint, nun, da die Zeit den Hass der einen Seite gemildert hat und wir uns brüderlich zusammenfinden in einem einzigen Gefühl, der Liebe zu Italien, es groß zu machen, unsterblich, jetzt, wo wir alle nichts anderes als Italiener sind.

Exzellenz, warum geben Sie mich nicht meiner Familie zurück, die auf mich wartet, meinem lieben kleinen Mädchen, das keinen Vater hat und sich danach sehnt, dass ich sie liebe und mich um sie kümmere?

Ein Wort von Ihnen ist mein Glück, Ihr Name unter meinem Gesuch, und Sie geben der Gesellschaft eine Frau zurück, immer und stets Italienerin, eine Mutter ihrer Tochter, eine Tochter ihren Eltern.

Wird mein Traum Wirklichkeit?[45].

In Gianninis Gesuch kommt, wie in vielen anderen, zum rhetorischen Verweis aufs Vaterland auch der auf die Familie und auf die Kinder. Nirgends lassen sich Reuegefühle oder Schuldeingeständnisse ausmachen, allenfalls wird eingestanden, dass das „Ideal", für das sie gekämpft haben, falsch war.

Doktor Scalia, der Leiter des Frauengefängnisses von Perugia, in dem die verurteilte Kollaborateurin einsaß, und der sich für das Gnadengesuch aussprach, bemühte sich dennoch, aus ihren Bitten Anzeichen für eine Wiederannäherung an den Glauben herauszulesen, für „echte Gefühle der Reue":

Hiermit wird mitgeteilt, dass die Insassin Ada Giannini während ihrer Haft im Allgemeinen eine gute Führung gezeigt und keine besonderen Auffälligkeiten an den Tag gelegt hat. In der letzten Zeit ist sie als Helferin in der Krankenpflege eingesetzt worden und hat sich bei dieser Aufgabe engagiert gezeigt, bemüht, hilfreich und verständnisvoll gegenüber ihren leidenden Haftgenossinnen, womit sie die Sympathie der die Krankenpflege leitenden Ordensschwester und der erkrankten Gefängnisinsassinnen gewonnen hat. Zu religiösen Funktionen kam sie regelmäßig, und man hat den Eindruck, sie habe sich Gott mit echten Gefühlen der Reue angenähert, mit der festen Absicht, sich zu bessern und ihre Vergangenheit vergessen zu machen. Deshalb wird sich hiermit positiv für das Gnadengesuch ausgesprochen"[46].

Nur noch die „Geschädigten" – die Familienangehörigen der 21 in Santa Giustina in Colle gefangen genommenen und getöteten Personen – konnten sich daran erinnern, was nur acht Jahre zuvor geschehen war. Und sie verweigerten sich den leicht daher gesagten, rhetorischen Appellen um Vergebung, die von verschiedenen Seiten kamen. Zwischen Mai und Juli 1953 gelang es den Carabinieri, fast alle Familienangehörigen der Opfer der Massaker ausfindig zu machen. Jede einzelne dieser mittlerweile über halb Italien verstreuten Personen wurde – wie es das Prozedere vorsah – dazu befragt, ob sie bereit sei, Ada Giannini zu vergeben.

Giustina Lago, die Schwester von Don Giuseppe Lago, dem von den Deutschen getöteten Dorfpfarrer, lebte in einem Institut für Ordensschwestern in Vercelli. Auch wenn sie klarstellte, dass sie keinen Schadensersatz erhalten hatte, gehörte sie zu den wenigen, die zur Vergebung bereit waren. Auch der Bruder von Don Lago, ein Mönch namens Samuele, lebte weit vom Ort des Massakers entfernt. Man fand ihn in Görz, und auch er erklärte sich bereit, der Frau zu vergeben. Anna Spadavecchia, die Witwe von Mauro Manente, einem der Opfer, lebte im süditalienischen Städtchen Molfetta in der Provinz Bari; im Juni 1953 schrieben die Carabinieri in ihrem Bericht, sie habe sich „entschieden geweigert, Ada Giannini zu vergeben". Die Carabinieri von Camposampiero in der Provinz Padua hielten in ihrem Protokoll fest, dass 16 Familienmitglieder der Getöteten von Santa Giustina nicht die Absicht hatten, der Frau zu vergeben. Insgesamt waren „von den 23 Geschädigten 20 nicht zur Vergebung bereit"[47].

Zum Abschluss des Verfahrens sprach sich die Staatsanwaltschaft von Padua mit ungewohnter Härte gegen das Gnadengesuch aus: Man sei „entschieden dagegen, auch weil die Antragstellerin bei der Ausführung der zahlreichen Morde außerordentliche Niedertracht und abscheulichen Zynismus an den Tag gelegt hat"[48]. Dem Gnadengesuch wurde nicht stattgegeben.

Wie bei vielen anderen Gnadengesuchen, egal ob ihnen stattgegeben oder sie abgelehnt worden waren, sollte die Kollaborateurin auch in diesem Fall ihre (in der Zwischenzeit auf zehn Jahre reduzierte) Strafe nicht absitzen.

Im Januar 1955 wurde für den Justizminister ein Bericht über die Strafverfahren der Giannini erstellt, in dem auch das weniger als zwei Jahre zuvor verwehrte Gnadengesuch Erwähnung fand. Aus dem Bericht geht zudem hervor – und das ist es, was uns hier interessiert –, dass die Frau am 6. Februar 1954 „fälschlicherweise aus der Haft entlassen" worden war. Daraufhin hätte sie „erneut verhaftet werden müssen, um den Rest der Strafe zu verbüßen", noch zwei Jahre, elf Monate und neun Tage.

Ein handgeschriebener Vermerk am Ende des Dokuments gibt die Entscheidung der Richter und des Justizministers wieder: „Das ist einer der schwerwiegendsten Fälle [...]. Dennoch erscheint es nicht angebracht, sie ein Jahr nach ihrer fälschlichen Entlassung erneut zu verhaften"[49]. Das Problem „löste" man mit dem Dekret zur Haftaussetzung auf Bewährung vom 18. Januar 1955, ausgestellt vom christdemokratischen Justizminister Michele De Pietro[50]. Damit war der Fall Ada Giannini für die italienische Justiz abgeschlossen.

V Im Kampf gegen die Partisanen

Mussolinis Geliebte

Als Cornelia Tanzi Pizzato der Prozess gemacht wurde, befand sich Italien noch im Krieg. Da Rom zu diesem Zeitpunkt aber bereits befreit war, sah sich das Land noch zu Kriegszeiten mit der problematischen Frage konfrontiert, wie man mit der Säuberung vom Faschismus und mit den Prozessen gegen FaschistInnen umgehen sollte[1].

Cornelia Tanzi Pizzato, geboren am 27. Juli 1908 in Mailand, lebte in Rom, im Park der Villa Strohl-Fern. Wie sie wohnten dort viele Schriftsteller, Maler und Musiker, und auch sie war – unter dem Familiennamen ihrer Mutter, Tanzi – als Schriftstellerin und Malerin tätig.

Nach der Befreiung Roms von den Faschisten war ihr Prozess vor dem Schwurgericht der Hauptstadt eines der allerersten Verfahren. Schon nach wenigen Verhandlungstagen erfolgte am 22. Dezember 1944 wegen „Unterstützung des Feindes" nach Artikel 51 und 58 des Kriegsstrafrechts eine Verurteilung zu 30 Jahren Haft[2]: eine schwerwiegende Anklage mit harter Strafe. Was aber die Römer ebenso wie die Medien – sowohl italienische als auch ausländische –, die den Gerichtssaal füllten, an dem Prozess wirklich interessierte, war die Tatsache, dass die Angeklagte eine der zahlreichen Geliebten Mussolinis gewesen war.

Die Zeitungen, die daraus einen Skandal konstruieren wollten, berichteten von ihren Treffen im Palazzo Venezia, bei denen Cornelia Tanzi in exotischer Kleidung vor Mussolini getanzt hatte, der dazu auf der Geige gespielt habe. Die Medien beschrieben die Angeklagte „als eine frivole Salome, korrumpiert von der sündigen Aura des Faschismus"[3].

Im Verlauf des Prozesses leugnete Tanzi mit Nachdruck jedes intime Verhältnis zu Mussolini: „Sollte irgendjemand vor Gott bezeugen können, er sei mein Geliebter gewesen, gebe ich alles her, was mir auf dieser Welt geblieben ist"[4]. Wie noch zu zeigen sein wird, legte sie es mit dieser theatralischen Art der Verteidigung darauf an, jede Anschuldigung von sich zu weisen beziehungsweise die Fakten, mit denen man sie konfrontierte, mehr oder weniger fantasievoll und immer wieder anders zu interpretieren.

Dabei war sie bis 1936 tatsächlich erwiesenermaßen eine Geliebte Mussolinis gewesen und hatte sich dessen auch öffentlich gerühmt. Der Duce hatte seiner offiziellen, äußerst eifersüchtigen und besitzergreifenden Geliebten, Claretta Petacci, von ihren Begegnungen erzählt, was diese präzise in ihrem Tagebuch festhielt. Mit Datum vom 19. Februar schrieb Petacci, den Duce wortwörtlich zitierend:

> Sie erzählte überall, sie sei meine morganatische Ehefrau und ich täte alles, was sie wollte. Deshalb brach ich mit ihr. Jetzt hat sie zahlreiche Liebhaber, auch den Trilussa, und sie nimmt Geld dafür. Sich auf solche Nummern einzulassen, das hat sie immer schon gemacht [...]. Sie hatte einen merkwürdigen, mysteriösen Lebenswandel [...]. Sie hat sehr lange Beine, ist ganz

http://doi.org/10.1515/9783110642889-007

zierlich, schmal, hochgewachsen, brünett. Aber unglaublich frigide und kalt. Ausgeschlossen, dass sie jemals etwas empfunden hat, auch nicht für mich. Sie erschien, zog sich aus, ließ ihr Hemd fallen, man sah diese langen Beine, sie setzte sich hin und los ging es, ohne dass sie sich rührte. Ohne Regung zog sie sich wieder an und weg war sie. Alles in kaum einer halben Stunde. Ich schwör dir, das ist die Wahrheit: Das letzte Mal war für mich anstrengend und ermüdend, weil mir nicht danach war [...]. Nein, Schluss damit, es ist zu Ende, für immer Schluss damit. Außerdem betrügt sie mich: Zunächst wusste ich es nicht genau, aber jetzt ist es gewiss, sie ist wirklich die Geliebte von diesem Bardi, der sie auch aushält"[5].

Mussolini war stets bestens über Cornelia Tanzi informiert, wie überhaupt über alle seine aktuellen und ehemaligen Geliebten, denn die faschistische Geheimpolizei, Organizzazione di Vigilanza e Repressione dell'Antifascismo, überwachte deren Telefone; der Duce erhielt regelmäßig die Abhörprotokolle und nahm sich tatsächlich auch die Zeit, sie zu lesen.

Diese Telefonabhörungen gehörten 1938 längst zur Tagesordnung; Mussolini hatte schon sehr früh den Abgeordneten Aldo Finzi, Untersekretär im Innenministerium, entsprechend angewiesen: „Lieber Finzi, ich veranlasse, dass die Telefonabhörprotokolle nur mir zugesandt werden. In nur einer einzigen Ausführung und zwar derjenigen, die du erhältst und mir weiterleitest". Das war am 27. Januar 1923 – zu diesem Zeitpunkt war Mussolini seit gerade einmal drei Monaten Chef einer Regierungskoalition mit der liberalen Partei PLI und der katholischen Volkspartei PPI[6].

Doch zurück zum Prozess Tanzi, bei dem sich die Frau nicht wegen ihres Lebenswandels zu verantworten hatte, sondern wegen Vergehen, auf die die Todesstrafe stand[7]. Der schwerste Vorwurf war, sie habe das in Rom stationierte deutsche Kommando darüber informiert, dass im Park der Villa Strohl-Fern – nach einem Gefecht mit deutschen Streitkräften – Soldaten der Division Piave mit Militärfahrzeugen und weiterem Kriegsmaterial Zuflucht gesucht hatten. Die Künstler, die die Atelierhäuschen im Park bewohnten, hatten die italienischen Soldaten bereitwillig versteckt; nur Tanzi war dagegen gewesen, sie warf ihnen vor, ihre deutschen Verbündeten verraten zu haben und drohte damit, sie zu denunzieren. Diese Drohung machte sie dann auch wahr. Dem Gericht lagen nicht nur mehrere Zeugenaussagen vor, sondern auch ein von Tanzi selbst im Mai 1944 verfasster Bericht, in dem sie ihre Tat verteidigte:

> Indem ich die deutsche Botschaft von der Anwesenheit bewaffneter Rebellen und zahlreicher Militärfahrzeuge, die vom Pförtner in meinen Parkabschnitt gefahren und versteckt wurden, wozu Tore und die dazugehörigen Pfosten eingerissen werden mussten, in Kenntnis gesetzt habe, tat ich nichts anderes als meine Pflicht als *Italienerin*, und auch wenn diese Pflicht nicht belohnt wird, ist es dennoch übertrieben, dass ich den Repressalien eines Verräters ausgesetzt bin [der Pförtner, dessen Auszug sie forderte].

Nachdem Tanzi die Informationen weitergegeben hatte, veranstalteten die Deutschen eine Razzia. In den Quellen und Zeugenberichten finden sich keine einheitlichen Angaben über die Anzahl der italienischen Soldaten, die den Nationalsozialisten dabei in die Hände fielen: Mal werden 80 genannt, mal zehn; auch was mit ihnen geschah, weiß man nicht. Die Waffen und das Kriegsmaterial nahmen die Deutschen an sich, was „die Bewaffnung des Feindes verstärkte".

Außerdem war Tanzi verantwortlich für eine anonyme Anzeige gegen den Pförtner der Villa, einen gewissen Bernardo Carlin, den sie als „gefährlichen Antifaschisten und Verräter" bezeichnet hatte; Er habe Waffen und Munition versteckt und stehe mit desertierten Soldaten in Kontakt. Um den Pförtner loszuwerden, ließ sie ihre Beziehungen zu den römischen Faschisten spielen, zum ehemaligen Parteisekretär Giuseppe Pizzirani und zu Alfredo Cucco, Untersekretär am Ministerium für Volkskultur.

Zu Beginn des Prozesses – so berichteten die Zeitungen – habe Tanzi versucht, das Gericht zu beeindrucken indem sie als frivole Künstlerin in bunten Gewändern und stark geschminkt auftrat. Im weiteren Verlauf änderte sie ihr Auftreten, kleidete sich dunkel und streng, brach oft in Tränen aus und beschwor Gott und seine Barmherzigkeit[8]. Bei den Verhören hielt sie sich an die immer gleiche Strategie: Sie leugnete sämtliche Anklagepunkte, sei es die Unterstützung des Feindes oder der Kontakt zu den Nazifaschisten; konfrontierte man sie mit eindeutigen Beweisen, redete sie sich mit „belanglosen Ausflüchten" heraus:

> Die Angeklagte hat alles abgeleugnet, obschon ihre glühende faschistische Überzeugung und die Bewunderung für die Deutschen aus einigen ihrer von der Sicherheitspolizei abgehörten Telefonaten deutlich hervorgehen, was sie in den Verhören auch zugegeben hat, aber nur mit belanglosen Ausflüchten erklären konnte[9].

Aus Sicht des Gerichts hatte die Angeklagte bewusst und aus freien Stücken den Feind militärisch unterstützt, für den sie „eine derart engagierte Loyalität hegte, dass sie die Deutschen als ‚Helden schlechthin' zu bezeichnen pflegte". Aus diesem Grund befand man sie der Unterstützung des Feindes für schuldig. Allerdings billigte ihr das Gericht allgemeine mildernde Umstände zu, „um einer noch jungen Frau die Möglichkeit der Reue nicht zu versagen". Daher sah man von der Todesstrafe ab und verurteilte sie zu 30 Jahren Haft.

Manche Beobachter hielten dieses Gerichtsurteil für zu hart, vor allem verglichen mit zeitgleichen Verurteilungen einiger ehemaliger Militärs und faschistischer Parteigrößen. So hatte zum Beispiel im Oktober 1944 ein Militärgericht fünf Protagonisten des neapolitanischen Faschismus unter Anklage gestellt, darunter Graf Ugo Pellegrini und den ehemaligen Präfekten von Neapel, Domenico Soprano. Sie wurden am 18. Oktober freigesprochen. Im Dezember verurteilte die 9. Sektion des Gerichts in Rom Attilio Teruzzi. Der ehemalige Leiter der Miliz, von 1939 bis 1943 Minister der Kolonien sowie Anhänger der RSI, der des Amtsmissbrauchs und wiederholter Übergriffe angeklagt war, wurde zu sechs Jahren und drei Monaten verurteilt. Die Generäle Riccardo Pentimalli und Ettore Del Tetto, die für die gescheiterte Verteidigung Neapels gegen die nationalsozialistischen Truppen verantwortlich gemacht wurden, verurteilte der Oberste Gerichtshof am 4. Dezember 1944 wegen „Entfernung von der Truppe" zu 20 Jahren Haft[10]. Der ehemalige Anführer der faschistischen Partei in Neapel, Domenico Tilena, erhielt sechs Jahre und acht Monate.

Tanzis Einspruch vor dem Kassationshof wurde mit dem Urteilsspruch vom 27. Juni 1945 abgewiesen. Ab Juni 1944 war sie im Frauengefängnis von Perugia inhaftiert, aus dem sie im September 1945 ein langes Gnadengesuch an König Umberto von Savoyen schickte. In diesem Gesuch gab sie sich ausgesprochen selbstbewusst und machte ihrem Ruf als Fabuliererin alle Ehre. So versuchte sie, den König für sich einzunehmen, indem sie auf ihre Vertrautheit mit Savoyen verwies. In ihrer Darstellung der Geschehnisse fand sich kein Wort zum Bürgerkrieg, zum Faschismus, zum deutschen Militär in Rom. Stattdessen berichtete sie von einem banalen Zwist unter Nachbarn, einem belanglosen Vorfall aus Missgunst und Gemeinheit, bei dem sie das Opfer gewesen sei, „das Opfer einer Verschwörung einer kleinen Gruppe neidischer Hausbewohner (zehn von 45), unter der Ägide eines gerissenen Pförtners, *mächtig* und bösartig", dem gekündigt worden war und der sich dafür rächen wollte.

Nachdem dieses Gesuch folgenlos blieb, legte Tanzi im Mai 1946 ein zweites vor, das sie ebenfalls an König Umberto sandte und in dem sie sich als glühende Anhängerin der Monarchie ausgab:

> Im glücklichen Umstand der Besteigung des Throns durch Ihre Majestät, die in allen Italienern die Hoffnung auf baldige Gerechtigkeit weckt, wende ich mich mit diesem Gesuch auf *Gnade* an Ihre Majestät, gewissermaßen der Vorbote jener Gerechtigkeit, die durch ein vorschnelles Urteil verletzt wurde, dessen Revisionsverfahren sich aber viel zu lange hinziehen würde. [...] Meine Familie, die von väterlicher Seite aus Savoyen stammt, hat mich in großer Loyalität gegenüber dem Hause Savoyen aufgezogen, ein Prinzip, das mir heilig ist und dem ich mich treu verpflichtet fühle[11].

Zu ihrem Pech hatte sich der politische Wind mit dem Volksentscheid (2. Juni 1946) für eine Republik und damit gegen die Monarchie gedreht und ihre Beteuerungen für die Monarchie wirkten nunmehr anachronistisch.

Allerdings nahm das Gnadengesuch in der Zwischenzeit seinen bürokratischen Lauf. Die ausführliche und detaillierte Einschätzung des römischen Polizeichefs Ciro Verdiani lag am 7. Mai 1946 vor[12]. Der Polizeichef war über Tanzis Privatleben gut informiert. In seinem Schreiben ließ er keine Zweifel daran, dass sie in der deutschen Botschaft ein und aus gegangen war und viele deutsche Offiziere gekannt hatte. Sie war seit 1933 Mitglied der faschistischen Partei (PNF), und auch wenn nicht nachgewiesen werden konnte, dass sie auch der PFR von Salò angehört hatte, so besuchte sie doch regelmäßig die Vertretung der RSI in der Hauptstadt. Sie war mit dem römischen Vizeparteivorsitzenden Pizzirani befreundet gewesen, mit dem Untersekretär des Ministeriums für Volkskultur Cucco und mit anderen hochrangigen Faschisten. Vom Ministerium für Volkskultur hatte sie ein monatliches Gehalt von drei- oder viertausend Lire bezogen. Der Polizeichef bestätigte zudem, dass sie des Öfteren von Mussolini empfangen worden war und dass sie sich damit gebrüstet hatte, seine Geliebte gewesen zu sein. Er schloss sein Schreiben damit, dass es nicht angebracht sei, ihrem Gnadengesuch stattzugeben: „In Anbetracht der derzeitigen politischen Stimmung würde das in der öffentlichen Meinung nicht gut ankommen"[13].

Am 12. Mai 1946 lag der Abteilung Gnadenrecht auch die Ablehnung der Staatsanwaltschaft vor. Aber Justizminister Togliatti musste keine Entscheidung mehr treffen: In der Zwischenzeit war die Amnestie vom Juli 1946, die seinen Namen trug, in Kraft getreten und die Kollaborateurin wurde aus der Haft entlassen.

Ihre Geschichte ist mit ihrer Entlassung noch nicht ganz zu Ende. Vielmehr hatte sie ein Nachspiel, ebenso wie die Geschichten vieler anderer Kollaborateur-Innen. 1951 beantragte Cornelia Tanzi ein Wiederaufnahmeverfahren gegen die Beschlagnahmung ihres Besitzes. Am 26. Februar desselben Jahres teilte die römische Staatsanwaltschaft der Abteilung Gnadenrecht mit, der Kassationshof habe die Beschlagnahmung ihres Hab und Guts am 21. Januar 1951 ausgesetzt und jede weitere Entscheidung einer anderen Abteilung des Gerichtshofs übergeben. Ihre Akte enthält keine Informationen über den Ausgang der Revision. Ob es der Verurteilten am Ende gelang, wieder an ihre Besitztümer zu kommen, lässt sich hier daher nicht beantworten.

In den Fußstapfen der Väter

Es hat Töchter gegeben, die den Glauben an den Faschismus und das damit zusammenhängende Schicksal mit ihren Vätern teilten – bis zum Schluss. Das traf auf Margherita Abbatecola Cerasi ebenso zu wie auf die Schwestern Franca und Isa Caritá. Der Vater war stolz auf die sechzehnjährige Tochter, die ihn, mit Maschinengewehr und Pistole bewaffnet, bei seinen Aktionen in der Schwarzen Brigade *Compagnia Arezzo* begleitete: Sie war eine erstklassige Schützin, die unablässig trainierte, und sie war bereit, zu töten und Gewalt anzuwenden. Der Vater prahlte nur allzu gern mit ihrem Mut und ihrem Glühen für die Sache: Ihr traue er mehr als jedem Soldaten. Vater und Tochter: Umberto Abbatecola Cerasi und Margherita, genannt Tata, vereint im faschistischen Ideal, in der Republik von Salò, in den gemeinsamen Aktionen und schließlich auch in der strafrechtlichen Verfolgung.

Während des Prozesses in Varese beschrieb man das Mädchen, das sich im schwarz-weiß karierten Kleidchen präsentierte, als klein, mit dunkel gefärbten Haaren, kaltem Blick und schweigsam[14]. In der Urteilsbegründung stand über sie, dass „sie [...] völlig in den Idealen des Vaters aufgeht, wie er ist auch sie darauf aus, sich im Bösen zu profilieren, mit Aggressivität, Gewalt und Terror"[15].

In den Jahren des Bürgerkriegs verschmolzen die Leben der beiden derartig, dass man nicht von der Tochter sprechen konnte, ohne über den Vater zu reden. Umberto Abbatecola Cerasi gehörte zu den Faschisten der ersten Stunde[16]. Er trat als einer der Ersten der faschistischen Partei bei und beteiligte sich an allen frühen Strafaktionen in der Toskana, außerdem erhielt er eine Auszeichnung als Versehrter der Revolution. Als Anführer eines frühfaschistischen Terrortrupps nahm er am Marsch auf Rom teil, als Freiwilliger zog er in den Kolonialkrieg nach Äthiopien, wo er an Tuberkulose erkrankte und deshalb heimgeschickt wurde. Bei Kriegsausbruch 1939 trat er wieder der Miliz bei.

Durch den Rückzug des deutschen Heers über Cassino wurden auch Abbatecola Cerasi, seine Tochter Margherita sowie seine Lebensgefährtin, die alle in der Gegend, im Dorf Colleferro, lebten, in die toskanische Provinz Arezzo evakuiert. 1943 wurde Abbatecola Mitglied in der faschistischen Parteifraktion der RSI in Arezzo, trat dem UPI bei und schloss sich der örtlichen Schwarzen Brigade an[17].

Um Arezzo beteiligte er sich an zahlreichen Aktionen gegen die Partisanen. In diese Zeit, genauer in die Osterwoche 1944, fällt seine vermutete Beteiligung am Massaker an 108 Personen, darunter vorwiegend alte Menschen, Frauen und Kinder, im Dorf Vallucciole in der Provinz Arezzo[18].

Seine Kompanie wurde von der Toskana in die Lombardei verlegt, zunächst nach Sondrio und weiter in die Provinz Varese, nach Bersozzo und nach Ternate, wo er erst als Hauptmann und später als Leutnant der Schwarzen Brigaden an der deutsch-faschistischen Bekämpfung der Partisanen teilnahm. Bei Kriegsende nahm man ihn fest und brachte ihn ins Krankenhaus nach Mailand. Er unternahm einen Fluchtversuch, wurde jedoch schnell wieder aufgegriffen.

Die in der Unteilsverkündigung beim Prozeß in Varese ausgedrückten Bewertungen waren eindeutig: Sowohl in der Toskana als auch danach in der Lombardei „tötete er, stahl, schlug zu und befleckte sich mit Blut, unersättlich blutrünstig; immer dabei bei Razzien, Festnahmen, Vergeltungsaktionen"[19]. Den Richtern zufolge

> [...] ist [er] systematisch gewalttätig und grausam: Auf flehentliches Bitten antwortet er mit Schlägen, seinen Nächsten zu töten ist für ihn ein Leichtes ohne tiefere Bedeutung; die Verachtung für andere ist für ihn das Normale. Er ist ein Feigling: Nie kämpft er Mann gegen Mann; er greift seine Opfer an, wenn er von seinen Banditen umgeben ist, oder im Dunkeln, immer gut geschützt. Er fürchtet sich vor Rache und versucht ihr zu entgehen, indem er Schrecken einflößt und anderen die Schuld zuschiebt[20].

Margherita begleitete ihren Vater bei verschiedenen Aktionen, bewaffnet mit einem Maschinengewehr und in der Uniform der *ausiliaria*, denn, wie sie selbst erklärte: „Wenn der Duce Männer braucht, dann ist es gut, dass auch die Frauen für ihn in den Kampf ziehen."[21] Von den zahlreichen Vorfällen, für die sich Vater und Tochter vor Gericht verantworten mussten, gehörte zu den besonders brutalen die Ermordung von zwei Partisanen, Emilio Contini und Achille Motta, die sie aus dem Krankenhaus entführt und getötet hatten. „Aus einer Anzeige ging hervor, dass Abbatecola, als er Kommandant in Ternate war, für die Ermordung der beiden Patrioten Contini und Motta verantwortlich war. Die beiden waren von den Schwarzen Brigaden gefangen genommen und verletzt ins Krankenhaus von Cittiglio eingeliefert worden; von dort entführten sie die Abbatecolas, Vater und Tochter, und töteten sie, nachdem sie sie zuvor gefoltert und gequält hatten". Der Zustand der beiden Patrioten ließ keinen Zweifel daran, dass ihnen vor ihrer Ermordung Gewalt angetan worden war und „die

Tata hatte sich dessen sogar gerühmt". In der Urteilsbegründung stand allerdings auch, die „Tata" habe sich des Öfteren damit gebrüstet, Partisanen gefoltert und getötet zu haben, was sich aber konkret nicht nachweisen ließe – ein Grund, weshalb gegen das Urteil Einspruch erhoben werden konnte[22].

Nach Auffassung des Gerichts war das Mädchen mit seinen gerade einmal sechzehn Jahren kaum in der Lage, die politischen Ziele des Feindes zu begreifen; ihre Taten beschäftigten, gerade angesichts ihrer ungewöhnlichen Jugend, „Fantasie und Gemüter" der Richter. Margherita hatte operative Aufgaben in den Schwarzen Brigaden übernommen, immer wieder wurde darauf hingewiesen, dass sie „die treue Kampfgefährtin ihres Vaters war, nicht nur, weil sie seine Waffen trug, sondern auch weil sie sie selbst benutzte und zwar sehr kompetent, wie Zeugen und ihr Vater bestätigten, der sich auf seinen Expeditionen besser von ihr unterstützt fühlte als von jedem anderen Miliz-Soldaten".

Am 11. September 1945 verurteilte das außerordentliche Schwurgericht von Varese Umberto Abbatecola Cerasi zum Tod durch Erschießen in den Rücken. Ein Berufungsverfahren wies der Mailänder Kassationshof ab. Als das Urteil für den Vater verkündet wurde, schrie Margherita auf: „Das ist nicht gerecht!"[23]. Ihr wurden allgemeine mildernde Umstände zugebilligt „wegen der Beeinflussung ihres Gemüts durch ihre Erziehung und durch das väterliche Vorbild", und sie erhielt eine Haftstrafe von 20 Jahren. Der oberste Kassationshof schloss sie von der Amnestie aus, erließ ihr aber ein Drittel der Haftstrafe, die sich damit auf 13 Jahre und vier Monate reduzierte.

Weder Vater noch Tochter reichten im eigenen Namen ein Gnadengesuch ein. Das übernahm die Ehefrau und Mutter für sie. Sie und ihr Verteidiger begründeten ihr Gesuch zugunsten des Faschisten mit dessen militärischen Verdiensten – Freiwilliger im Ersten Weltkrieg und im Afrikafeldzug –, mit seinem Gesundheitszustand – eine Tuberkuloseerkrankung aus Äthiopien – und mit ihrer Beschreibung des wenig heldenhaften Charakters des Mannes: „unfähig, mit den ihm anvertrauten Situationen zurechtzukommen, weshalb ein erheblicher Teil der Schuld für das, was geschehen ist, diejenigen trifft, die ihn auf die Kommandoposten gesetzt haben"[24].

Sämtliche zuständigen Instanzen wiesen das Gesuch ab. Der Präfekt und der Polizeichef von Varese unterrichteten Justizminister Togliatti, dass die Bewohner von Ternate-Varano Borghi und der umliegenden Ortschaften kein Verständnis für eine Begnadigung gezeigt hätten. Der Kommandant der Carabinieri von Gallarate, der Staatsanwalt von Varese und die Staatsanwaltschaft von Mailand sprachen sich ebenfalls dagegen aus. Giuseppe Alicata, der verantwortliche Ermittlungsrichter, trug dem Justizminister seinen Standpunkt vor: Vor einem Entscheid zum Gnadenerweis sei es „ratsam" (das Wort „unerlässlich" war durchgestrichen und handschriftlich mit dem Wort „ratsam" überschrieben worden), den letztinstanzlichen Urteilsspruch der Justizbehörde von Arezzo abzuwarten.

Am 25. Februar 1946 teilte Togliatti mit, er habe „kein Motiv gefunden, das eine Begnadigung gerechtfertigt hätte", daher sei der Ausführung des Urteils „so schnell wie möglich nachzukommen". Abbatecola wurde am 11. März 1946 hingerichtet.

Das Gnadengesuch für Margherita reichte die Mutter am 20. Juli 1946 ein: Ihre Tochter habe keinen angemessenen Prozess bekommen und sei trotz Mangel an Beweisen verurteilt worden. Ihre Gnadenbitte begründete sie außerdem damit, dass ihre Tochter von der Togliatti-Amnestie ausgeschlossen worden war, während andere, die sich weitaus mehr hatten zuschulden kommen lassen, von der Amnestie profitieren konnten.

Nichtsdestotrotz wurde das Gnadengesuch für Margherita am 9. Januar 1947 abgelehnt. Aus den Akten geht nicht hervor, ob sie zu einem späteren Zeitpunkt begnadigt oder auf Bewährung entlassen wurde, allerdings taucht ihr Name nicht im Verzeichnis der Kollaborateurinnen auf, die sich 1951 noch in Haft befanden. Vermutlich war sie infolge der Amnestie von 1949 auf freien Fuß gekommen.

Zwei weitere Mädchen beteiligten sich an den Missetaten ihrer Väter: Franca und Elisa (genannt Isa) Carità.

Die Carità-Bande, eine der gewalttätigsten Gruppierungen im Dienst der Republik von Salò, nannte sich nach ihrem Anführer Mario Carità, einem ehemaligen Squadristen und Chef der Sondersektion des UPI der 92. Legion der Milizia volontaria della sicurezza nazionale[25]. Die Bande bildete eine Sondereinheit der Polizei, die im Dienst der SS gegen die Partisanen eingesetzt wurde. Bei ihren Einsätzen wurde systematisch gefoltert.

Anfänglich hatte die Bande ihren Sitz in Florenz in der berüchtigten Villa Triste an der Via Bolognese, zog aber infolge des Vormarschs der Alliierten weiter gen Norden. In Padua bezogen sie im Palazzo Giusti Quartier und setzten von hier aus ihre üblichen Aktivitäten fort: Bespitzelungen, Infiltrationen, Anschläge, illegale Festnahmen, Erpressungen, Verfolgungen, Diebstahl und vor allem Folterungen.

Zu den Bandenmitgliedern gehörten auch die beiden jungen Schwestern Franca und Isa (1943 waren sie 18 beziehungsweise 15 Jahre alt). Sie waren in Mailand geboren und dort aufgewachsen, bis der Vater als Handelsvertreter für Telefunken-Radios nach Florenz zog; Franca arbeitete in der Firma des Vaters mit. Als glühende Faschistin trat das Mädchen schon in jungen Jahren erst der nationalen Faschistischen Partei PNF und später der republikanischen Variante PFR bei. Im November 1944 folgte sie zusammen mit ihrer Schwester Isa der Bande von Florenz nach Padua[26].

Professor Egidio Meneghetti, einer der Gründer des CLN in Venetien, der die Gefangenschaft und die Folter im Palazzo Giusti überlebt hatte, lieferte eine Beschreibung der wichtigsten Mitglieder der Bande, darunter auch der Schwestern Carità:

> Die ältere Tochter des Carità: Sie glich dem Vater physisch und vom Temperament her – blass, böse, ungerührt stand sie dabei und rauchte, gleichgültig, nur manchmal an Gewaltakten interessiert; der Vater hatte ihr das Geld der Gefangenen anvertraut und alle bestätigten, dass sie sich reichlich daran bediente [...]. [Isa, die jüngere Tochter, war] höflich, nicht unsympathisch, alle mochten sie recht gern, auch weil sie recht anmutig war[27].

Laut einem gerichtsrelevanten Bericht der Carabinieri von Florenz beteiligte sich Franca Carità schon in der Florentiner Phase aktiv an den Aktionen der Bande, wobei sie sich hervortat „wegen ihrer Grausamkeit als Peinigerin" derer, die die Bande aufgriff. „In der Öffentlichkeit heißt es, sie habe sich glühend heißer Nadeln und Eisenspitzen bedient, um die Gefangenen zu quälen, indem sie ihnen vor allem an den Genitalien Verbrennungen zufügte"[28]. Man erzählte sich auch, das Mädchen habe sich in der Villa Triste, „nachdem einige Leute der SS Bruno Fanciullacci lebensgefährliche Verletzungen beigebracht hatten, mit einem glühenden Eisen Fanciullaccis Gesicht genähert und dieser habe sich, um der schrecklichen Pein zu entgehen, aus dem Fenster in den Tod gestürzt"[29].

In Padua hatte Franca, als Mitarbeiterin des Ufficio Repressione attività partigiana, eigenhändig Gefangene beiderlei Geschlechts gefoltert und ihnen „dabei schwere Verletzungen bis hin zur Verstümmelung von Organen" zugefügt. Laut Polizeibericht aus Padua hatte sich die 18-jährige durch besonders bösartige Grausamkeit hervorgetan; für ihre Misshandlungen von Gefangenen im Palazzo Giusti nannte man sie hasserfüllt „eine Bestie" und die Bewohner der Stadt erinnerten sich mit Schaudern an sie. Einige ihrer Opfer, darunter Gastone Madalosso, Doktor Leandro Sotti und Umberto Avossa, erlitten durch ihre Folter bleibende körperliche Schäden[30].

Während der Ermittlungen und beim Prozess betonten die Zeugen, dass beide Mädchen beim Foltern der Gefangenen anwesend waren und sich bisweilen auch aktiv daran beteiligten. Rino Gruppioni, genannt „Spartaco", der zusammen mit dem Vorstand der Kommunistischen Partei von Padua im November 1944 festgenommen und wiederholt gefoltert wurde, auch mit Stromstößen über die Kabel eines Feldfernsprechers, eine Methode, die zynisch „macchinetta" (Maschinchen) genannt wurde, beschrieb Franca wie folgt: „Die ältere Tochter des Carità machte keinen Hehl daraus, wie viel Spaß sie auf unsere Kosten hatte, wenn wir mit Stromstößen traktiert wurden"[31].

Der Buchhalter Giuseppe Randi und der Professor Aldo Cestari, die im Verdacht standen, den Widerstand zu unterstützen, wurden von drei Mitgliedern der Bande, Enrico Trentanove, Renato Squilloni und Giorgio Da Prà, stundenlang verhört und gefoltert. Und die beiden Schwestern schauten vergnügt zu:

> An einem gewissen Punkt steigerte sich die ganze Szene zu großer Tragik, denn der Trentanove, der Squillone [sic] und der Da Prà stürzten sich wie blutrünstige Bestien auf Professor Cestari, einer (Squillone) [sic] schlug dabei mit aller Kraft mit der Peitsche auf den Professor ein, der andere (Trentanove) traktierte ihn mit Fäusten und Fußtritten und rammte ihm das Knie in die Brust, womit er ihm die Rippen brach, und das alles mit bestialischer Energie. [...] Hin und wieder hielten sie inne, um Luft zu holen, und dann [...] kam ich [Randi] ihnen in den Sinn, sie peitschten mich aus und schlugen mich, wozu sie sarkastisch meinten, ich dürfe dem Schauspiel schließlich nicht gratis beiwohnen. Im Saal schauten die beiden Töchter von Hauptmann Carità zu, hockten rauchend auf dem Schreibtisch, hatten ihren Spaß und aßen irgendwann sogar ihre Brötchen[32].

Bei Kriegsende wurde Mario Carità im Mai 1945 während eines Gefechts mit der amerikanischen Militärpolizei bei Kastelruth in der Provinz Bozen erschossen[33]. Zusammen mit seinen Töchtern hatte er versucht zu fliehen. Die beiden Mädchen nahm man fest und sie kamen gemeinsam mit anderen Bandenmitgliedern in Padua vor Gericht.

Der Prozess fand vor dem außerordentlichen Schwurgericht von Padua statt, 20 Bandenmitglieder standen unter Anklage: Antonio Corradeschi, Ferdinando Falugiani, Pier Giovanni Simonin, Romolo Massai, Giovanni Castaldelli, Corrado Tecca, Franca Carità, Elisa Carità, Valentino Chiarotto, Giuliano Gonelli, Giovanni Linari, Margherita Mancuso, Adriano Notti, Elio Cecchi, Giuseppe Bernasconi, Arrigo Masi, Ubaldo Gramigni, Torquato Piani, Alberto Sottili, Mario Chiarotto.

Alle hatten sich zu verantworten,

> weil sie zwischen dem 8.9.1943 und dem 26.4.1945 in Florenz, in Bergantino und in Padua mit dem deutschen Feind kollaboriert haben, indem sie ihm halfen und seine politischen und militärischen Ziele unterstützten, indem sie Patrioten und Anführer des Widerstands gefangen nahmen, sie dem Feind für die Deportation nach Deutschland auslieferten und sie folterten und mit ihrer Verfolgung die heimlichen Operationen für die Befreiung des Vaterlands behinderten.

Wie den anderen Bandenmitgliedern wurde auch Franca Carità angelastet, „Mittäterin gewesen zu sein an der Straftat der schwerwiegenden Körperverletzung [...] mit der perfiden Absicht, die politischen und militärischen Ziele des Feindes zu begünstigen, und dabei Umberto Avossa [...] Gastone Madalosso, Dr. Sotti schwere persönliche Verletzungen zugefügt zu haben [...]“[34].

Der Urteilsspruch der CAS von Padua vom 3. Oktober 1945, der auf eine Haftstrafe von 16 Jahren lautete, beleuchtete Francas Charakter und ihr Verhalten wie folgt:

> In Verleugnung der edelsten Neigungen der weiblichen Seele wollte sie nicht nur bei den Verhören dabei sein, bei denen sie lachte, scherzte und Zigaretten rauchte, derweil die Verhörten gefoltert wurden, und an deren Qualen sie sich zuweilen ergötzte, vielmehr beharrte sie mit herrischer Attitüde darauf, dass die Gefangenen redeten und die Geheimnisse der Partisanenorganisation preisgaben ... und sie selbst peinigte sie und steigerte die Qual der Folter, etwa wenn sie die Asche ihrer Zigarette in die von der Folter verursachten offenen Wunden streute[35].

Und bezüglich Elisa Carità:

> Auch sie nahm – obwohl sie gerade einmal älter als 14 und jünger als 18 Jahre war – an den Verhören der Gefangenen teil, auch sie mit herrischer Haltung, wenn auch weniger als die Schwester, und manches Mal mit den Offizieren der Abteilung schöntuend, gleichgültig gegenüber dem Leid anderer; allerdings lässt sich die erste Voraussetzung für Schuldfähigkeit, also ihre Handlungs- und Einsichtsfähigkeit, nicht ausreichend nachweisen.

Das Gericht beschied daher, sie „wegen Strafunmündigkeit“ freizusprechen und sie stattdessen für mindestens drei Jahre in einer Erziehungsanstalt für straffällige Jugendliche unterzubringen[36]. Im Jahr 1949 kam Elisa frei.

Beim Strafverfahren von Padua gab es eine dritte weibliche Angeklagte, Margherita Mancuso. Sie war die Ehefrau von Attilio Mordini, der schon in Florenz der Bande angehört hatte, sich aber bei diesem Prozess nicht unter den Angeklagten befand. Ihr wurde angelastet, zusammen mit ihrem Ehemann an der Gefangennahme von Professor Adolfo Zamboni, Mitglied des Partito d'Azione, der Aktionspartei, und im nationalen Befreiungskomitee von Venetien, beteiligt gewesen zu sein und außerdem für die Bande gespitzelt zu haben. Während der Ermittlungen erklärte sie, ihr Ehemann habe sie dazu gezwungen und sie habe ansonsten nichts mit den Aktionen der Bande zu tun gehabt. Selbst Zamboni hielt die Mancuso für ein „unschuldiges Opfer" des Ehemanns. Das Gericht glaubte ihr und sprach sie frei, „da kein Straftatbestand vorlag"[37].

Von den anderen Angeklagten wurden Corradeschi, Castaldelli, Tecca und Linari zum Tode verurteilt, Chiarotto und Cecchi zu lebenslänglich und die anderen zu geringeren Haftstrafen. Nur an Corradeschi wurde die Todesstrafe vollstreckt. Dagegen hob der Kassationshof die Urteile gegen Castaldelli, Linari und Tecca (am 8. Januar 1946) wegen unzureichend begründeter mildernder Umstände auf[38].

Auf den ersten Prozess am Schwurgericht folgte der übliche Reigen aus Verfahren wie neuen Prozessen, Einsprüchen, Berufungen, Verurteilungen, Urteilsaufhebungen und Gnadenerweisen[39]. Linaris Haftstrafe wurde bereits im März 1951 auf Bewährung ausgesetzt; der ehemalige Priester Castaldelli kam 1953 aus der Haft frei; Tecca brach im September 1945 aus dem Gefängnis von Padua aus und tauchte bis zur Aufhebung seines Haftbefehls durch die Amnestie vom Juni 1949 unter. Franca Carità wurden zehn Jahre und acht Monate ihrer Gefängnisstrafe erlassen, sodass die junge Frau schon im Juli 1948 das Gesuch auf die Aussetzung der letzten zwei Jahre und zwei Monate Haft beantragen konnte. Zu ihrer Rechtfertigung hieß es im Antrag:

> In Anbetracht ihres Gesundheitszustands [...]; ihrer Familienverhältnisse: eine jüngere Schwester, die auf sich selbst gestellt ist, ohne Eltern, ihr Alter (bei Haftantritt 19 Jahre), das bei der Verurteilung kaum angemessen berücksichtigt wurde; der schmerzhaften Ereignisse und Trauerfälle, die ihre letzten unglückseligen Jahre bestimmt haben; des Mangels an finanziellen Mitteln, um eine Prozessrevision anzustrengen[40].

Sie wurde allerdings nicht begnadigt: Tatsächlich sprach sich die Mehrheit der angeforderten Gutachten gegen einen Gnadenerweis aus. So schrieb der Polizeipräsident von Padua, eine mögliche Begnadigung der Carità würde in der Öffentlichkeit auf große Missbilligung stoßen und „Rachegelüsten Vorschub leisten"[41]. Auch die von den Carabinieri von Padua dazu befragten Folteropfer, die „Geschädigten", waren nicht bereit, ihr zu vergeben[42].

Am Ende verhalf ihr die staatliche Amnestie zur Freiheit. Am 19. Mai 1950 erklärte das Berufungsgericht von Venedig, „dass der Straftatbestand unter die Regelungen von Art. 1 des Dekrets Nr. 930 vom 23. 12. 1949 fällt [...], [und damit] die restliche Strafe erlassen und die Entlassung aus dem Gefängnis bestätigt wird [...]". Nach vier Jahren und sieben Monaten kam Franca Carità aus dem Gefängnis frei.

Wieder auf freiem Fuß, hielt sie den Kontakt zu den ehemaligen Kameradinnen und Zellengenossinnen weiterhin aufrecht. An Adriana Barocci, die noch im Gefängnis von Perugia einsaß, schrieb sie: „Nicht einen Moment jener Tage werde ich vergessen können, ja, schlimm waren sie, aber voller Hoffnungen, die heute angesichts einer ganz anderen Wirklichkeit völlig erloschen sind"[43].

Was die Carità unter „Hoffnung" verstand, wies nicht in die Zukunft: Ihre Art der Hoffnung war der Vergangenheit verhaftet und mit dem Faschismus untergegangen.

Zum Tode Verurteilte

Elena Ambrosiak und Maria Antonietta Di Stefano arbeiteten als NS-Spitzel. Ihre Geschichten als Sympathisantinnen der RSI ähneln einander sehr[44].

Ambrosiak war polnischer Herkunft, in Mailand verheiratet und betätigte sich als NS-Spitzel für die in Mailand im Hotel Regina stationierte deutsche SS-Einheit. Sie denunzierte mehrere Patrioten, die daraufhin gefangen genommen wurden, darunter sogar ihren Ehemann Ennio Sarti. Außerdem beteiligte sie sich an einigen Razzien in der Gegend von Calolziocorte (Lecco), bei denen zahlreiche Patrioten verhaftet und anschließend nach Deutschland deportiert wurden, darunter ein Doktor Zanini sowie die Industriellen Rosa, Vater und Sohn, die später im Konzentrationslager von Mauthausen ums Leben kamen. Des Weiteren lastete man ihr an, für die Gefangennahme des Erzpriesters von Calolziocorte, Don Achille Bolis, verantwortlich zu sein. Er stand im Verdacht, jüdischen Mitbürgern zur Flucht vor der Deportation verholfen sowie einige Partisanen dabei unterstützt zu haben, sich in den Bergen oberhalb von Lecco zu verstecken. Der Priester starb am 23. Februar 1944 im Mailänder Gefängnis San Vittore an den Folgen der Folter, die ihm im Hotel Regina angetan worden war. Die Vorgehensweise von Ambrosiak war die übliche: Es galt, das Vertrauen der Partisanen zu gewinnen, wozu sie vorgab, sich am antifaschistischen Widerstand beteiligen zu wollen, aber nur, um die Partisanen dann zu denunzieren und gefangen nehmen zu lassen. Eines ihrer Opfer, Luigi Camera, berichtete auf dem Polizeirevier von Mailand, wie die Denunziantin und ihre Komplizen vorgegangen waren:

> Elena Ambrosiak verabredete sich mit ihm [Camera] und vier weiteren auf dem Piazzale Loreto, damit diese sie zu den Partisanen in die Berge begleiteten. Zum verabredeten Zeitpunkt warteten die fünf Patrioten auf die Ambrosiak, als Agenten der SS sie umzingelten und festnahmen.
> Als Ambrosiak mit dem Spitzel erschien, der als ihr Begleiter in die Berge fungieren sollte, wurden sie [die festgenommenen Patrioten] auf Lastwagen geladen und zum Hotel Regina gebracht, wo man sie erst blutig schlug und dann ins Konzentrationslager schickte. Vor der Verabredung hatte Ambrosiak ihnen nahegelegt, ihr ein Fahrrad und das Radio zu verkaufen[45].

Die Zeugenaussage offenbarte eine erschreckend simple Strategie und zugleich, wie gefährlich es war, dem Widerstand im Untergrund anzugehören, gerade weil die Faschisten und Nationalsozialisten sehr geschickt darin waren, ihre Spitzel und Denunzianten in alle Bereiche des sozialen Lebens einzuschleusen. Auch wird wieder einmal deutlich, dass es, wie so oft, darum ging, sich um jeden Preis zu bereichern („Ambrosiak [hatte] ihnen nahegelegt, ihr ein Fahrrad und das Radio zu verkaufen"), wenn Frauen und Männer bereit waren, andere Frauen und Männer der Gewalt, der Deportation und dem Tod auszuliefern.

Am 26. Januar 1946 verurteilte das Schwurgericht von Mailand die beiden Mitangeklagten Raul und Gastone De Portis zu je 14 Jahren Haft. Über die Hauptangeklagte Elena Ambrosiak, eine „Abenteuerin und Verführerin von Patrioten", wurde die Todesstrafe verhängt. Sie ging sofort in Berufung, erklärte sich für unschuldig und für ein Opfer der „Bösartigkeit" und der Manipulation des Ehemanns, der sie loswerden wolle, um „eine andere Ehe eingehen zu können"[46].

Ihr Gnadengesuch wurde eingeleitet, doch die Amnestie kam ihm zuvor: Im Dezember 1948 erklärte die Staatsanwaltschaft von Mailand, Ambrosiak fiele unter die Bestimmungen der Amnestie von 1946.

Auch für Maria Antonietta Di Stefano, die in Mantua unter dem Spitznamen Marinetta bekannt und 1943 23 Jahre alt war, begann der Gang durch die strafrechtlichen Instanzen mit einem vom außerordentlichen Schwurgericht von Mantua verhängten Todesurteil (vom 11. Dezember 1945). Sie war angeklagt, „als Spitzel der deutschen Gegenspionage gegen Vaterlandsloyalität und den militärischen Schutz des Staates" operiert zu haben, und wurde wegen Kollaboration, Mord und wiederholtem schweren Raub zum Tode verurteilt.

Als Spionin im Dienst der Deutschen kundschaftete sie im Raum Mantua Patrioten und Agenten der alliierten Gegenspionage aus; nach deren Gefangennahme wurden diese mit „Gewalt, Drohungen und Folter [...] dazu gezwungen, Informationen preiszugeben". Im Dorf Gabbiana drängte sie im November 1944 zwei Milizionäre ihrer Schwarzen Brigade dazu, den Partisanen Enzo Lombardelli mit einem Revolver aus nächster Nähe zu erschießen. In Ostiglia ging es ihr vor allem um Diebesgut, dort stahl sie Geld, Wäsche, Schmuck, Pelze und Silber[47].

Im März 1946 hob der oberste Kassationshof, 2. strafrechtliche Abteilung, das Urteil der CAS von Mantua wieder auf: „wegen unzureichender Begründung der nicht zugestandenen allgemeinen Strafmilderung und Art. 62, Nr. 6". Daraufhin verurteilte sie die Sondersektion des Schwurgerichts von Brescia zu 20 Jahren Gefängnis (Urteil vom 26. September 1946), die ihr allerdings infolge der Amnestien von 1948 und 1949 zu zwei Dritteln erlassen wurden.

Nachdem 1950 sämtliche Verfahren gegen sie abgeschlossen waren, reichte ihre Mutter ein Gnadengesuch ein, das sie mit dem geringen Alter ihrer Tochter begründete: Sie sei sehr unerfahren gewesen und habe ohne Vater und „ohne den Rat ihrer weit entfernten Mutter" auskommen müssen. Auch die christdemokratische Abgeordnete Grazia Giuntoli aus Foggia unterstützte das Gnadengesuch, das allerdings ohne Erfolg blieb[48].

Im September 1950 wies Justizminister Piccioni ihr Gesuch mit der Begründung ab, man habe keine „ausreichenden Motive für einen Gnadenerweis" gefunden. Di Stefano musste sich jedoch nur noch ein paar Monate gedulden. Am 15. März 1951 war ihre Strafe abgelaufen und sie kam wieder auf freien Fuß.

In den Marken hatte die Verfolgung der Partisanen durch die Nazifaschisten besonders tragische Ausmaße angenommen. Denn für die deutschen Truppen war das Gebiet ein strategischer Knotenpunkt, hier verlief die Staatsstraße, die die adriatische Küstenstraße mit der Via Flaminia verband, und die Eisenbahnlinie Ancona-Rom stellte die wichtigste Verbindung zwischen Mittelitalien und der Adriaküste dar. Dabei fanden die Deutschen tatkräftige Unterstützung bei der lokalen Sektion der Guardia Nazionale Repubblicana, die jederzeit bereit war, sich an Razzien, Strafaktionen und Festnahmen von mutmaßlichen Partisanen und Deserteuren zu beteiligen, an Folterungen und Erschießungen von Patrioten. Zur lokalen Einheit gehörte eine Frau im Rang einer Leutnantin: Adriana Barocci[49].

Barocci stammte aus Fabriano, sie war dort zur Schule gegangen und hatte als Verkäuferin gearbeitet. Hier schloss sie sich der Republik von Salò an und fand eine Anstellung in der Guardia Nazionale Repubblicana, was mit Sicherheit interessanter und finanziell lohnender als ihr vorheriger Job war.

Höchstwahrscheinlich hatten die deutschen Besatzer sie für die Gruppe der *Volpi argentate* rekrutiert, einer Gruppierung männlicher und weiblicher Spitzel, die von den Deutschen dazu angelernt wurden, sich in feindliche Reihen einzuschleusen. Barocci arbeitete als Spitzel unter dem Decknamen „Katjiuscia" und unterstand mutmaßlich dem Kommando des deutschen NS-Offiziers Baron Jürgen van Korff, den sie nach Kriegsende im Gefängnis heiratete[50]. In den verschiedenen Verfahren wegen Kollaboration wird ihr allerdings der Straftatbestand Spionagetätigkeit nicht zur Last gelegt, auch die Militärgerichte ermittelten nicht gegen sie.

In den letzten Kriegstagen zog Barocci gemeinsam mit den Deutschen weiter gen Norden. Nach Kriegsende verschlug es sie in die Millionenstadt Rom, wo sie versuchte, unter dem falschen Namen Caterina Di Blasi unerkannt weiterzuleben. Doch ausgerechnet in der Hauptstadt erkannte sie eines Tages ein Landsmann aus Fabriano. Sie hatte dessen Haus zusammen mit Milizionären der Guardia Nazionale Repubblicana geplündert und zerstört, und er sorgte nun dafür, dass sie festgenommen wurde[51].

Während sie im Gefängnis von Perugia einsaß, heiratete sie per Vollmacht den Offizier van Korff; aus dieser Verbindung ging eine Tochter hervor, die sie auf der Krankenstation des Gefängnisses zur Welt brachte[52].

Im Gegensatz zu anderen ehemaligen Faschistinnen, die, wieder auf freiem Fuß, in ein Privatleben zurückfanden und spurlos aus dem öffentlichen Leben verschwanden, und damit (vielleicht) auch aus der Erinnerung der Menschen und Dörfer, die unter ihren Taten gelitten hatten, traf das auf Adriana Barocci nicht zu. Laut Zeugenaussagen hatten sich ihre Vergehen so tief ins Gedächtnis der Bewohner von Fabriano eingegraben, dass noch Mitte der Neunzigerjahre, das Gerücht ausreichte, sie sei in die Gegend zurückgekehrt, um zu spontane Protestaktionen ins Leben zu rufen[53].

Bis ins Jahr 1954 bildeten die strafrechtlichen Verfahren gegen Adriana Barocci eine lange Kette aus Prozessen, Verurteilungen, Strafaufhebungen, Berufungen, und wieder neuen Prozessen. Ihr erstes Verfahren, in dem sie mit drei weiteren Anhängern der Guardia Nazionale Repubblicana von Fabriano unter Anklage stand, fand in

Ancona statt (Urteilsverkündung am 30. März 1947)[54]. Sie musste sich wegen folgender Straftaten verantworten[55]:

> a) wegen des Straftatbestands der politischen und militärischen Kollaboration [...] wegen ihrer Unterstützung des Feindes in Fabriano und anderen Orten [...] indem sie Razzien und Festnahmen von Partisanen, Wehrdienstverweigerern und freien Mitbürgern befahl und ausführte, und vor allem wegen der Tatbeteiligung an der Festnahme von Doktor Engles Profili, der daraufhin erschossen wurde;
> b) wegen Mittäterschaft an vorsätzlichem Mord [...] dafür, die Ermordung von Doktor Engles Profili herbeigeführt und das Opfer grausam misshandelt zu haben;
> c) wegen Mittäterschaft an wiederholtem Mord [...] unter anderem der Beteiligung, zusammen mit anderen, an der Ermordung von Ivan Silvestrini und Elio Pigliapoco [sic], durch Erschießen derselben am 2. 5. 1944 in Fabriano [...];
> d) wegen Beteiligung am Straftatbestand des wiederholten und schwerwiegenden Raubs [...] indem sie sich, zusammen mit der faschistischen Bande, bei mehreren Aktionen dieser Art im Mai 1944 in Varano, Collanato und Fabriano Möbel, Wäsche, Lebensmittel und anderes aneignete, zum Schaden von Attilio Franca, Franco Franca, Mario Battistoni und Angelo Miloni, wobei sie bei diesen Taten mit einer Pistole bewaffnet war und davon profitierte, dass der Eigentumsschutz durch den Kriegszustand minimiert war;
> e) wegen des Tatbestands der schwerwiegenden Tötung [...] dafür, dass sie am 3. 5. 1944 in Fabriano, zusammen mit anderen, Unbekannten, die Ermordung von Giuseppe Pili verursachte [...] und das Opfer dabei grausam misshandelte.

Das bekannteste Opfer der Guardia Nazionale Repubblicana von Fabriano war Engles Profili, der angesehene Arzt des Städtchens und kommunistische Leiter der lokalen Sektion des CLN. Am 13. April 1944 befand er sich auf dem Weg zu einem Treffen mit Mitstreitern des CLN, als er festgenommen und in die Kaserne der Guardia Nazionale Repubblicana verschleppt wurde. Dort verhörte man ihn tagelang und folterte ihn so lange, bis er seinen Verletzungen erlag. Am 22. April 1944 brachten Milizionäre der Guardia Nazionale Repubblicana seine Leiche aufs Land vor den Toren von Fabriano, gaben einige Schüsse auf ihn ab, um ein gemeines Verbrechen vorzutäuschen und warfen seinen Leichnam in einen Graben beim Friedhof[56]. Auch Elio Pigliapoco und Ivan Silvestrini, Sohn eines der Mitglieder des CLN von Fabriano, beide Partisanen in der Gruppe *Lupo*, wurden am 2. Mai 1944 an der Friedhofsmauer von Fabriano erschossen[57]. Giuseppe Pili war Sarde und flüchtiger Soldat und stand höchstwahrscheinlich in keinerlei Verbindung zum Widerstand: „Er wurde von einem Haufen Milizionäre aufgegriffen, den Barocci anführte, und bevor man ihn mit dem Maschinengewehr erschoss, trieben die Meuchler ein grausames Spiel mit ihm"[58]. Laut Gericht hatte Barocci zudem viele weitere Straftaten begangen, die aber nicht zur Anklage kamen.

Das Gericht von Ancona erkannte sie für schuldig wegen militärischer Kollaboration, wiederholten beziehungsweise vorsätzlichen Mordes an Ivan Silvestrini, Elio Pigliapoco und Giuseppe Pili sowie schweren Raubs an Attilio Franca, Franco Franca, Mario Battistoni und Angelo Miloni. Sie wurde dafür zum Tode verurteilt. Dass sie an der Ermordung von Engles Profili beteiligt war, konnte man ihr nicht stichhaltig nachweisen.

Am 15. März 1949 hob der Kassationshof das Urteil wegen Mängeln in der Urteils-
begründung auf und leitete die Prozessakten weiter an das Berufungsgericht von
Florenz für ein neues Verfahren. Das Gericht von Florenz stützte sich auf die schon in
Ancona erbrachten Zeugenaussagen, ermittelte aber auch neue Zeugen, die weitere
erschütternde Einzelheiten zu Pilis Tod ans Licht brachten[59]. Die Barocci und andere
Schwarzhemden hatten den Soldaten auf das Gelände hinter der Kaserne der Guardia
Nazionale Repubblicana gebracht und ihn gezwungen, um einen breiten Bomben-
krater zu rennen, immer wieder und mal in die eine, mal in die andere Richtung, bis
er erschöpft zusammenbrach. Daraufhin erschossen sie ihn, warfen ihn in den Krater
und schütteten achtlos ein paar Schaufeln Erde auf ihn, sodass sogar noch eine Hand
des Soldaten herausschaute.

Am 27. Oktober 1949 bestätigte das Schwurgericht von Florenz das Urteil der CAS
von Ancona und erklärte alle Angeklagten des Straftatbestands der militärischen
Kollaboration für schuldig sowie, in unterschiedlichem Ausmaß, für die ihnen zur
Last gelegten Morde. Die Barocci bekam lebenslänglich, allerdings wurde ihre Strafe
durch die Togliatti-Amnestie in 30 Jahre Haft umgewandelt.

Das Gericht hielt „die Barocci zur Last gelegte militärische Kollaboration für
erwiesen, und zwar durch die zahlreichen und detaillierten Ermittlungen sowie auch
durch das Geständnis der Angeklagten, die zugegeben hat, eine Helferin der Guardia
Nazionale Repubblicana von Fabriano gewesen zu sein und in dieser Funktion an
zwei Razzien teilgenommen zu haben, in deren Verlauf auch Partisanen gefangen
genommen worden waren".

Das Gericht bestätigte außerdem, dass keine Zweifel bestanden

an der freiwilligen und bewussten Mittäterschaft Baroccis an der Ermordung der Partisanen
Pigliapoco und Silvestrini wie auch von Pili, sei es, weil sie mit ihrem Drängen die Ausführenden
zum Schießen überredete, sei es durch ihre konkrete Mittäterschaft an den Erschießungen, denn
das Tragen einer Pistole offenbarte nichts anderes als die psychische Beteiligung an der Tat –
selbst wenn man an der konkreten Ausführung der ihr zur Last gelegten Tat zweifeln mochte –,
wobei das Gericht keine Zweifel an ihrer Tatbeteiligung hat und zwar aufgrund der im Verfahren
erlangten Erkenntnisse sowie aufgrund der Persönlichkeit der Frau, die als fanatisch und besessen beschrieben wurde, als in vollem Bewusstsein und mit dem präzisen Ziel, mit den Nazifaschisten zu kollaborieren, um den Widerstand der Partisanen zu brechen.

Aus diesem Grund

war es nicht möglich, Barocci zuzugestehen, dass sie an den Straftaten nur geringfügig beteiligt
gewesen war, denn alle Ermittlungserkenntnisse schaffen Gewissheit, dass sie eine Haupttäte-
rin war; gleichermaßen war es nicht möglich, ihr allgemeine Strafmilderung zuzubilligen, denn
auch wenn die Schwere der Taten dies nicht grundsätzlich ausschließt, so muss man doch feststellen, dass sich in sämtlichen Taten der Barocci nichts finden lässt, was zu Milde verleiten
würde[60].

Der oberste Kassationshof erklärte im Mai 1952 sämtliche Revisionsanträge der Mitangeklagten für unzulässig, akzeptierte aber ihren Antrag auf Berufung und beauftragte das Berufungsgericht von Perugia, ein neues Verfahren einzuleiten.

Im Prozess in Perugia wird deutlich, dass sich das politische und strafrechtliche Klima mittlerweile gewandelt hatte: Alles zielte jetzt darauf ab, die Spuren der strafrechtlichen Verfolgung der ersten Nachkriegsjahre auszulöschen[61]. Das Gericht befand, dass der Straftatbestand der militärischen Kollaboration zwar gegeben war, man sich damit aber nicht mehr beschäftigen würde, da er unter die Amnestie fiel. Man konzentrierte sich also auf die Anklage wegen mehrfachen Mordes, die, sollte sie sich erhärten, ein Begnadigungsverfahren ausschließen würde[62].

Bezüglich der Erschießungen der Partisanen Silvestrini und Pigliapoco sowie des Soldaten Pili wurden sämtliche Zeugenaussagen begutachtet, um die Mittäterschaft und die Rolle Baroccis an diesen Straftaten genau zu bestimmen. Jeder kleinste Widerspruch in den Zeugenaussagen wurde hervorgehoben und jede Zeugenschaft auf Relevanz und Glaubwürdigkeit überprüft.

Was die Erschießung von Pili betraf, der den Zeugenaussagen zufolge bis zur totalen Erschöpfung um den Krater hatte rennen müssen und dann erschossen wurde, akzeptierte das Gericht eine mehr als unglaubwürdige Rekonstruktion der Fakten: Der kommandierende Offizier habe den Soldaten immer wieder dazu angehalten, sich mal hier, mal dort aufzustellen, um eine geeignete Stelle für die Exekution ausfindig zu machen, die keine Gefahr für die öffentliche Sicherheit darstellte. So stand es in der Urteilsbegründung:

> Fakt ist, dass sich der Offizier ohne groß nachzudenken für diesen Ort entschieden hatte, sei es, um die Sache schnell zu erledigen, sei es, weil er glaubte, dass eine Grube, die durch die Explosion einer Bombe entstanden war, die auf ein freies Feld hinter der Industrieschule gefallen war, die Exekution erleichtern könne. Bei der praktischen Umsetzung musste der Offizier möglicherweise feststellen, dass sich dieser Ort nicht für die Exekution eignete, sei es, dass wegen der Grube die normale Schussentfernung nicht eingehalten werden konnte, sei es, dass man Pili nicht an die Außenmauer des Schulgebäudes stellen konnte, angesichts der vielen offenen Fenster und Türen, sei es, dass man in die andere Richtung – zum offenen Feld hin – Gefahr lief, beim Schuss auf Manneshöhe andere, auch weit entfernte Personen zu treffen. Diese Schwierigkeiten wurden dem Offizier vermutlich erst im Moment der Exekution bewusst und sie erklären sehr wohl die wiederholte Umplatzierung der Milizionäre oder eben des Pili, um eine Schussrichtung zu finden, die andere nicht gefährdete[63].

Am 28. April 1953 sprach das Gericht von Perugia Adriana Barocci aus Mangel an Beweisen von der Anklage der Mittäterschaft bei Mord frei. Und die Anklage wegen Kollaboration fiel unter die Amnestie. Die Staatsanwaltschaft versuchte noch, gegen dieses Urteil Einspruch zu erheben, was der Kassationshof aber am 10. März 1954 abwies. Der Urteilsspruch wurde damit rechtskräftig, Barocci kam frei und konnte ungehindert zu ihrem Ehemann nach Argentinien ausreisen[64].

Auch Lidia Golinelli, genannt „Vienna", wurde vom Schwurgericht in Bologna am 23. August 1945 zum Tode verurteilt, kam aber dank der Togliatti-Amnestie bereits im

Juli 1946 wieder auf freien Fuß[65]. Es heißt, sie habe sich zwei Wochen lang geweigert, das Gefängnis zu verlassen – aus Angst vor Racheakten durch Familienangehörige und Freunde der Partisanen, die sie denunziert hatte, was zu deren Festnahme und häufig auch Ermordung geführt hatte:

> Vor einigen Tagen stand in einer Tageszeitung von Modena, eine durch Amnestie freigelassene Ex-Faschistin wolle die Amnestie nicht in Anspruch nehmen und das Gefängnis nicht verlassen. Die Erklärung für dieses merkwürdige Verhalten schien offensichtlich und war bestimmt nicht einer Gewissenskrise zuzuschreiben, sondern viel eher der panischen Angst, von den Angehörigen eines ihrer Opfer gelyncht zu werden. Dabei handelt es sich um die wohlbekannte Lidia Golinelli, eine aktive Kollaborateurin der Deutschen, RSI-Anhängerin und Denunziantin von Patrioten [...]. Aufgrund der jüngsten Amnestie wurde der gewalttätigen Faschistin ihre Strafe erlassen – man weiß nicht recht, weshalb –, und sie könnte bereits seit einigen Tagen das Gefängnis verlassen [...]. Es hat den Anschein, dass sich zwei herausragende Persönlichkeiten aus dem Umfeld von Justiz und Kirche in Modena für diese Frau eingesetzt haben, indem sie die Entlassung noch um einige Tage haben aufschieben lassen, um sie keinen unangenehmen – wie oben erwähnten – Unfällen auszusetzen[66].

Ein „unangenehmer Unfall" war nicht ausgeschlossen, viele hätten gern mit ihr abgerechnet. Sie hatte auch deshalb jede Menge Feinde, weil sie vor ihrer Mitarbeit im UPI von Bologna, eine Botin der Partisanen gewesen war, und zwar für die Bologneser 7. Brigade der Gruppi di Azione Patriottica. Ihr Kommandant Giovanni Martini, „Paolo" genannt, war am 15. Dezember 1944 erschossen worden[67].

Am selben Tag hatten Milizionäre des UPI Golinelli festgenommen und sie bis zum 22. Dezember in Gefangenschaft gehalten. Am 2. Januar 1945 nahm man sie erneut fest. Zu ihrer Verteidigung erzählte sie später beim Prozess, der Chef des UPI von Bologna, Angelo Serrantini, habe ihr gedroht, sie zu töten, wenn sie nicht für seine UPI-Einheit arbeiten beziehungsweise die Partisanen, die sie kannte, verraten würde.

Bereits am 3. Januar, dem Tag nach ihrer Rekrutierung in den Dienst der Republik von Salò, zog sie gemeinsam mit Gilberto Quintavalle und Amerigo Scaramagli, zwei Milizionären, die im UPI der Guardia Nazionale Repubblicana von Bologna mitarbeiteten, „auf der Jagd nach Patrioten" durch die Stadt. Auf der Piazza Nettuno bemerkten sie eine Gruppe von drei Männern. Golinelli zeigte auf einen von ihnen, der umgehend von Quintavalle festgenommen wurde: Es handelte sich um Francesco Cristofori, genannt „Ciclone" (Sturm), Vizekommandant der 7. Gruppo di azione patriottica; Scaramagli hielt sich an den zweiten, Otello Spadoni, genannt „Fulmine" (Blitz) und Mitglied derselben Gruppe. Golinelli „schickte sich an, möglichst schnell zu verschwinden, doch ein gewisser Berti (ein bekannter Spitzel des deutschen Kommandos) hielt sie fest und brachte sie in die Kaserne". Bald darauf wurden die beiden Partisanen erschossen.

Auf dieselbe Weise sorgte die rekrutierte „Vienna" am 5. Januar für die Festnahme des „Battista" genannten Partisanen Aldo Ognibene, der daraufhin umgebracht wurde (die Exekution rechtfertigte man damit, dass er versucht hatte zu fliehen)[68].

Am 12. März 1945 kam es zu einem besonders gravierenden Einsatz gegen die Partisanen-Bewegung im Territorium von Bologna: Die Miliz des UPI, die Bologneser Schwarzhemden und deutsche Soldaten organisierten eine groß anlegte Razzia in der Gegend von Castelmaggiore. Auch diesmal war eine Frau dabei, die drei Partisanen verriet: zwei Männer, Giovanni Bolelli, genannt „Ninni", und Duilio Zaniboni sowie eine Frau, deren Namen unbekannt ist: Über das weitere Schicksal der drei ist nichts bekannt[69].

Es gab noch weitere Initiativen, die man „Vienna" zur Last legte. So zum Beispiel die beharrliche Suche nach dem Partisanen Ottavio Baffè, dessen Behausung wiederholt durchstöbert wurde, oder die Suche nach dem Partisanen „Massimo"; dem Hauptmann Pifferi lieferte sie Informationen über den Partisanen Salvatore Masi; sie identifizierte des Weiteren den Partisanen Franco Fratta bei einer Gegenüberstellung im UPI und gab seine Aktivitäten als Patriot preis, weswegen man ihn zum Tode verurteilte (zur Vollstreckung kam es allerdings nicht). Gemeinsam mit Scaramagli durchsuchte sie das Haus von Gemma Ferrari und war an deren Festnahme beteiligt; sie schoss mit einem Revolver auf den Partisanen Mario Lami; und sie beteiligte sich an der Suche nach zwei Partisanen im Haus von Maria Fantuzzi sowie an deren Festnahme.

Nach ihrem Dienst im Ufficio Politico Investigativo wurde Golinelli am 21. März ins Hauptkommando der Guardia Nazionale Repubblicana befördert. Für ihre neue Aufgabe konnte sie mit hervorragenden Referenzen glänzen: In seinem Bericht lobte der Provinzkommandant die „außerordentlichen Ergebnisse, erzielt durch ihre detaillierten Informationen" und er schlug vor, sie in Venetien einzusetzen, vor allem in Padua und Vicenza, da man vermutete, dass viele Mitglieder der Gruppi di azione patriottica von Bologna dort untergetaucht waren[70].

Nach der Befreiung im Mai 1945 wurde „Vienna" von den Bologneser Mitgliedern aufgespürt und festgenommen, zusammen mit ihrem Geliebten Melloni und Giuseppe Onofaro, Provinzkommandant der Guardia Nazionale Repubblicana. Im Prozess vor dem außerordentlichen Schwurgericht von Bologna, bei dem sie mit Quintavalli und Scaramagli unter Anklage stand, zeigte sie sich teilweise geständig, zudem sagten zahlreiche Zeugen gegen sie aus. Der Prozess endete mit ihrer Verurteilung zum Tode wegen Denunziation; auch die beiden mitangeklagten Milizionäre verurteilte man zum Tode durch Erschießen in den Rücken. Aber in keinem Fall kam es zur Vollstreckung des Urteils.

Quintavalli und Scaramagli verließen 1951 das Gefängnis, Justizminister Zoli setzte ihre Strafe auf Bewährung aus. Im Fall Golinelli hob der oberste Kassationshof das Urteil im Oktober 1945 auf – „einzig aufgrund fehlender Abwägung allgemeiner strafmildernder Umstände" und beschied eine Überprüfung der Anklage durch die Sondersektion des Schwurgerichts von Modena. Am 7. Mai 1946 verurteilte man sie erneut, diesmal zu 30 Jahren Haft[71]. Aber infolge der Amnestie wurde bereits am 1. Juli 1946 ihre Haftentlassung genehmigt und einen Monat später, nachdem sich ihre Angst, ein Opfer von Lynchjustiz zu werden, gelegt hatte, war sie auf freiem Fuß.

„Die verschleierte Frau"

In Ligurien, in der Gegend von Imperia, erregte der Fall von Maria Concetta Zucco besonderes Aufsehen. In der Uniform der Schwarzen Brigaden hatte sie an Razzien und Verhören teilgenommen. Um unerkannt zu bleiben, trug sie dabei eine dunkle Brille und eine Kapuze, die sie tief ins Gesicht zog, weshalb man sie die „verschleierte Frau" nannte[72].

Eine düstere Aura umgab diese Salò-Faschistin und entsprechend groß war die Aufmerksamkeit, mit der die Öffentlichkeit ihr Strafverfahren vor dem außerordentlichen Schwurgericht von Imperia verfolgte. Man klagte sie wegen ihrer Beteiligung an Razzien und Folterungen und wegen der Denunziation von Partisanen an. Wie Golinelli und Ribet behauptete auch sie, sie habe die Partisanen nur unter Zwang verraten: Sie habe bei den Faschisten mitgemacht, weil sie von ihnen festgehalten und mit dem Tod bedroht worden sei. Und das war nur eine der vielen Versionen, mit denen sie ihre Taten und Entscheidungen rechtfertigte.

Um sich ihre Gewalttätigkeit und Grausamkeit erklären zu können, hielten sich Verteidiger und Zeitungen an die schlichteste und harmloseste ihrer Versionen, nämlich dass sie von ihrem faschistischen Liebhaber manipuliert worden sei. Aller Wahrscheinlichkeit nach entsprach das aber nicht der Wahrheit. Laut einer anderen Rekonstruktion der Fakten war Zucco bereits in Frankreich eine faschistische Aktivistin im Front populaire gewesen und dort vom faschistischen Spionagedienst rekrutiert und damit beauftragt worden, sich bei den Partisanen einzuschleichen. Nach der Landung der Alliierten im August 1944 hatte sie zusammen mit Elisabetta Rossi und Domenico Viale die Provence verlassen; um das Vertrauen der Antifaschisten zu gewinnen, hätten die Nazifaschisten die drei in Alassio gefangen genommen, anschließend hätte eine Partisanenaktion sie wiederum befreit: das ideale Manöver, um mit dem Widerstand in Imperia unverfänglich in Kontakt zu kommen[73]. Doch Zucco hatte noch eine weitere, noch abenteuerlichere Version zu bieten: So erklärte sie in einer ihrer letzten Aussagen, sie sei von Februar 1945 bis Kriegsende für den Spionagedienst der Alliierten tätig gewesen, dazu nannte sie auch Namen und Orte[74]. Dass es extrem schwierig war, mit Gewissheit zu rekonstruieren, wie sich die Dinge wirklich zugetragen hatten, ist auch das „Verdienst" Zuccos: Sie war weder naiv noch einfältig oder unvorsichtig, vielmehr verstand sie es bestens, ihr Leben und ihre Handlungen nebulös zu verschleiern und sich der Stereotype und Gemeinplätze über weibliches Verhalten zu bedienen. Daher ist es bestimmt kein Zufall, dass sie bei ihrer Festnahme nach Kriegsende erklärte, sie sei schwanger, um eine Aufschiebung ihres Prozesses zu erreichen. Auf diese Weise konnte sie davon profitieren, dass die öffentliche Stimmung im Hinblick auf die Abrechnung mit dem Faschismus – vor allem im Anschluss an die Togliatti-Amnestie – immer versöhnlicher gegenüber den Kollaborateurinnen wurde[75].

Maria Concetta Zucco war 1916 in Scido (Reggio Calabria) geboren und in einem antifaschistischen Umfeld aufgewachsen. Ihr Vater, ein Zeitungsverkäufer namens

Fortunato, war nach Frankreich, genauer nach Antibes, ausgewandert, um sich der faschistischen Verfolgung zu entziehen, während ihr Ehemann, ein Angestellter namens Yvon Clement Soli, der Bewegung der französischen *maquis* nahezustehen schien[76].

Frankreich war das Land, in das die meisten Antifaschisten zwischen den beiden Kriegen aus wirtschaftlichen und politischen Gründen emigriert waren. Es bot sich an, da es hier ein starkes, politisch progressives Lager gab; außerdem war in den Zwanzigerjahren die Gemeinschaft italienischer Emigranten, die Italien vor allem auf der Suche nach Arbeit verlassen hatten, dort stark gewachsen. Die Präsenz vieler Landsleute versprach den Neuankömmlingen Unterstützung und Schutz. Der Historiker Franco Ramella beschreibt den Prozess wie folgt:

> Vor allem in den Zwanzigerjahren, bevor das Regime die Emigration blockierte, um die Grenzkontrollen dann 1930 noch einmal zu lockern, mit dem Ziel, die Menschen, die subversiv die innere Ordnung gefährdeten, loszuwerden, gingen Tausende von antifaschistischen Arbeitern vor allem nach Frankreich – sei es aus Familientradition, sei es wegen der großen Nachfrage nach Arbeitskräften gleich nach dem Krieg, sei es, weil die Pforten zu anderen internationalen Arbeitsmärkten nun verschlossen waren. Wegen dieser dort schon verwurzelten Auswanderer nahm nun die politische Emigration nach Frankreich die Züge einer Massenbewegung an[77].

Frankreich war auch die Wahlheimat Zuccos, in die sie nach ihrer Haftentlassung zurückkehren wollte.

Ihre verschlungenen Wege lassen sich anhand der Aussagen rekonstruieren, die man zwischen Mai und Juli 1945 im Gefängnis von Imperia aufgenommen hatte, wo sie nach ihrer Festnahme in Valenza Po einsaß[78]. Infolge einer Razzia deutscher Militärs in Nizza verließ sie im September 1944 Frankreich und ging nach Italien zurück. Dort nahmen sie die Deutschen fest, um sie nach Deutschland zu deportieren. In Verona gelang es ihr zu fliehen und sich auf den Weg nach Alassio zu machen. Gemeinsam mit Elisabetta Rossi und Domenico Viale ging ihr Weg weiter nach Imperia, um von hier aus die Flucht zurück nach Frankreich zu versuchen. In Imperia versteckte sie der Antifaschist Salvatore Cangemi – später ihr Hauptankläger im Prozess – in der Wohnung von Lucia Inglesi Scorrano, in der sich das nationale Befreiungskomitee und die Antifaschisten von Imperia üblicherweise trafen. Cangemi brachte die drei nach Sant'Agata – das Dorf, das die Nazifaschisten infolge Zuccos Denunziation heimsuchen sollten –, wo ihnen weitere Partisanen dabei halfen, in Ventimiglia die Grenze zu erreichen. Doch ein Schmuggler verriet sie an die Nazifaschisten, worauf die drei von den Männern von Leutnant Vannucci der Guardia Nazionale Repubblicana von Imperia festgenommen und unter Drohungen verhört wurden. Man verdächtigte sie der Spionage und drohte, sie zu erschießen, woraufhin sich Zucco und Rossi bereit erklärten, zu kollaborieren.

Im November 1946 wurde das Strafverfahren am Schwurgericht von Imperia eröffnet. Man legte Maria Zucco folgende Anklagepunkte zur Last:

dafür, dass sie nach dem 8. 9. 1943 mit dem deutschen Feind kollaborierte:

a) indem sie den NS-Heeresbehörden Partisanen und Patrioten namentlich nannte, die von diesen Behörden gesucht wurden.

b) indem sie als Hauptzeugin der Anklage gegen die festgenommenen Partisanen an einem Pseudomilitärgericht der NS teilnahm, das seine Sitzungen in der Justizstrafanstalt von Imperia abhielt und Todesstrafen verhängte.

c) indem sie vor allem durch ihre spezifischen Anschuldigungen und durch ihre direkte Beteiligung an fünfzehn illegalen standrechtlichen Verfahren [sic, aber Prozessen] die Erschießung der Patrioten Adolfo Stenca, Carlo Delle Piane, Gerolamo Agliata, Paolo De Marchi, Ettore Ardigò durch die Nazifaschisten verursachte.

d) indem sie an Verhören von Patrioten teilnahm, bei denen diese geschlagen, gepeinigt und gefoltert wurden und auch indem sie sich aktiv an den Folterungen und Quälereien beteiligte. Und indem sie, stets bewaffnet, Razzien im Gebiet von Oneglia, S.Agata und Costa D'Oneglia anführte beziehungsweise daran beteiligt war, bei denen es zu Festnahmen und zu Misshandlungen und Gewalttätigkeiten [kam][79].

Es kann als gesichert gelten, dass Zucco sämtliche Partisanen und Antifaschisten denunzierte, mit denen sie in Kontakt gekommen war. Vor allem verriet sie alle Namen der Mitglieder des Befreiungskomitees von Imperia und deren Sympathisant-Innen, und sie nannte die Adressen und Orte ihrer Versammlungen und Treffen. Anhand ihrer Angaben konnten sich die nationalsozialistischen Verbrechen auch auf das Umland außerhalb der Stadt ausweiten, in erster Linie durch die Razzia in Sant'Agata am 14. Januar 1945. Fast alle männlichen Dorfbewohner wurden dabei festgenommen, einige wenig später wieder freigelassen, andere, wie Faustino Zanchi, wurden gefangen genommen und gefoltert; Adolfo Stenca wurde wiederholt gefoltert und schließlich erschossen[80].

Hinsichtlich der Identifizierung Stencas sagte ein Tatzeuge, der Partisan „Maschera bianca" (weiße Maske), Folgendes aus:

Am Ende wurden die 24 bei der Razzia Festgenommenen, darunter auch ich, aufgerufen und in Reih und Glied aufgestellt, und sie brachten uns in einen anderen Gang, wo sich schon die italienische SS und die Offiziere der BN (Brigata Nera) befanden: Va, Lo, F, B und so weiter, und schließlich kam die „verschleierte Frau" aus dem Büro und ging an uns vorbei, wobei sie uns fixierte, mit dieser dunklen Brille. Sie blieb vor uns stehen, so als wolle sie jeden von denen identifizieren, die sie in den Bergen kennengelernt hatte, dieselben Menschen, die sie wie eine Schwester behandelt hatten. Als sie bei Stenca angelangt war, holte sie ihn ohne zu zögern aus der Reihe und bedeutete dem Offizier der BN Va [nnucci], dass sie fertig sei. Nachdem wir in die Zelle zurückgebracht worden waren, sah ich, wie Stenca eine halbe Stunde später in Zelle Nr. 1 geführt wurde, die Zelle, in der sich die zum Tode Verurteilten befanden[81].

Maria Concetta Zucco gestand ihre Beteiligung an der Razzia in Sant'Agata, aber sie spielte ihre Rolle herunter. Dagegen leugnete sie entschieden, an den Sitzungen eines NS-Kriegsgerichts teilgenommen zu haben, das in den Räumen der Strafanstalt und in der Kaserne Gandolfo von Imperia abgehalten worden war, und sie leugnete auch ihre Rolle bei den Identifizierungen, den Verhören und den Folterungen der Gefangenen. Doch es gab zu viele Zeugen, die sie überführten.

Am dramatischsten war die Gegenüberstellung mit Lucia Scorrano, jener Frau, die sie über einen Monat in ihrer Wohnung in Imperia beherbergt hatte. Auf einen Hinweis Zuccos hatten die Deutschen Scorrano am 11. Januar 1945 aus ihrer Wohnung verschleppt. Infolge eines chirurgischen Eingriffs war sie bettlägerig und konnte nicht einmal versuchen zu fliehen. In Gefangenschaft wurde sie von der „verschleierten Frau" tagelang gefoltert.

Im Prozess sagte sie aus, dass Zucco „die Folterer kommandierte und sie selbst folterte mich mit Schlägen, Tritten, Peitschenhieben [...] sie zwang mich, vom Fenster aus der Exekution des Soldaten Zara beizuwohnen und als ich die Augen schloss, zwang sie mich, sie wieder zu öffnen". Doch damit nicht genug: Man riss ihren Verband ab und steckte den Gewehrlauf in die offene Wunde, ihr wurden die Schamhaare ausgerissen, sie wurde an den Brüsten mit Verbrennungen traktiert, man brach ihr die Rippen und schließlich zwang man sie mittels eines Trichters, den die Zucco festhielt, Urin zu schlucken, was ihr bleibende Schäden im Verdauungssystem verursachte[82].

Die Zeitungen ließen es sich nicht nehmen, die Gegenüberstellung der beiden Frauen beim Prozess genau wiederzugeben:

> Das dramatische Zusammentreffen beginnt: Die Aussage verwandelt sich in einen Dialog zwischen Lucia Scorrano und Maria Zucco und das Publikum nimmt mit Rufen und Verfluchungen der Angeklagten teil. „Du Schamlose", ruft die Zeugin, „erinnerst du dich nicht daran, wie du mir den Schlauch in den Mund gesteckt und mir mit einem Trichter ein Glas Urin in den Magen geschüttet hast?". „Lügnerin; du bist eine Lügnerin", verteidigt sich Zucco. „Lügnerin, wirklich? Die Krankenschwestern können bezeugen, wie du mich zugerichtet hast". „Die Schwestern lügen mehr als ihr alle zusammen!".
> Die Stimmung wurde immer angespannter und der Vorsitzende drohte damit, den Saal räumen zu lassen[83].

Auch der Kassationshof, an den sich Zucco zur Revision ihres Verfahrens gewandt hatte, beurteilte die Folterungen, die die Scorrano erlitten hatte, als „besonders grausame Misshandlungen". Damit bezog man sich auf die berühmte Definition in der Togliatti-Amnestie, nach der es erlaubt war, zahlreiche faschistische Straftäter wieder auf freien Fuß zu setzen, die sich zwar der Folter schuldig gemacht hatten, aber nicht in besonders grausamer Form.

Der Kassationshof äußerte sich dazu wie folgt: „Als besonders grausame Misshandlungen sind Angriffe und Schläge mit Holzknüppeln und nassen Tauen zu bewerten, ebenso wie das Einflößen einer ekelerregenden Flüssigkeit im Fall einer Frau, die aus dem Krankenhaus geholt worden war, wo sie verletzt lag"[84]. Ihr Appell wurde somit abgewiesen.

Damit wurde ihre Verurteilung vom 22. November 1946 zu 30 Jahren Haft durch das außerordentliche Schwurgericht von Imperia rechtskräftig. Ein Drittel der Haft sowie ein weiteres Haftjahr erließ man ihr. Zucco ahnte wohl, wie es mit ihr weitergehen würde, als sie einem Journalisten anvertraute, dass sie bald freikommen würde:

„Ich bin davon gekommen“, frohlockte sie, „ich bin gut davon gekommen [...] sehen Sie, ich hatte befürchtet, zum Tode verurteilt zu werden [...]. Jetzt muss ich nur noch 18 Jahre absitzen, zehn haben sie mir schon erlassen und zwei Jahre habe ich schon abgesessen. Ich habe aber Berufung eingelegt, wissen Sie? Vor einem anderen Gericht werden sie mir fünf Jahre geben, Sie werden sehen, und so kann ich bald zurück nach Hause, nach Frankreich [...].“ Sie redete, sang und lachte in einer eigenartigen Erregung, die einen befremdete. Ich dachte, ob sie wohl verrückt ist? „Nein, ich bin nicht verrückt“ (als hätte sie meine Gedanken gelesen), „oder doch: ich bin verrückt nach Leben [...]“[85].

Die Wirklichkeit übertraf ihre kühnsten Erwartungen: Am 9. Juni 1951 unterzeichnete Justizminister Piccioni ihre Haftaussetzung[86]. Nach fünf Jahre Gefängnis war sie wieder frei und konnte, wenn sie wollte, nach Frankreich zurückkehren.

Ehemann und Ehefrau, ein Rollentausch

Aristea Pizzolato war die Ehefrau, Giannino Giarda der Ehemann: Beide waren Faschisten und Mitglieder der faschistischen Partei, beide bekannten sich zur Republik von Salò und beide waren Mitglieder der Schwarzen Brigade *Cavallin*, die in Treviso und Umgebung agierte. Und nun standen sie beide vor dem lokalen außerordentlichen Schwurgericht unter Anklage[87]. Nur das Urteil fiel nicht gleich aus: Sie wurde zu 30 Jahren Haft verurteilt, er zu acht Jahren und fünf Monaten.

Im Jahr 1943 war Pizzolato 33 Jahre alt und damit 14 Jahre jünger als ihr Ehemann Giarda. Vor dem Krieg arbeitete er als Ingenieur für verschiedene öffentliche Verwaltungen; Angaben darüber, ob seine Frau vor dem 8. September 1943 berufstätig war, finden sich nicht. 1944 kam sie bei den Schwarzen Brigaden als Angestellte im Presse- und Propagandadienst unter, und anschließend als Sekretärin im Kommandobüro. Das Paar hatte keine Kinder.

Aristea Pizzolato galt als gewalttätig, während – entgegen den üblichen Geschlechterklischees – ihr Mann behauptete, es nie gewesen zu sein. Der Kommandant der Carabinieri von Treviso konnte die dominierende Rolle der Ehefrau und ihre stärkere faschistische Gesinnung nur bestätigen: „Während der Zeit der NS-Besatzung war er unter dem Einfluss der Ehefrau, die fanatisch dem Faschismus anhing, den Schwarzen Brigaden beigetreten, wo er aber nur begrenzt aktiv war. Die Taten, derer er sich schuldig gemacht hat, sind Teil der Aktivitäten der Ehefrau“[88]. Pizzolato war wild entschlossen und glaubte felsenfest an die faschistische Sache sowie an die herausragende Rolle der Frauen in der Italienischen Sozialrepublik. In der „Audacia“, der Wochenzeitschrift der XX. Schwarzen Brigade, schrieb sie im April 1944 mit emphatischer Rhetorik:

> Die Unwürdigen, die Vaterlandsgegnerinnen, die Schwächlinge verspüren nicht den Stolz und die Ehre, sich anzuschließen [...]. Das Volk der Revanche reckt seine Federn wieder hoch in den Wind, lässt erneut seine Fanfaren erklingen, schreitet weit aus [...] treten die anderen weiterhin

eilfertig zur Seite, um ihm den Weg freizumachen? Weiterhin geduckt wie verlorene Schafe? [...] Es werden die Frauen sein müssen, die sich und die anderen vom Schmerz erlösen, indem sie zu den Waffen greifen, um die Wunde zu schließen, die im Herzen Italiens brennt und die nur durch eine siegreichen Erlösung geheilt werden kann!!⁸⁹.

Als sie nach dem Krieg im Gefängnis von Perugia einsaß, fiel sie auf, wie in ihrer Akte am 19. Februar 1947 vermerkt war. „[S]chlechtes Verhalten; sie zeigt sich rebellisch und stachelt die anderen an. Sie muss aufmerksam überwacht werden"⁹⁰. Aus ihrer Zelle korrespondierte sie mit anderen unbeirrbaren Faschisten, die keine Reue zeigten, wie der an sie gerichtete Brief eines Kameraden vom Januar 1947 verdeutlicht:

Es ist zum Guten unseres Glaubens, stets mit hoch erhobenem Haupt, stets gleißend wie ein Dolch, stets glühend wie eine Flamme, die niemals schwächer oder erlöschen wird! Und das werden die Drohungen, die Beleidigungen, die unendliche Erbärmlichkeit vieler, zu vieler Menschen nicht schaffen. Wir stehen viel zu hoch, um von diesem Dreck berührt zu werden [...]⁹¹.

Beim Prozess in Treviso standen außer dem Ehepaar Giarda-Pizzolato drei weitere Mitglieder der Schwarzen Brigade *Cavallin* unter Anklage: der Vizekommandant Bruno Cappellin, Firmino Morello, den man „Tarzan" nannte, und die Helferin Maria Da Re⁹².

Laut Gericht waren die Schwarzen Brigaden in Treviso durch ihre Razzien gegen Patrioten zu „trauriger Berühmtheit" gelangt, „grausam in Massenaktionen und in Einzeltaten, mal waren es regelrechte Kampfhandlungen, mal die Verfolgung einzelner Personen, und sie wendeten Methoden polizeiartiger Verhöre an, bei denen sie brutal folterten"⁹³. Das außerordentliche Schwurgericht von Treviso reagierte mit seinen Urteilen auf diese extreme Gewaltbereitschaft im Kampf gegen die Partisanen: Bis zum 6. August 1945 verhängte es 14 Todesurteile⁹⁴.

Den Angeklagten wurden schwere Straftaten zur Last gelegt. Bruno Cappellin stand wegen Kollaboration unter Anklage und wegen „verschiedener schwerwiegender Morde, dafür, dass er in Treviso und Umgebung [...] Strafoperationen und Razzien veranlasst, geleitet und ausgeführt hat, bei denen die Angreifer Patrioten gefangen nahmen, die sie vor ihrer Ermordung peinigten und folterten". Firmino Morellos Anklage lautete auf „Mittäterschaft an denselben Verbrechen, darauf, dass er bei einer Operation zusammen mit anderen an Strafaktionen teilgenommen und gefoltert hat, was, wie oben erwähnt, zum Tod führte". Aristea Pizzolatos Anklage bestand in der „Mittäterschaft an dem, was Cappellin und Morello angelastet wird, nämlich dass sie als Mitglied der Schwarzen Brigaden an Razzien teilgenommen und selbst am Foltern von Gefangenen beteiligt war".

Weniger schwerwiegend und eher allgemein gehalten war die Anklage gegen Giarda. Ihm legte man zur Last, an „Razzien und ähnlichen Aktionen" teilgenommen. Das galt auch für Maria Da Re, die man als Helferin der Schwarzen Brigaden der Kollaboration bezichtigte⁹⁵. Auf Antrag des Staatsanwalts beschied das Gericht zu Beginn des Prozesses, das Verfahren gegen den Hauptangeklagten Bruno Cappellin getrennt zu verhandeln[96]. Die schwerwiegendsten strafrechtlichen Vorwürfe lagen allerdings gegen Morello vor, der als eines „der aktivsten und gewalttätigsten Elemente", als „bestialischer Schläger der Gefangenen" beschrieben wurde[97].

Der Milizionär war, bevor er zu den Schwarzen Brigaden überwechselte, Mitglied einer Partisanengruppe gewesen. Die Zeugen von Partisanenseite bezeichneten ihn als Spitzel und Verräter, als ein nicht sehr gelittenes Element, denn sein kriminelles Verhalten habe dem Ansehen ihrer Partisanenbrigade geschadet. „Tarzan" verteidigte sich, indem er sämtliche Vorwürfe leugnete und behauptete, er sei gezwungen worden, den Schwarzen Brigaden beizutreten, um seinen Vater zu retten, den die Nazifaschisten gefangen hielten. Doch das Gericht hielt dagegen, dass, auch wenn es sich um eine prekäre Lage gehandelt habe, „es tatsächlich weder zwangsläufig noch notwendig gewesen ist, die schändlichen Taten mit derart verwerflichem Eifer auszuführen [...]"[98].

Morello wurde zum Tod durch Erschießen verurteilt. Der Kassationshof erklärte die umgehend eingereichte Berufung für nicht zulässig, womit das Urteil rechtskräftig wurde. Der im August 1945 gestellte Antrag auf Umwandlung der Todesstrafe stieß sowohl beim Präfekten von Treviso als auch beim Staatsanwalt und beim CLN, auf Ablehnung. Justizminister Togliatti leitete den Antrag an die Alliiertenkommission weiter, wobei auch er sich gegen jeden Straferlass oder eine Begnadigung aussprach[99]. Damit kam es zur Vollstreckung des Urteils. Die Helferin Maria Da Re wurde aus Mangel an Beweisen freigesprochen.

Was Giarda betraf, machte die Urteilsbegründung deutlich, dass er bei den Massakern nur eine Nebenrolle gespielt und sich im Hintergrund gehalten hatte. Der Tatvorwurf ihm gegenüber fiel entsprechend allgemein aus:

> Anders, und sehr viel gemäßigter, ist der Strafvorwurf gegenüber Giarda, Giannino. Anhand der ermittelten Zeugenaussagen ist unbestritten, dass er an Razzien teilgenommen hat – aber man kann wohl davon ausgehen, dass die Operationen, an denen er beteiligt war, entgegen Giardas Prahlereien weit weniger schädlich und gefährlich gewesen sind[100].

Entsprechend milde fiel seine Haftstrafe aus: acht Jahre und fünf Monate. Nach seiner Verurteilung schickte Giarda im November 1945 aus dem Gefängnis von Padua einen „Gnadenappell" an König Umberto von Savoyen, ein langes Rechtfertigungsschreiben von neun Seiten, in dem er die Gründe für seine Zugehörigkeit zum Faschismus und zur Italienischen Sozialrepublik darlegte, seinen anfänglichen Glauben an das Regime und seine Enttäuschung. Allerdings leugnete er jegliche Beteiligung an Razzien und jede Gewaltanwendung. Er distanzierte sich von den Mitangeklagten, „Angeklagte von schweren Straftaten [...], mit denen er nie in Kontakt gestanden hat". Auch verschwieg er, dass eine der mitangeklagten Frauen, der schwere Vergehen zur Last gelegt worden waren, seine Ehefrau war. Abschließend bat er um die vollständige Aufhebung seiner Strafe (auch ein Strafnachlass sei ihm willkommen)[101].

Die Personen, von denen sich die beiden Eheleute Unterstützung erhofften, kamen aus ganz unterschiedlichen Kreisen. Während sie nach wie vor die Verbindung zu den ehemaligen faschistischen Kameraden pflegte, war er in Kontakt mit dem Bischof von Treviso, Antonio Mantiero, getreten. Dieser empfahl dem Gericht „inständig", das Gnadengesuch Giardas „wohlwollend aufzunehmen"[102]. Für seine Frau Pizzolato sprach sich der Bischof nicht aus, allerdings schien sie auch kein Gnadengesuch eingereicht zu haben.

Trotz dieser Fürsprache lehnte das Gericht Giardas Gnadengesuch ab, aber bereits am 16. Juli 1946 kam er aus dem Gefängnis frei. Auch seine Frau wurde bald, am 4. April 1947, aus dem Gefängnis von Perugia entlassen; ihre Freilassungen hatte sie der Togliatti-Amnestie zu verdanken[103]. Aristea Pizzolato schrieb das außerordentliche Schwurgericht, „obschon eine Frau", eine Führungsrolle bei den Aktionen der Schwarzen Brigaden von Treviso zu, des Weiteren eine aktive Beteiligung „sowohl an Operationen vornehmlich militärischer Art, wie Razzien, als auch an Handlungen anderer Art, wie den sogenannten „Ermittlungen gegen Patrioten", die den deutschen [Feind] bekämpften, wobei sie sich in der Öffentlichkeit in der Uniform und mit der Ausrüstung eines Mitglieds der Schwarzen Brigaden zur Schau stellte".

Pizzolato stritt alles ab, auch wenn sich laut Gericht alles anhand von „unparteiischen und freien Zeugenaussagen" beweisen ließ: Aus den Zeugenaussagen ging auf „unmissverständliche Weise" hervor, dass sie nicht nur an mehreren Razzien teilgenommen hatte, sondern auch – und zwar keineswegs passiv – „an von Folter begleiteten Verhören von Patrioten, wobei sie es nicht dabei bewenden ließ, eine persönliche Durchsuchung an einem Mädchen vorzunehmen, die man als drastisch und übertrieben gründlich bezeichnen darf". Immer wieder hatte sie die Kameraden dazu angetrieben, Patrioten zu foltern, außerdem hatte sie dem Parteiführer nahegelegt, den Patrioten Fortunato Durante, der bei den Folterungen lebensgefährlich verletzt worden war, zu töten und verschwinden zu lassen, um jede Kritik an der Vorgehensweise der Schwarzen Brigaden zu vermeiden. Schließlich habe es sich, so ihre Rechtfertigung, um einen antifaschistischen Verbrecher gehandelt. Durantes Familie erzählte man, er sei nach Deutschland deportiert worden[104].

Die „berühmte Folterin" – so bezeichnete sie der Polizeichef von Treviso – erhielt allgemeine Strafmilderungen, da man ihr die Behauptung abnahm, sie habe einigen der von Nazifaschisten verfolgten Personen geholfen. Aus diesem Grund verurteilte man sie zu 30 Jahren Haft und nicht zum Tode. Das Ende ihrer Strafverfolgung kennen wir bereits: Dank der Amnestie kam auch sie bereits 1947 wieder auf freien Fuß.

Faschisten aus der Toskana: Die Boccato-Bande, Donna Paola

Der Krieg hatte der Region Venetien in den Jahren 1943 bis 1945 besonders zugesetzt, vor allem dem Landstrich Polesine und dem Territorium um die Kleinstadt Adria. Hier operierte 1944 die 2. Compagnia Ordine Pubblico, OP, der Guardia Nazionale

Repubblicana von Adria. Sie unterstand dem Kommando von Hauptmann Giorgio Zamboni aus Bologna und den Offizieren Alessandro Tiezzi und Enrico Mayer, beide aus Livorno. Die Kompanie setzte sich aus rund 150 Faschisten zusammen, den soge-nannten „pisani" (Pisanern), da die meisten aus verschiedenen Städten der Toskana kamen. Infolge des Durchbruchs der Front bei Anzio und bei Cassino hatten sie die Toskana in aller Eile verlassen[105]. Zeugen erzählten: „Sie machten einem Angst. Sie trugen schwarze Hemden, große Hüte, Pistolen am Gürtel und Karabiner"[106].

Die Compagnia OP der Guardia Nazionale Repubblicana wurde in der Bevölke-rung rasch bekannt und berüchtigt, denn sie begann, Deserteure und Kriegsdienst-verweigerer aus den Truppen von Salò zu verfolgen und zu erschießen. Bei den Ver-hören der Gefangenen im Quartier der Kompanie, dem Teatro Sociale von Adria, folterten ihre Mitglieder systematisch.

Eine weitere Faschistengruppe aus der Toskana, die „livornesi" (Livorneser), hatte sich der Brigade Gori aus Ariano Polesine angeschlossen, deren Kommandant, Antonio Rinaldi, ebenfalls aus Bologna stammte. Als Schwarze Brigade ging sie bei den Verfolgungen, Festnahmen und Verhören der Gefangenen besonders effizient und extrem brutal vor.

Beide, die Compagnia OP und die Schwarze Brigade, machten unerbittlich Jagd auf lokale Widerstandskämpfer. Dabei hatten sie vor allem die Partisanengruppe Banda Boccato im Visier. Diese Gruppe stand im Zentrum des Bürgerkriegs der Gegend, in ihrem Umfeld kam es zu den schlimmsten Gewalttätigkeiten und Vergeltungsaktio-nen. Auch wenn sich die Erinnerung und die Rekonstruktion der Geschehnisse aus gegensätzlichen Sichtweisen und Widersprüchen speisen, bleibt die Gewissheit eines erbitterten Kampfes zwischen der Boccato-Bande, der Compagnia OP von Adria unter Führung von Zamboni und der Guardia Nazionale Repubblicana unter Rinaldi. Dieser Kampf verschärfte sich noch zusätzlich, als beide Fraktionen, Faschisten und Antifa-schisten, ihre jeweiligen Toten rächen wollten und ein Kreislauf der Gewalt begann[107].

Eolo Boccato, der Anführer der gleichnamigen Bande, war der Zweitgeborene einer Familie mit 14 Kindern. Sein Vater, Amerigo, war ein überzeugter Anarchist und die Familie hatte mit ihrer antifaschistischen Haltung nie hinterm Berg gehalten[108]. Seine Ladenwerkstatt als Fotograf hatten Brigaden verwüstet und seine Familie war Drohungen und Angriffen der lokalen Faschisten ausgesetzt, was Amerigo Boccato schließlich dazu bewegte, nach Mailand zu ziehen. Doch zwei seiner Söhne, Eolo und Espero, waren ihm nicht gefolgt. Zusammen mit rund 20 jungen Leuten, die sich der Rekrutierung in die Truppen der RSI verweigert hatten oder desertiert waren, ver-steckten sie sich auf dem Land und gründeten die Garibaldi-Brigade *Canton Basso*, benannt nach einer Ortschaft im Gemeindegebiet von Adria[109]. Die Bande, die auch mit dem Comitato di Liberazione Nazionale und den lokalen Parteien nicht auf einer Linie war, wurde in kurzer Zeit zur Zielscheibe der Compagnia OP von Adria und der Guardia Nazionale Repubblicana. Infolge einer Denunziation konnten die OP-Faschisten Espero Boccato am 1. Oktober 1944 im Ort Acquamarza gefangen nehmen.

Nach stundenlangen Folterungen erschossen sie ihn, und Anna Maria Cattani, die zur Compagnia OP gehörte, misshandelte sogar noch seinen Leichnam.

Eolo zwang man, die Folterungen und die Ermordung seines Bruders aus nächster Nähe mit anzusehen. Für ihn war der antifaschistische Widerstandskampf von nun an ein persönlicher Rachefeldzug, den man auch als Selbstjustiz bezeichnen kann. Gemeinsam mit einer Bande, die mittlerweile auf sieben oder acht Leute geschrumpft war, gab es für ihn nur noch die bedingungslose Jagd auf die Faschisten in der Gegend.

Man setzte ein Kopfgeld von 100.000 Lire auf ihn aus und nach erbarmungsloser Verfolgung war ihm die Kompanie bald auf den Fersen. Am 4. Februar 1945 umstellten die OP-Faschisten den Bauernhof, auf dem sich Eolo und einer seiner Mitstreiter versteckt hielten. Die Faschisten schoben eine Sprengladung in das Lüftungsrohr zum unterirdischen Versteck unterhalb des Schweinestalls, die die beiden Männer in Stücke riss. Die Zeitung „Il Gazzettino" berichtete am 9. Februar 1945 triumphierend von der Ermordung Boccatos, den man für den Tod von 76 Menschen verantwortlich machte. Doch selbst mit seinem Tod hatte der Horror seinen Höhepunkt noch nicht erreicht: Eolos Kopf, den man wieder zusammengeflickt hatte, damit man ihn erkennen konnte, hatte man von seinem Leichnam abgetrennt und über mehrere Tage im Schaufenster des Agrarkonsortiums im Zentrum von Adria ausgestellt – als grausige Kriegstrophäe und Warnung an alle, ja keinen Widerstand zu leisten[110].

Auch die Guardia Nazionale Repubblicana hatte unter dem Kommando von Antonio Rinaldi unerbittlich Jagd auf die Boccato-Bande gemacht. Rinaldi schien von der Festnahme des anarchistischen Partisanen regelrecht besessen. Um etwas über Eolo herauszufinden, hatte seine Gruppe einen gefangen genommenen Flieger der britischen Royal Air Force, Arthur Banks, erbarmungslos gefoltert und schließlich getötet.

Im Urteilsspruch des ersten Prozesses, der im Juni 1945 am außerordentlichen Schwurgericht von Rovigo stattfand, heißt es:

> Rinaldi ist in diesem Verfahren zweifellos die Hauptfigur, nicht nur in seiner Eigenschaft als Kommandant, sondern vielmehr, weil er in seinen Aktionen, die in sogenannten Verhören gipfelten, einen so ungemein brutalen Charakter und perverse Tendenzen an den Tag gelegt hat, dass man sich an ihn im Gebiet der südlichen Polesine weit über das Gedenken an die Todesfälle und das Blutvergießen hinaus erinnern wird[111].

Unter allen äußerst sadistischen Taten des Angeklagten machte die Tötung von Banks den Gerichtshof besonders betroffen:

> Wirklich schockierend ist Rinaldis Darstellung vom äußerst tragischen Ende des englischen Soldaten Banks. Auch von ihm hatte man angenommen, er unterhielte Kontakte zu Boccato, und so versuchte man mit den grausamsten Mitteln, Informationen aus ihm herauszupressen, indem man seine körperliche und moralische Widerstandsfähigkeit aufs Äußerste herausforderte. Man ging sogar so weit – und Rinaldi hat gestanden, sich das ausgedacht zu haben – den Anus des Unglücklichen mit Süßem einzuschmieren und einen Hund zu ihm zu bringen, der ihn in seiner

Erregung dort lecken und mit ihm kopulieren sollte. Das Bestialische des Hundes reicht beileibe nicht an das des Erfinders dieser so überaus perfiden Foltermethode heran; da das Experiment nicht gelingen wollte, ließ der Rinaldi einen Stein an die Füße des unglücklichen Gefangenen binden und ihn in den Po werfen. Da sich auch die Gewässer weigerten, ihn sich lebendig einzuverleiben, und sich Banks vor dem Versinken retten konnte, auf welch übernatürliche Weise auch immer, erschlug ihn Rinaldi, der inzwischen des Wartens müde war, mit mehreren Schlägen mit einem Stein[112].

Am 14. Juli 1945 verurteilte das außerordentliche Schwurgericht Rinaldi zum Tode und der Kassationshof bestätigte das Urteil. Ein Gnadengesuch wurde ebenfalls abgelehnt. Für ihn und seine engsten Mitstreiter, Francesco Santacroce und Isidoro Ruzzante, kam es am 28. August 1945 zur Vollstreckung des Todesurteils[113].

Unter den Mitangeklagten von Rinaldi und seinen Kameraden befand sich auch eine Frau, Sara Turolla. Sie war Rinaldis Geliebte. Zunächst war sie bei den Partisanen gewesen, wurde dann aber, wahrscheinlich von Rinaldi selbst, gefangen genommen und gefoltert. Sicher ist, dass sie ihre ehemaligen Partisanen-Kumpane trotz der Folter, deren Folgen noch beim Prozess an ihren Beinen sichtbar waren, nie verraten hat; in „völliges Schweigen" gehüllt hatte sie auch keine Informationen zu Waffenlagern preisgegeben. Sie war bewaffnet und uniformiert, saß bei Rinaldi im Auto und war möglicherweise auch bei Folterungen dabei. Auch legte man ihr die Beteiligung an Verfolgungen und Strafaktionen gegen Patrioten im Raum Adriano Polesine zur Last, etwa die Folterung von Dante Bellucco und Gino Grandi sowie des englischen Soldaten Banks[114]. Allerdings ließen sich in ihrem Fall keine eindeutigen Zeugenaussagen ermitteln, woraufhin sich das Gericht „großherzig" zeigte und sie zu einer Haftstrafe von sechs Jahren und sieben Monaten verurteilte. Infolge der Amnestie von 1946 kam sie bald wieder auf freien Fuß.

Eine weitere Frau trug an vorderster Front zum Klima der Gewalt und Angst bei, auch sie gehörte zu den „toskanischen" Folterern der Compagnia OP von Adria: Anna Maria Cattani, die man „Donna Paola" nannte[115]. Sie war 1911 in Montepiano in der Provinz Prato geboren worden, hatte aber in Terni gelebt und dort als Friseurin gearbeitet. Die Witwe und Mutter von drei Kindern folgte den „Pisanern" nach Venetien und ging eine Beziehung mit Giorgio Zamboni ein, dem Anführer der Compagnia.

Nach dem Krieg stand sie in drei strafrechtlichen Verfahren unter Anklage. Im ersten, in Florenz, wegen Kollaboration, erging im November 1945 ihr Freispruch aus Mangel an Beweisen. Im zweiten Prozess im September 1946 vor dem englischen Militärgericht in Neapel verurteilte man sie als Kriegsverbrecherin zu 20 Jahren Haft. Zu einem dritten Verfahren kam es im Januar 1947 vor dem außerordentlichen Schwurgericht in Rovigo, wo sie gemeinsam mit dem – untergetauchten – Zamboni unter Anklage stand[116]. Hier legte man „Donna Paola" folgende Taten zur Last:

dass sie im Anschluss an den 8. September 1943 in der Provinz Rovigo und vor allem im Gebiet von Adria als Spionin für die Compagnia OP gegen die Partisanen und Heeresflüchtigen in der Gegend tätig war; dass sie darüber hinaus mit der Absicht, die politischen Ziele des deutschen Feindes zu unterstützen und die Treue der Bürger gegen den Staat zu unterminieren, an Ver-

haftungen, drastischen Verhören, Peinigungen und Folterungen folgender Partisanen, Heeres-
flüchtiger oder politischer Gegner beteiligt war: Alcide Zagato, Girolamo Stoppa, Dante Bellucco,
Giovanni Spiller, Francesco Fusaro, Veglia Fusaro, Giuseppina Fornara, Giovanni Maddalena,
Natale Sicchieri, Giovanni Ramello, Regina Costa, Francesco De Vivo, an nicht genau zu bestim-
menden Tagen und Orten in der Provinz Rovigo.

Ein weiterer Anklagepunkt war, sie habe „am 1. Oktober 1944 in Acquamarza di
Cavarzere zusammen mit mehr als fünf Personen den Tod von Espero Boccato mit
einem brutalen Dolchstoß in die Brust herbeigeführt"[117]. Die Zeugin Giovanna Bianchi
berichtete, wie „Donna Paola", nachdem sie den Leichnam noch weiter traktiert
hatte, an ihre Haustür gekommen sei:

> in weißer Bluse, grauem Rock, mit einem Gürtel um die Taille. In den Händen hielt sie einen
> blutigen Dolch und auch ihre Hände waren mit Blut besudelt. Sie bat mich um ein Glas Wasser,
> das ich ihr gab. Nachdem sie das Wasser erhalten hatte, verschwand sie, ohne ein Wort zu sagen,
> und auch ich hatte nicht den Mut gehabt, sie anzusprechen. Bevor sie das Wasser trank, steckte
> die junge Frau, von der hier die Rede ist, noch äußerst sorgfältig den Dolch zwischen Gürtel und
> Taille [...][118].

So stellten die Zeugen sie dar: gleichgültig und grausam, eine Figur, die sich jeder
Beschreibung zu entziehen schien. Andere Aussagen berichteten, Cattani sei bei den
Folterungen der Compagnia OP von Adria ständig präsent gewesen, mal als einfache
Zeugin, mal aktiv beteiligt. Regina Costa berichtete dem Ermittlungsrichter Lorenzo
Cimegotto:

> Am ersten Februar 1945 wurde ich festgenommen, da ich (als Krankenschwester) einige verletzte
> Partisanen versorgt hatte. Edoardo Zani und Grieco hatten mich festgenommen. Ich wurde zum
> OP von Adria gebracht, wo mich Zani und Grieco verhörten; sie wollten wissen, in welcher Bezie-
> hung ich zu den Partisanen stand.
> Da ich zu allem nein sagte, gab mir der Zani heftige Schläge ins Gesicht und brüllte mich an und
> sagte, es wäre besser, ich redete.
> Irgendwann holte Grieco Anna Maria Cattani (Donna Paola) herbei, die sofort loslegte und darauf
> beharrte, ich solle die Namen der Partisanen nennen. Als ich mich weigerte, begann Donna
> Paola, mich brutal zu schlagen, und sie nahm ein Gewehr, hielt es mir an die Brust und drohte
> zu schießen. Da ich mittlerweile sehr schwach war, wurde ich ohnmächtig. Nach ungefähr einer
> Viertelstunde kam ich wieder zu mir und Paola forderte mich auf, mich auf einen Stuhl zu setzen
> und während Grieco und Zani mich festhielten, schob sie mir eine Nadel unter die Fingernägel
> beider Hände und beharrte weiter darauf, dass ich reden und Namen nennen solle. Nach diesen
> Peinigungen wurde ich für zwölf Tage ins Gefängnis gesteckt und dann befreit. Der Zani verhörte
> mich in dieser Zeit zweimal. Er und Anna Maria Cattani nahmen mir meine Wohnungsschlüs-
> sel ab und gingen in meine Wohnung, schafften zwei Bettlaken weg, Wäsche, Strümpfe, einen
> Goldring, Ohrringe, die Uhr und eine Schreibmaschine, letztere gab mir Zani wieder zurück[119].

Wie so oft wurden die Gefangenen nicht nur gefoltert, sondern man stahl ihnen auch
ihr Hab und Gut, häufig auch ganz banale Alltagsgegenstände wie Strümpfe oder
Wäsche.

Im Prozessverlauf bezeugten viele Personen „Donna Paolas" Beteiligung am Gewaltsystem der OP, zum Beispiel Alcide Zagato:

> Man nahm mich fest und folterte mich mit Schnürungen, Schlägen auf die Hoden, Einflößen von sieben Flaschen Wein und Verbrennungen. Cattani war bei allen Folterungen anwesend, beteiligte sich aber nicht aktiv daran. Nach den Folterungen drängte sie mich preiszugeben, was ich wusste, sonst würde ich kaum lebend davonkommen.

Oder Giuseppina Fornara:

> In der Nacht vom 18. 3. 1945 nahm mich Cattani gefangen und brachte mich in die Kaserne. Sie schlug mich von 23 Uhr bis 24 Uhr. Sie zog mich an den Haaren, sie hämmerte mit ihren Fäusten auf mich ein. Sie war dabei, als der Zani mir Stromstöße verpasste.

Und Natale Sicchieri:

> Ich wurde festgenommen und der Folter unterzogen. Bei den Folterungen war Cattani immer anwesend, einmal zielte sie auch mit dem Revolver auf mich und forderte mich auf zu reden. Ich erhielt Stromstöße, man schlug mich mit einer Parabellum auf den Kopf und brach mir vier Rippen. Ich muss dazu sagen, dass mir Cattani, als sie sah, dass ich aus dem Kopf blutete, die Haare schnitt und ein wenig mit Alkohol getränkte Watte auf die Wunde legte[120].

Auf Grundlage der Ermittlungsergebnisse verurteilte die CAS von Rovigo „Donna Paola" zu lebenslänglich, hinzu kamen drei Jahre Tagesisolation, das lebenslängliche Verbot, öffentliche Ämter auszuüben, ihre Entmündigung kraft Gesetzes sowie die Beschlagnahme ihres Hab und Guts. Mit 28 Jahren Haft fiel das Strafmaß des nach wie vor flüchtigen Mitangeklagten Giorgio Zamboni milder aus. Infolge des Präsidialdekrets vom 22. Juni 1946 (DPR Nr. 4) verwandelte das Gericht Cattanis Verurteilung von lebenslänglich in 30 Jahre Haft, und bei Zamboni wurde ein Drittel seiner Haftstrafe auf Bewährung ausgesetzt.

Die Berufung Cattanis lehnte der Kassationshof mit Urteil vom 29. November 1948 ab; dafür wurde ihr mit der Amnestie von 1948 Strafnachlass zugestanden, was ihre Haft auf 20 Jahre reduzierte.

„Donna Paola" trat ihre Haft im Gefängnis von Perugia an, während ihr ehemaliger Geliebter Zamboni weiterhin untergetaucht blieb, bis eine Verordnung vom 22. März 1954 infolge der Amnestie von 1953 beiden ihre Reststrafe erließ[121].

Zwei fanatische Faschisten, Zamboni und Rinaldi, die in derselben Gegend aktiv waren und sich derselben Vergehen strafbar gemacht hatten, ereilten zwei ganz unterschiedliche Justizschicksale: der Erste war untergetaucht und schließlich frei, ohne einen einzigen Tag im Gefängnis verbracht zu haben; der Zweite wurde hingerichtet. Diese beiden Fälle kann man als geradezu paradigmatische Synthese der italienischen Strafverfolgung in den Jahren nach dem Zweiten Weltkrieg betrachten.

Von Venetien geht es nun ins Piemont, wo zwei weitere Frauen eine aktive Rolle im Gewaltszenario jener Jahre spielten: Anna Maria Maggiano in Cuneo und Adriana Poli in Alessandria.

Die Musiklehrerin

Der Partisan Alessandro Arbinolo berichtete, dass er

> als er wegen eigener Angelegenheiten bei einem deutschen Hauptmann vorstellig wurde, der im verdienten Ruf stand, ein menschlicher und korrekter Offizier zu sein, Maggiano im Vorzimmer sitzen und warten sah. Als der Offizier sie bemerkte, wurde er zornig und sagte zu dem Zeugen: „Also, dieses Pack, das hierher kommt, um seine Brüder für 50 Lire zu verkaufen […]. Es ekelt mich an, nur ist uns das leider nützlich […]". Man kann sich kaum einen blutigeren Schlag ins Gesicht eines Denunzianten vorstellen.

Dass DenunziantInnen diese Verachtung bei einem deutschen Offizier auslösten, darf nicht verwundern. Gedungene Spitzel gefallen niemandem. Denunziation aus Habgier war genau der Strafvorwurf, auf den hin das außerordentliche Schwurgericht von Cuneo Anna Maria Maggiano zu 30 Jahren Haft verurteilte[122].

Mit ihren 48 Jahren war sie 1943 eine der ältesten Faschistinnen von Salò, die wegen Kollaboration verurteilt wurden. Die Musiklehrerin hatte 1940 zusammen mit ihrem Lebensgefährten Alfio Barbagallo und ihren drei Kindern Sardinien verlassen, um sich in Cuneo niederzulassen. Dort arbeitete sie als Leiterin der Kantine des Ortsverbands der faschistischen Partei. Sie hatte aber noch eine andere, weitaus lukrativere Tätigkeit: Als Spitzel des UPI verdiente sie je nach Wert ihrer Informationen zwischen 5.000 und 20.000 Lire. Sie stellte sich dabei wohl sehr geschickt an, denn Dino Rozza, der örtliche Parteivorstand und Anführer der Schwarzen Brigade *Lidonnici* von Cuneo, nannte sie „die beste Informantin".

Mit ihrem außerordentlich effizienten Einsatz für die RSI spionierte sie die Aktivitäten der PartisanInnen aus, und ihre Denunziationen führten zur Gefangennahme vieler Personen: Alessandro Arbinolo, Camillo Giazzi, Lidia Benzo verh. Rosa, Margherita Bisotto, Maria Peano, Arturo Felici, Giuseppe Revelli, Benito Santini, Giacomo Campana und andere, deren Namen unbekannt geblieben sind. Einige wurden nach Deutschland ins Konzentrationslager Dachau deportiert und kehrten nie wieder nach Hause zurück. Neben den Denunziationen beteiligte sie sich uniformiert an eher militärischen Operationen. Zur Uniform trug sie sogar einen Helm, als man sie in der Stadt am Wachposten an der Brücke Ponte Gesso einsetzte. Hier ließ sie vor allem jene Bewohner von Peveragno kontrollieren, die sie als Sympathisanten der Partisanen bezeichnete.

Auf die Bewohner von Peveragno schien es Maggiano somit besonders abgesehen zu haben. Laut einiger Zeugen beteiligte sie sich auch an einer Razzia in eben diesem Dorf. Zwei Tage vor einer „bestialischen Vergeltungsaktion mit Brand und Verwüstungen durch die Deutschen" hatten Zeugen Maggiano mit zwei Begleitern im Dorf gesehen. Allerdings ließ sich nicht genügend Beweismaterial ermitteln, das belegte, dass wirklich sie es war, die den Deutschen Häuser von Sympathisanten genannt hatte. Diese Häuser wurden verwüstet oder in Brand gesetzt.

In Cuneo beteiligte Maggiano sich auch an Misshandlungen und Gewalttätigkeiten gegen Personen, die die örtliche Schwarze Brigade gefangen hielt[123].

Es gab noch weitere Vorfälle, die den Denunzianteneifer von Anna Maria Maggiano belegten. In der Metzgerei De Stefanis hatte eine Kundin den Mut, laut zu sagen, die Mitglieder der Muti, der Legione Autonoma Mobile Ettore Muti, einer militärpolizeilichen Einheit der RSI, seien Verbrecher; daraufhin zog Anna Maria Maggiano einen Revolver hervor, nahm die Frau fest und brachte sie fort. Ein anderes Mal telefonierte sie aus einem Laden, um die Festnahme von zwei Personen zu veranlassen, die ihr verdächtig schienen. Ein weiteres Mal fuhr sie zusammen mit anderen Mitgliedern der Schwarzen Brigaden auf einem Lastwagen zum Kino Littorio, um während der Vorführung eine Razzia durchzuführen[124].

Besonders hartnäckig bemühte sie sich um die Gefangennahme von Ettore Rosa, einem führenden Partisanen in der Widerstandsbewegung Giustizia e Libertà[125]. Um in seine Nähe zu kommen, nahm sie Kontakt zu dessen Ehefrau Lidia Rosa auf, der Inhaberin einer Immobilienagentur, der gegenüber sie vorgab, eine Wohnung zu suchen. Dann begann sie mit einer regelrechten Verfolgung der ganzen Familie. Immer wieder ließ sie die Ehefrau, den Schwiegervater, das Hausmädchen und weitere Verwandte festnehmen, ebenso mutmaßliche Partisanen, von denen sie annahm, sie stünden in Verbindung mit der Familie Rosa. Bei den Festnahmen veranlasste sie jedes Mal Hausdurchsuchungen, die sie selbst überwachte. Sie versuchte sogar, die Tochter der Rosas zu entführen, um den Partisanenführer dazu zu bewegen, sich zu stellen.

Im Juli 1945 wurde Maggiano festgenommen und noch im November desselben Jahres fand vor dem außerordentlichen Schwurgericht von Cuneo ein erstes Verfahren statt. Trotz der „zahlreichen, außerordentlich präzisen Zeugenaussagen" leugnete sie sämtliche ihr zur Last gelegten Taten, doch mit dem Urteilsspruch vom 29. November 1945 hielt das Gericht fest, dass „die Taten Maggianos in erster Linie der Denunziation zuzuordnen sind" und dass diese Taten zu Festnahmen, Einkerkerungen, Deportationen nach Deutschland, zu Folterungen und Ermordungen geführt hatten. Sie wurde zum Tode verurteilt.

In Anbetracht der allgemeinen mildernden Umstände – ihr Alter, ihre familiäre Situation (Mutter von drei Kindern) und dass sie einmal einem jungen Mann, der von den Schwarzen Brigaden festgenommen worden war, geholfen hatte –, wurde die Todesstrafe in 30 Jahre Haft umgewandelt. Allerdings annullierte der oberste Kassationshof den Urteilsspruch der CAS von Cuneo wegen Begründungsmängeln hinsichtlich des Motivs der Habgier; damit kam es zur Eröffnung eines neuen Verfahrens vor der Sondersektion des Schwurgerichts in Turin.

Mit diesem Prozess wollte man nun feststellen, ob das Urteil wegen Denunziation aus Habgier hinreichend zu begründen war. Eine neue Verurteilung in diesem Sinne hätte schwerwiegende Folgen gehabt, denn damit wäre Maggiano von den Begünstigungen der Togliatti-Amnestie ausgeschlossen worden. Am 30. Juni 1947 beschied das Schwurgericht von Turin „kategorisch", dass die Beweise und Zeugenaussagen, die sie belasteten, keinen Zweifel an ihrer strafrechtlichen Schuld ließen und bestätigte das Urteil des außerordentlichen Schwurgerichts von Cuneo, indem es sie wegen Kollaboration aus Habgier zu 30 Jahren Haft verurteilte; 20 Jahre wurden ihr aber aufgrund der Präsidialdekrete DP Nr. 4 und DP Nr. 32 vom 22. Juni 1946 und vom 9. Februar 1948 erlassen.

Gegen dieses Urteil ging Maggiano erneut in Berufung, doch der Kassationshof lehnte den Einspruch am 20. Mai 1948 ab, gestand aber einen zweiten Strafnachlass zu[126]. Ihr nächster Instanzschritt war ein Gnadengesuch, das sie am 23. Juli 1948 einreichte, in dem sie sich als Haftinsassin darstellte, die im Gefängnis auf der Giudecca in Venedig „eine unverdiente Strafe absitzen muss".

Der lange Brief, den höchstwahrscheinlich ein Anwalt für sie aufgesetzt hatte, zielte darauf ab zu zeigen, dass die Verurteilung wegen Denunziation aus Habgier haltlos sei. Denn Verfahren und Urteilsspruch hätten nur diesen Hintergrund: „Dieses, wie auch alle anderen Verfahren, ist das Produkt von Bösartigkeit und menschlicher Rachsucht [...]". Das Gesuch schloss mit der Bitte an Justizminister Grassi, er möge die Prozessakten persönlich prüfen: „Exzellenz! Lassen Sie sich die Prozessakten und die Ermittlungen vorlegen, die Sie sicherlich einsehen wollen. Sie werden Ihnen die Stichhaltigkeit dessen beweisen, was die arme Leidende beklagt, die um Ihre Gerechtigkeit bittet und daran appelliert!"[127].

Maggianos Mutter, Maria Pizzolotti, legte dem Gnadengesuch einen Brief an den Justizminister bei, in dem sie ihre Tochter als „Opfer parteiischen Hasses, aber nicht schuldig" darstellte. Auch bediente sie sich der damals üblichen, bewährten rhetorischen Mittel: eine „alte Mutter [...] fast 80-jährig, an der Schwelle zum Tod, bittet und hofft, dass ihr [der Tochter] von Seiner Exzellenz, noch vor Ende ihres schmerzvollen Daseins, die Gnade erwiesen werde". Da er selbst Familienvater sei, verstünde der Minister den „schmerzlichen Leidensweg, den diese tragische Geschichte in mein armes Leben und in die Herzen von drei unschuldigen Wesen gegraben hat, deren Heim auf so tragische Weise zerstört ist". Und sie äußerte die Gewissheit: Die Tochter eines Offiziers der Streitkräfte, der 36 Jahre lang „dem Heer und seinem Land ehrenvoll" gedient hatte, könne sich nicht solch ungeheuerlicher Taten schuldig gemacht haben. In jedem Fall dürfe die Gnade, die anderen Faschisten mit „vielen schlimmen Missetaten" zugestanden worden war, ihrer „unglückseligen Tochter" nicht verwehrt bleiben[128].

Allerdings folgte dieser Bitte um eine „Geste hohen menschlichen Mitgefühls" kein einziges Wort des Mitgefühls für die Opfer, genauso wenig wie die Bitte um Vergebung durch die Angehörigen oder die überlebenden Opfer.Das Gnadengesuch durchlief den üblichen Verfahrensweg. So gingen zwischen September und Dezember 1948 die Einschätzungen der Carabinieri von Cuneo wie auch der Staatsanwaltschaft von Turin ein.

In ihrer Stellungnahme vom 7. November 1948 ließen es sich die Carabinieri nicht nehmen, die Rolle der Maggiano als Spitzel und aktive Kollaborateurin des National-sozialistischen Regimes noch einmal genau darzulegen. Aufgrund ihrer Taten seien „verschiedene Personen festgenommen und erschossen wurden, darunter einige Partisanen". Auch habe sie im April 1945 die Stadt zusammen mit einer deutschen Kolonne verlassen. Der Carabinieri-Hauptmann Ugo Parenti teilte außerdem mit, die Geschädigten hätten erklärt, keine Entschädigung erhalten zu haben und dass sie nicht zur Vergebung bereit seien. Aus diesen und anderen Gründen würde die Frei-lassung der Kollaborateurin auf die Missbilligung vonseiten großer Teile der Bevölke-rung von Cuneo stoßen. Ein weiterer Aspekt trug zu einer abschlägigen Begutachtung des Gnadengesuchs bei: Bei einer Rückkehr Maggianos nach Cuneo hätte sie „Ziel von Repressalien vor allem vonseiten der Geschädigten und der Partisanen" werden können.

Ende Dezember 1948 sprach sich auch der Staatsanwalt von Turin gegen eine Begnadigung aus. Die endgültige Entscheidung oblag dem Minister, dessen Antwort auf sich warten ließ. Das veranlasste Maggiano, in politischen Kreisen nach Unter-stützung zu suchen und sie wandte sich an den sozialistischen Senator und Anwalt Giovanni Persico. „Ich bin Opfer menschlicher Ungerechtigkeit", schrieb sie, „der Prozess war eine aufgebauschte Farce, man hat mir nicht erlaubt, einen einzigen Zeugen beizubringen, wenn Ihr, Exzellenz, dem Ganzen auf den Grund gehen werdet, bleibt [...] nur eine Seifenblase [...]"[129]. Persico bemühte sich tatsächlich, den Fall im Dezember 1949 dem zuständigen Minister nahezulegen, aber auch das schien nichts zu bewegen, und im Juli 1950 wurde das Gnadengesuch endgültig abgelehnt.

Allerdings erhielt Persico eine Begründung: Am 28. November 1950 bereitete Lattanzi, Direktor der Abteilung Strafangelegenheiten, eine Notiz für den Minister vor, mit der dieser Persico antworten konnte. Darin wurde erklärt, man habe Mag-giano die Begnadigung verwehrt, „vor allem angesichts der Art der Straftat, der negativen Informationen und Einschätzungen sowie der noch abzusitzenden hohen Reststrafe". In Wirklichkeit blieb Maggiano allerdings nicht mehr lange im Gefängnis: Nachdem das Gnadengesuch abgeschlagen worden war, wurde ihr, mit Bescheid von Justizminister Attilio Piccioni vom 20. Januar 1951, immerhin die Aussetzung der Haft auf Bewährung gewährt.

Die „Italienerhasserinnen"

Am 30. April 1945, als in Meran das Gerücht die Runde machte, der Krieg sei zu Ende, hängten viele italienischsprachige Meraner das Banner der *Tricolore*, der italieni-schen Nationalflagge, aus ihren Fenstern. Im Zentrum von Meran formierten sich spontan zwei Umzüge, um den Frieden zu feiern.

Niemand war bewaffnet, einige trugen eine Armbinde in den Farben der *Tricolore*. Die deutschen Soldaten, von denen sich noch viele in der Stadt aufhielten, schauten zunächst nur zu, begannen dann aber, in die Menge zu schießen, wobei sie acht Menschen töteten, darunter auch ein siebenjähriges Kind, und 20 weitere verletzten, elf davon sehr schwer. Diesem Massaker schlossen sich einige Zivilpersonen an, die ebenfalls schossen oder die Soldaten gegen die Menge aufhetzten; auch einige Frauen waren darunter: Herta Maringgele, die 1923 in Meran geboren war und als Kellnerin (oder Zahnarzthelferin) arbeitete, Carolina Knoll, 1920 in Meran geboren, Hausfrau, und Luisa Weirauther, geboren 1921 in Brixen und von Beruf Friseurin[130].

Otello Neri und der kleine Paolo Castagna befanden sich im ersten Festzug. Ein Mädchen im Zug, die 14-jährige Valli Muneratto, sah das Kind und nahm es an die Hand, aber der kleine Junge riss sich los, um eine Fahne aufzuheben, die liegen geblieben war. In diesem Moment wurde auf ihn geschossen und wenig später starb er in den Armen des Mädchens[131].

Eine weitere Zeugin, Giovanna Lorenzi, beschrieb die Tötung von Otello Neri:

> An jenem 30. April [...] sah ich Otello Neri zwischen den Straßenbahnschienen, er hatte die Arme zum Zeichen der Ergebung erhoben. Ein deutscher Soldat hatte seine Waffe schussbereit auf Neri gerichtet. Als hätte er es sich anders überlegt und wolle nicht mehr schießen, ließ er die Waffe sinken. Einige Mädchen [Maringgele und Weirauther] begannen, ihn aufzuhetzen und anzustacheln, oben von der Terrasse der Zahnarztpraxis vormals Singer schrien sie ihm zu: „Jawohl, los, schießen, auch Italiener". Der Soldat trat einen Schritt zurück und brachte sich in Stellung, schoss auf den Neri und traf ihn. Drei Schritte zurück und Neri ging zu Boden[132].

Verschiedene Aussagen stimmten darin überein, welche Rolle Herta Maringgele und Luisa Weirauther gespielt hatten. Zum Beispiel berichtete der Anwalt Antonio Fiorio, zwei Frauen hätten, nachdem Neri tödlich getroffen zu Boden gegangen sei, von der Terrasse aus applaudiert, nachdem sie zuvor die Soldaten dazu angestachelt hätten, auf die Menge zu schießen[133].

Weirauther gab zu, dass sie, nachdem die Schüsse gefallen waren, angesichts des Hin- und Herlaufens der Menge habe lachen müssen. Sie leugnete aber, dass sie applaudiert und die Soldaten zum Schießen aufgehetzt habe. Stattdessen beschuldigte sie Maringgele, diese habe mit dem Finger auf eine Person im Zug gezeigt und einem Soldaten zugerufen: „Auch der hat das Tricolore-Band am Arm getragen!"; sie habe sie ausgeschimpft und ihr vorgeworfen, sie habe ein abstoßendes, einer Frau unwürdiges Benehmen an den Tag gelegt.

Maringgele erklärte ihrerseits, die Soldaten hätten nicht nur auf den kleinen Jungen und den Mann tödliche Schüsse abgegeben, sondern noch auf eine weitere Person namens Luigi Boschesi. Dieser soll noch, bereits tödlich getroffen, versucht haben, sich das Band vom Arm zu reißen. Da hatte sie mit dem Finger auf ihn gezeigt und gerufen: „Schaut, bis zuletzt ein Verräter, denn er reißt sich das Band vom Arm." Sie gab zu, bei diesen Worten gelacht zu haben, aber sie leugnete, dass sie zum Schießen angestachelt hatte[134].

Am Vormittag des 30. April zog ein zweiter Menschenzug ins Zentrum von Meran. Auch hier kam es zu tödlichen Zwischenfällen, an denen eine ganze Familie beteiligt war: der Vater Augusto Knoll, 1884 in Meran geboren, Arbeiter und Maler, der 17-jährige Sohn Ugo, Student, sowie die Tochter Carolina, 25 Jahre alt und Hausfrau.

Anhand verschiedener Rekonstruktionen der Fakten ließ sich feststellen, dass einige Soldaten unter der Leitung eines SS-Offiziers aus Maschinenpistolen feuerten, zunächst in die Luft und dann auf die Teilnehmer des Umzugs, wobei sie mehrere Personen verletzten und töteten.

Alle Zeugenaussagen stimmten überein: Die Knoll-Geschwister hätten die Soldaten aufgefordert, zu schießen und sie hätten gegen die Verletzten und Erschossenen gehetzt. Pietro Lonardi, der dabei schwer verletzt wurde, erzählte:

> Als ich auf meine rechte Seite gefallen war, sah ich aus der Villa Schenk die Geschwister Knoll, Ugo und Carolina, wie zwei Furien herausstürzen. Ersterer hielt ein Gewehr, die Zweite hatte einen Revolver in der Hand. Sie wirkten wie zwei wilde Tiere.

Nachdem sie auf die Teilnehmer des Zugs geschossen hatten, näherten sich die beiden Lonardi.

> Ugo Knoll schlug mich wiederholt und mit Wucht, trat mich mit Füßen und schlug mir schließlich mit dem Gewehrkolben unten auf den Rücken [...]. Dabei beschimpfte Ugo Knoll mich immer wieder. Und die Schwester, Carolina Knoll, schlug mich wieder und wieder am ganzen Körper, nannte mich „Hund" und bespuckte mich. Carolina packte mich an den Schultern und zog mich mit aller Kraft hoch, um mich dann wieder auf den Boden fallen zu lassen, was besonders heftige Schmerzen verursachte. Zuletzt packte mich Ugo Knoll an den Haaren, zog mich fast zehn Meter weit und stahl mir die Uhr. Nachdem sie mich erneut beschimpft hatten und Anstalten machten, mit den Scherben einer Flasche und mit Stücken einer Fahnenstange, die er zuvor zerbrochen hatte, nach mir zu werfen, ließen sie von mir ab und rannten weiter, um andere Opfer zu peinigen. Ich glaube, man brachte mich erst eine Dreiviertelstunde später ins Krankenhaus[135].

Ugo Donati, der von einem Pistolenschuss an der Brust verwundet worden war, erinnerte sich wie folgt an die Geschwister Knoll:

> Als ich am Boden lag, sah ich, wie der Junge mit dem Gewehrkolben nach denen schlug, die verletzt und sterbend oder tot auf der Erde lagen. Ich habe auch eine Frau gesehen, die mit der Pistole hierhin und dorthin schoss. Ich habe die Frau auch dabei gesehen, wie sie sich, völlig in Rage, anschickte, auf die armen Teilnehmer des Umzugs, die auf dem Boden lagen, zu schießen und sie zu bedrohen[136].

Ein weiterer Zeuge, der Geistliche Don Guido Cadonna, erzählte, die deutschen Soldaten hätten ihn mit der Waffe daran gehindert, den Toten und Verletzten die letzte Ölung beziehungsweise die Krankensalbung zu erteilen. Während sie ihn mit anderen festhielten, beleidigten sie ihn, drohten ihm mit dem Tod und beschimpften ihn als „Partisanenschwein". Und Carolina Knoll warf verächtlich seinen Hut auf den Boden. Mehrere Zeugen bestätigten auch, dass sie einigen Verletzten und Toten die Uhren gestohlen hatte.

Zwischen März und Juni 1946 fand am außerordentlichen Schwurgericht von Bozen der Prozess gegen zehn Angeklagte statt, denen das Massaker in Meran zur Last gelegt wurde[137]. Folgende waren die Anklagepunkte:

> Dass sie in Meran am 30. April 1945 mit dem deutschen Feind bei der blutigen Unterdrückung einer friedlichen Freudenfeier über das Ende des Krieges kollaborierten, für ihre materielle und moralische Mittäterschaft mit den deutschen Militärs bei der Tötung von Dino Ferrari, Benone Vivori, Otello Neri, Luigi Tramacchi, Andrea D'Amico, Luigi Zannini, Orlando Comina, Paolo Castagna sowie dass sie sich mit Gewalt an den Gefallenen vergingen; ebenso dass sie an der Verwundung von weiteren elf Zugteilnehmern beteiligt waren; dass sie auf weitere Personen, die nicht getroffen wurden, mit Feuerwaffen schossen.

Carolina Knolls diverse Straftatvorwürfe wurden im Einzelnen beschrieben:

> Dass sie in Meran am 30. April 1945, mit der Absicht zu töten, in verschiedenen Momenten und mit Aktionen, die einem kriminellen Plan aus niederen Beweggründen folgten, den jungen Dino Ferrari durch einen deutschen, von ihr dazu aufgehetzten Soldaten töten ließ; dass sie zwei Teilnehmer des Umzugs tötete, den die Italiener an jenem Tag in Meran anlässlich der Beendigung der Kampfhandlungen abhielten, indem sie mit einer Pistole auf sie schoss; schließlich dass sie eine weitere Person, Mario Miglioranzi, absichtlich als Partisanenführer bezeichnete, um ihn von einem weiteren deutschen Soldaten erschießen zu lassen, wozu es nicht kam, was allerdings von ihrem Willen unabhängig war [...]
> Dass sie bei derselben Gelegenheit, zur selben Zeit und am selben Ort ihren kriminellen Plan weiterverfolgt hat, indem sie die Körper der Gefallenen in der Nähe des Krankenhauses Esperia schändete, sie mit brutalen Fußtritten traktierte, einige an den Haaren zog, sie schließlich vulgär beschimpfte [...]
> Dass sie bei derselben Gelegenheit, zur selben Zeit und am selben Ort die Staatsreligion beleidigt hat, indem sie den Gemeindepfarrer der Kirche Santo Spirito, Don Guido Cadonna, beschimpfte, der gekommen war, um den Sterbenden die letzte Ölung zuteilwerden zu lassen und die Getöteten zu segnen, indem sie ihn mit beleidigenden Worten attackierte und seinen Hut zu Boden warf [...]
> Wegen des Tragens einer nicht angemeldeten Waffe ohne Waffenschein [...]
> Dass sie unter denselben Umständen und am selben Ort die Nationalflagge verunglimpft hat.

Außerdem warf man Carolina Knoll Dielstahl vor, schließlich hatte sie, auch zusammen mit ihrem Bruder, den Getöteten und Sterbenden ihre Uhren abgenommen. Herta Maringgele wurde mit folgenden Tatvorwürfen der Prozess gemacht:

> Dass sie in gemeinschaftlicher Tat am 30. April 1945 in der Nähe der Bar Vittoria mit ihren Schreien einen Panzeroffizier der SS dazu angestiftet hat, das Feuer auf den Umzug aus unbewaffneten Zivilpersonen zu eröffnen, der auf dem Corso Principe Umberto angehalten worden war, was zum Tod von Otello Neri und des Kindes Paolo Castagna führte, und das aus niederem Motiv[138].

Im Prozess leugnete Knoll jede Anschuldigung und widersprach immer wieder den Zeugen. Gleiches tat der Vater, während der Bruder Ugo untergetaucht und beim Prozess nicht anwesend war.

Schließlich kam es zur Urteilsverkündung. Nach siebenstündiger Beratung sprachen sich die Geschworenen für harte Strafen aus. Carolina Knoll erhielt lebenslänglich wegen Kollaboration, schweren Mordes an Dino Ferrari, schweren Diebstahls, Leichenschändung, Beleidigung des katholischen Glaubens und einiger kleinerer Vergehen. Ihr Bruder Ugo und ihr Vater Augusto wurden zu je 30 Jahren Haft verurteilt. Dieselbe Strafe erhielt auch Herta Maringgele, wegen Kollaboration und erschwerter Mitschuld an der Tötung von Otello Neri. Allerdings setzte man ihr 20 Jahre Haft auf Bewährung aus. Weirauther hingegen sprach man aus Mangel an Beweisen frei[139].

Die drei Knolls sowie Maringgele legten am Kassationshof Berufung ein. Am 14. Januar 1948 wurde Ugo Knolls Appell für nicht zulässig erklärt, die Einsprüche von Carolina Knoll und von Herta Maringgele wurden abgelehnt und das Urteil gegen Augusto Knoll infolge einer Amnestie aufgehoben[140].

Die harten Strafen gegen die Angeklagten im Prozess von Meran standen laut Staatsanwalt Giovanardi im Gegensatz zur Tendenz zu „besonderer Milde" bei den sonst verhängten Strafmaßen. Tatsächlich beschied das außerordentliche Schwurgericht von Bozen ab September 1945 bis Dezember 1947 27 Freisprüche, 29 Urteile zu weniger als fünf Jahren Haft, zwölf Urteile zwischen fünf und zehn Jahren, sieben Urteile zwischen zehn und 20 Jahren Haft, fünf Urteile zwischen 20 und 30 Jahren Gefängnis (darunter die drei Meraner Angeklagten Herta Maringgele, Ugo und Augusto Knoll) und zwei Strafen lauteten auf lebenslänglich (eine davon war jene für Carolina Knoll).

In keinem einzigen Fall verhängten die Richter die Todesstrafe[141]. Nicht einmal für die Peiniger aus dem Konzentrationslager von Bozen, wie Albino Cologna, dem man die Folterung von Gefangenen und zahlreiche, kaum mehr zu identifizierende Morde zur Last legte. Für Cologna machte das Gericht mildernde Umstände geltend (nach Gesetz Nr. 288 vom 14. September 1944, Art. 62/2), „unter Berücksichtigung des unheilvollen Einflusses auf seine grobe Persönlichkeit durch das triste Umfeld der erbarmungslosen Verfolgung vonseiten der NS-Polizei, innerhalb dessen er seinen furchtbaren Fanatismus auslebte". Man verurteilte ihn zu 30 Jahren, von denen ihm sogleich zehn Jahre erlassen wurden, und schließlich wurde seine Haft am 17. Dezember 1952 sogar vollständig zur Bewährung ausgesetzt[142].

Josef Mittermaier, ein weiterer Wachposten im Konzentrationslager Bozen und Freiwilliger im Dienst der Gestapo, hatte sich durch besonders brutale Misshandlungen von Gefangenen hervorgetan. Wegen Folterungen, die zum Tod des betagten Rechtsanwalts Loew geführt hatten, verurteilte man ihn zu 24 Jahren Haft. Für Pietro Mittelstieler, auch er zunächst Freiwilliger bei der Gestapo, dann Wachposten im Konzentrationslager Bozen und angeklagt, Gefangene brutal mit einer Eisenstange und einem Ochsenziemer geschlagen zu haben, fiel die Strafe noch glimpflicher aus: 14 Jahre Haft[143].

Während die außerordentlichen Schwurgerichte andernorts im nördlichen Italien rigoros vorgingen, wählte Bozen von Anfang an einen anderen Weg: Hier tendierte man zum Freispruch, zu möglichst niedrigen Strafen und versuchte, so oft wie möglich Strafminderungen geltend zu machen. Warum? „Weil Bozen Bozen ist", so Rechtsanwalt Canestrini[144]. In einem Schreiben vom Januar 1947 an die Staatsanwaltschaft der Republik in Venedig versuchte Staatsanwalt Giovanardi die Vorgehensweise des Schwurgerichts von Bozen genauer zu erklären:

> Schließlich richtet sich die Aufmerksamkeit auf das besonders heikle Thema der strafrechtlich relevanten Kollaboration – in dieser Provinz mit einer mehrheitlich deutschsprachigen Bevölkerung, die mit dem deutschen NS-Regime, das sich hier nach dem 8. September 1943 mit der Einrichtung des Kommissariats für die sogenannte Operationszone Alpenvorland etabliert hat, weitgehend kollaborierte. Unter Berücksichtigung dieses besonderen Umstands hat man sich bemüht, nur die schlimmsten und abstoßendsten Fälle von Kollaboration strafrechtlich zu verfolgen, ohne dabei die öffentlichen Funktionen näher zu belangen, die in jener Zeit fremdstämmige Bürger innehatten.

Noch deutlicher wurde dieser Aspekt in einem Bericht vom 30. Januar 1947:

> Angesichts der besonderen Situation, mit dem Ziel, eventuelle politische Auswirkungen zu verhindern, ist man dem Kriterium gefolgt, nur in schwerwiegendsten Fällen von Übergriffen und Gewaltexzessen gegen Italiener und Fremdstämmige, die für Italien optiert hatten, durch Fremdstämmige im Dienst der Nationalsozialisten vorzugehen. Nichtsdestotrotz ließen die Geschworenen, die aus der italienischen und aus der fremdstämmigen Bevölkerung ausgewählt wurden, in vielen Fällen außerordentliche Milde walten[145].

Das waren die besonderen Umstände in Südtirol: Nach dem 8. September 1943 unterstand die Region direkt dem Regime der NS-Besatzer, was in der „fremdstämmigen" beziehungsweise deutschsprachigen Bevölkerung auf große Zustimmung stieß; die Unterdrückung, der die deutschsprachige Bevölkerung während des faschistischen Regimes ausgesetzt gewesen war, die fehlende Bereitschaft der deutschsprachigen Südtiroler (aber auch vieler Italiener), mit der Justiz zusammenzuarbeiten, die Spannungen und der Hass zwischen den beiden Bevölkerungsgruppen: Aus all diesen Gründen tendierte das Gericht auch in schweren Fällen zu einer milden „politischen Justiz", um so wenig Sprengstoff wie möglich zu liefern.

Nach Prozessende reichte Herta Maringgele ein Gnadengesuch ein und schrieb mehrfach an die Familie von Otello Neri mit der Bitte um Vergebung, die ihr allerdings von der Witwe in einem Schreiben vom 11. November 1948 versagt blieb:

> Die Justiz war gegenüber Maringele [sic] viel zu wohlwollend. 20 Jahre Strafnachlass reduzieren ihre Strafe auf ein Minimum. Sie wird auf dieser Welt wieder frei sein und sich des unschätzbaren Werts des Lebens freuen können, während der, dessen Tod sie verursacht hat, niemals wiederkehren wird.
> Halten Sie daher ruhig inne, um über die Schwere Ihrer Tat nachzudenken und denken Sie häufiger an die Qual der Mutter, die langsam vom Schmerz aufgezehrt wird, wie eine Kerze, sich nach dem geliebten Sohn sehnend, der unwiederbringlich verloren ist, denken Sie an die Ehefrau und an die drei kleinen Kinder (der kleinste kam drei Monate nach dem Tod seines armen Vaters auf die Welt), denken Sie an all diesen Schmerz, und vielleicht fühlen Sie sich dann eher willens, Ihre gerechte Strafe zu ertragen.

Das ist alles, was ich schreiben kann, und obschon die beste Rache im Vergeben liegt, fühle ich mich nicht dazu in der Lage, sondern überlasse der göttlichen Gerechtigkeit jede weitere Entscheidung[146].

Die Ermittlungen im Begnadigungsverfahren führten zu einem negativen Bescheid:

Maringgele, Herta [...] unverheiratet mit einem unehelichen Sohn, der 1942 geboren wurde und bei der Großmutter in Kastelbell lebt. Man sagt ihr nach, sie sei leichtlebig [...]. Der Gnadenerweis würde vor allem in der ethnischen Gruppe der Italienischsprachigen Ressentiments auslösen, da man in der Maringgele diejenige ausgemacht hat, die mit ihrer aufstachelnden Hetzerei für die Ermordung von Otello Neri verantwortlich ist. Die geschädigte Seite in der Person von Frau Caterina Cainelli, verw. Neri [...], ist nicht zur Vergebung bereit.

Dass man Maringgeles Gnadengesuch schließlich abschlägig beschied, gründete – neben der verwehrten Vergebung von Opferseite – auf einer Mischung aus Wertungen zur Privatperson (zweifelhafter Ruf der Frau, uneheliches Kind) und politischem Opportunismus (die Sorge vor dem Unmut der italienischsprachigen Bevölkerung bei einer Begnadigung). Aber 1951 kam auch Herta Maringgele in den Genuss der Haftaussetzung auf Bewährung.

Der Fall von Carolina Knoll war komplexer, vor allem was ihren Werdegang im Anschluss an ihre Verurteilung betraf. Ihre Haftstrafe wurde von lebenslänglich in zehn Jahre umgewandelt, aber aufgrund eines Berechnungsfehlers entließ man sie im Februar 1954. Noch im selben Jahr verhaftete man sie erneut, um sie eine Reststrafe von fünf Monaten und 20 Tagen absitzen zu lassen. Dazu hatte sie das Berufungsgericht von Trient am 26. August 1954 verurteilt, da sie nach ihrer vorläufigen Entlassung Widerstand gegen Vollstreckungsbeamte geleistet hatte. Ihr Antrag auf Haftaussetzung wurde am 24. September 1954 abgelehnt, aber nur wenige Tage später stellte sie bereits einen neuen.

Während sie im Gefängnis von Bozen einsaß, schrieb sie ihre ganze Geschichte auf. Mit 21 Jahren heiratete sie einen Österreicher und kehrte nach der Einberufung ihres Mannes zu ihren Eltern nach Meran zurück. „In dem Haus, das er bewohnte", schrieb sie, „hatten italienische Partisanen Zuflucht gesucht". Sie bestand auf ihrer Unschuld und protestierte gegen die Verurteilung wegen der Geschehnisse in Meran, „denn ich hatte nie eine Waffe in den Händen gehalten". Nach fast zehn Jahren Gefängnis, mit nur noch einem knappen Jahr, das sie abzusitzen hatte, bat sie unter Berufung auf ihre persönliche Lage um Begnadigung: „Ich habe meine ganze Jugend verloren, mein Ehemann hat mich verlassen. Und ich bin krank geworden". Da sie die österreichische Staatsangehörigkeit besaß, versicherte sie, dass sie Italien direkt nach ihrer Entlassung aus dem Gefängnis verlassen würde.

Am 29. Oktober 1954 setzte sich die österreichische Botschaft beim italienischen Außenministerium für ihre Freilassung ein, schließlich habe Knoll schon zehn Jahre ihrer Strafe abgesessen und sie sei in schlechter gesundheitlicher Verfassung[147]. Im Einvernehmen mit Justizminister Aldo Moro leitete die für Gnadenerweise zuständige

Abteilung ihr Begnadigungsverfahren ein, „trotz der Natur der Strafvorwürfe und der Taten der als extreme Italienerhasserin bekannten Knoll, weshalb von jedem Akt des Gnadenerweises abzuraten sei". Dies geschah „ausschließlich auf das Anliegen der österreichischen Regierung hin" und weil Knoll – wie mit der österreichischen Botschaft vereinbart – nach der Freilassung umgehend ausgebürgert würde[148].

Laut Verfahren wurde der Gnadenerlass zur Unterschrift an Staatspräsident Giovanni Gronchi, der die Nachfolge von Luigi Einaudi angetreten hatte, geschickt; doch am 14. Juli 1955 kehrte der Gnadenerlass ohne Unterschrift zurück: eine selten drastische Geste. Tatsächlich sah die italienische Verfassung (nach Art. 87) vor, dass der Staatspräsident das letzte Wort über einen Gnadenerweis hatte. Zwei Tage später, in einem kurzen Schreiben vom 16. Juli, teilte das Justizministerium der Ausländerbehörde im Außenministerium mit, man habe keine positiven Gründe für eine Begnadigung von Carolina Knoll gefunden.

Der Fall Knoll offenbart, dass sich Justizminister Aldo Moro und Staatspräsident Gronchi beim Thema Gnadenerweise nicht immer einig waren. Mit einem Schreiben vom 12. September 1956 bat der Kabinettschef des Präsidenten, Silvio Tavolaro, den Justizminister um eine Stellungnahme zu den Motiven, wegen derer man die Begnadigungen so außerordentlich „großzügig" gehandhabt hätte. Moro begründete sein Vorgehen damit, dass er es für angebracht hielt, jeden einzelnen Fall eines Gnadengesuchs individuell zu behandeln, um die Persönlichkeit des Verurteilten besser einschätzen zu können. Denn anlässlich des zehnjährigen Jubiläums der Ausrufung der Republik hatte man von einem allgemeinen Gnadenerlass abgesehen, um nicht auch Angeklagte und Verurteilte zu begünstigen, die die Gnade nicht verdient hätten[149]. In Moros Augen zählte Carolina Knoll aber zu jenen, für die eine Begnadigung in Frage kam.

Ein Nachtrag zur Geschichte des Blutbads von Meran gestattet es uns, einige Elemente hinzuzufügen, die das Zusammenleben der ethnischen Gruppen in Südtirol wie auch die erklärte Überwindung des Kriegs mithilfe von Amnestien und Gnadenerlassen in ihrer ganzen Problematik verdeutlichen. Er betrifft den Bruder von Carolina, Ugo Knoll.

Nachdem dieser für die Vorfälle in Meran in Abwesenheit zu 30 Jahren Haft verurteilt worden war, fand seine Strafverfolgung nach zahlreichen Hafterlässen 1957 ihr vorläufiges Ende. Doch Jahre später kam er wieder mit der Justiz in Berührung. Im Frühjahr 1966 befand er sich erneut als Angeklagter vor Gericht, diesmal vor der 2. Sektion des Schwurgerichts von Mailand, die ein Strafverfahren gegen eine Gruppe von Bombenlegern des BAS, des Befreiungsausschusses Südtirol, eröffnet. Knoll wurde zur Last gelegt, am 4. Oktober 1963 einen Gedenkstein in Laas, einem Dorf in Südtirol, mit Dynamit gesprengt zu haben: Der Stein erinnerte an die Tötung von zehn italienischsprachigen Bürgern Südtirols durch NS-Militärs. Am 20. April 1966 verurteilte man ihn für diese Tat zu zwei Jahren, drei Monaten und 20 Tagen Haft; das Berufungsgericht von Mailand erklärte das Urteil am 12. Juni 1968 für rechtskräftig[150].

VI Gewalt

Frauen in Männerkleidung, in Uniform, bewaffnet

Wie wir gesehen haben, fiel das Urteil für weibliche Faschisten, die Uniform trugen und bewaffnet waren, oft besonders hart aus. Im Folgenden werden einige Beispiele dafür kurz vorgestellt.

Im Piemont im Val Chisone führte Olga Ribet, in SS-Uniform und mit einem Maschinengewehr bewaffnet, die Deutschen zu den Berghütten, in denen sich Partisanen versteckten und sie ihre Vorräte lagerten. In der Gegend um Vercelli agierte Ester Bottego, Leutnantin des Sturmregiments *Volontari della Morte*. Sie verurteilte man wegen ihrer Beteiligung an Vergeltungsaktionen und Gewalttätigkeiten gegen Partisanen und der grausamen Quälerei des Feldwebels Frello.

In Venetien gehörte Aristea Pizzolato zu den Schwarzen Brigaden von Treviso und war dort, „obschon eine Frau", sowohl bei Operationen militärischer Art als auch bei den als „Verhöre" bezeichneten Folterungen von Partisanen ganz vorne mit dabei; in der Öffentlichkeit zeigte sie sich gern uniformiert und bewaffnet. Ihren Kumpanen erklärte sie, sie sei eine hartgesottene Frau, die wie ein Mann handle. Auch wolle sie Mussolini persönlich um ein für sie geeignetes Maschinengewehr mit kurzem Lauf bitten[1].

In der Emilia Romagna kollaborierte Marina Capelli in der Provinz Parma mit den Nationalsozialisten, auch sie in deutscher Uniform und mit einem Maschinengewehr bewaffnet. Sie gab Informationen über die Aktivitäten der Partisanen weiter und begleitete die Militärs bei ihren Razzien; auch beim Massaker im Dorf Castione Busatti war sie dabei.

In Ligurien sticht der Fall von Maria Concetta Zucco heraus: Sie beteiligte sich an Razzien, Verhören und Folterungen, bei denen sie die Uniform der Schwarzen Brigaden trug und ihr Gesicht unter einer Kapuze und hinter einer dunklen Brille verbarg. Die Zeitungen, die über ihren Prozess berichteten, beschrieben sie wie folgt: „Und da, eines Tages, beginnen die Razzien und die Verfolgungen; Maria Zucco kleidet sich wie ein Mann und trägt eine dunkle Brille und einen Schleier über dem Gesicht. Sie ist die Verkörperung des Untergangs. Schwarz das verborgene Gesicht; sie ist der Tod ohne Gesicht, die Vernichtung schlechthin [...] [im Gericht] setzt Maria Zucco eine harte Miene auf, starr ist ihr Blick [...]"[2]. Sämtliches Interesse galt ihrer – so fand man – sehr männlichen Leidenschaft für Waffen, vor allem für die Mauser, die die Frau auch bei den Folterungen einsetzte:

> Nun ist sie nicht mehr wie ein Mannsbild gekleidet, mit der großen Mauser am Gürtel, dieser Mauser, mit der sie so gern hantierte, die sie am Lauf packte, um den Kolben zum Schlagwerkzeug umzufunktionieren, um damit die Köpfe, die Gesichter, die Münder zu treffen, jene Münder von jungen Männern, die heute gegen sie aussagen [...]. Immer wieder hat man versucht, sich von dieser außerordentlich unmenschlichen und zynisch unsensiblen Frau ein Bild zu machen[3].

http://doi.org/10.1515/9783110642889-008

Tatsächlich hatte es schon in den Kriegen des 19. Jahrhunderts – in den napoleonischen Kriegen oder den Kämpfen des Risorgimento – bewaffnete Frauen gegeben. Aber vor allem kämpften sie in „nicht offiziellen" Kriegen, bei Aufständen und Revolten, bei denen viele ihr Leben verloren, auch am Galgen, oder in lange Gefangenschaften gerieten[4]. Auf die Kämpfe folgte dann die zwangsweise Rückkehr nach Hause, die Ausweisung, die Leugnung ihrer Teilnahme und der von ihnen ausgeübten Rollen.

Im Ersten und Zweiten Weltkrieg wurden in keinem europäischen Land Frauen zu den Waffen gerufen, in reguläre Truppen aufgenommen oder an die Front geschickt. Aus den Massenheeren, die nur aus Männern bestanden, waren Frauen als Kämpferinnen ausgeschlossen; erst im Bürgerkrieg in den Jahren zwischen 1943 und 1945 konnten sie wieder zu den Waffen greifen, sowohl in den Reihen der mit den Nationalsozialisten kollaborierenden Faschisten als auch im Widerstand.

Auf „wie Männer gekleidete Frauen", vor allem wenn sie uniformiert und bewaffnet waren, reagierten die Menschen schon immer mit schockiertem Unbehagen, moralischer Ablehnung bis hin zu sarkastischer Verhöhnung. Seit jeher sind diese Frauen extremen Interpretationsmustern ausgesetzt: Frauen, die männliches Verhalten nachäffen, Frauen, die Männer sein wollen, Transvestiten, Frauen mit einer abartigen Sexualität, Mannweiber, Amazonen und so weiter.

Wenn Frauen Uniform trugen, taten sie das sehr bewusst, als Zeichen ihrer Zugehörigkeit und Identifikation mit einer Gruppe und einer Ideologie, in unserem Fall mit der der Italienischen Sozialrepublik. Um wirklich Teil einer Gruppe zu werden, war es wichtig, Gleiches zu teilen (und dazu auch berechtigt zu sein) – dieselben Symbole, dieselbe Kleidung, dieselben Gesten und eben Waffen. Alles Zeichen des Kriegers, eine Rolle, die für Frauen nicht vorgesehen war, die man ihnen sogar untersagte.

Uniformierte und bewaffnete Frauen riefen impulsive, irrationale, extreme Reaktionen hervor: Man war ihnen gegenüber offen feindselig oder erschrak sogar bei ihrem Anblick[5]. Diese Reaktionen galten nicht nur den Faschistinnen der RSI, sondern trafen auch die Partisaninnen, die diese bekämpften. Selbst ihnen blieb in der Nachkriegszeit in vielen Fällen die offene Anerkennung ihrer Verdienste versagt, man wollte nicht zur Kenntnis nehmen, dass sie im Kampf gegen die Faschisten zu den Waffen gegriffen hatten.

Die Zeugenberichte zweier Partisaninnen beschreiben besonders anschaulich das Misstrauen ihnen gegenüber, ihre offene Ausgrenzung, wie man sie – die Frauen, die bewaffnet als Partisaninnen gekämpft hatten – verspottete, ja, verhöhnte. Das betraf sogar die Paraden zur Feier des Kriegsendes und der Befreiung, also manifeste, symbolträchtige Auftritte, bei denen die Sieger über den Faschismus als die Kämpfer für neue Werte und die soziale und politische Wiedergeburt des Landes aufmarschierten.

Die Partisanin Elsa Oliva war im Piemont unter dem Kampfnamen „Elsinki" aktiv gewesen. Sie kommandierte die Gruppe *Volante di Polizia*, die zu einer Einheit der Division *Valtoce* gehörte, die in der Gegend um Biella und Cuneo operierte. Sie beschrieb die Tage der Befreiung und die den Frauen vorbehaltene Rolle wie folgt:

Das war der erste Kontakt mit der „Neuen Welt", mit dem, was wir bald erleben sollten. Und in Mailand fand der Aufmarsch statt, mit diesen Massen von Menschen, die applaudierten, und alle mit den Kokarden – alle verrückt, wirklich verrückt! – und ich dachte, dass wohl ein guter Teil von ihnen zu denen gehört hatte, die auf uns geschossen hatten. Und bei den Aufzügen, den Aufmärschen, legten sie die Armbinde der Krankenschwestern an![6].

Tersilia Fenoglio Oppedisano, auch sie Partisanin im Piemont, berichtet, dass es den Frauen der kommunistischen Brigaden verboten war, nach der Befreiung bei den Aufzügen mitzulaufen:

Bei der Parade war ich nicht dabei: Ich stand am Rand und applaudierte. Ich sah meinen Kommandanten vorbeiziehen, dann sah ich Mauri, dann alle von Mauris Außenposten mit den Frauen, mit denen sie zusammen waren. Die ja, die waren dabei. Mamma mia, zum Glück war ich nicht mitgelaufen! Die Leute sagten, das seien alles Nutten. Heute habe ich kein Vorurteil mehr, aber damals hatte ich es[7].

Als „Nutten" bezeichnet zu werden vereinte Partisaninnen und Faschistinnen, eine lagerübergreifende Beleidigung, die sowohl Männer als auch Frauen verwendeten und mit der man jedes Mädchen, jede Frau bezeichnete, die sich von den traditionellen Rollenbildern entfernte oder – wie in diesen Fällen – eine Rolle spielte, die im kulturellen Code den Männern vorbehalten war. Ebesno galt diese Abwertung Frauen, die mit Männern in „wilder Ehe" zusammenlebten, deren Alltag teilten und an kriegerischen Aktionen teilnahmen[8].

In der Nachkriegszeit erlebten diese Frauen, die Partisaninnen ebenso wie die Frauen von Salò, die aktiv wenn auch in entgegengesetzten Lagern und aus unterschiedlichen Motiven am Bürgerkrieg teilgenommen hatten, viel Frustration und Enttäuschung. Für die Frauen, die im Widerstand, in der Resistenza, gekämpft hatten, war es besonders frustrierend, dass man ihnen die Anerkennung ihrer Rolle im Kampf gegen den Nationalsozialismus und gegen den Faschismus verwehrte – der Kulturwandel blieb aus, der sie endlich ins soziale und politische Leben der Nation einbezogen hätte. Michela Ponzani schreibt darüber:

Der Wunsch nach Emanzipation war dazu verdammt, nicht ganz und gar Wirklichkeit zu werden. Die Resistenza und die politischen Aktivitäten im Partisanenkrieg haben zweifellos die traditionelle Symbolik der geschlechtsspezifischen Rollentrennung aufgebrochen, doch waren diese Veränderungen nur von kurzer Dauer, da die Befreiung nicht zu einer selbstverständlichen, automatischen Modernisierung der Sitten und Gebräuche führte [...]. War die Zeit des „Furors" erst einmal vorüber, mussten die Frauen mitansehen, wie die archaische Gesellschaftsordnung wiederhergestellt wurde, die der Krieg nur vorübergehend durchgerüttelt hatte[9].

Gewalt: Folterungen

Das Thema „Frauen und Waffen" gibt Anlass, sich grundsätzlich mit dem Thema „Frauen und Gewalt" zu beschäftigen, genauer dem Vorurteil, Frauen seien unfähig oder würden sich weigern, Gewalt anzuwenden: schlicht ein Vorurteil. Gewalt überhaupt, und gerade in ihrer extremsten und auf Einzelpersonen bezogenen Form – der Folter –, gehörte aber zu den systematischen Methoden des RSI-Regimes, der sich auch die Frauen nicht entzogen.

Espero Boccato, ein Mitglied der Boccato-Bande, wurde von der Kompanie Ordine Pubblico von Adria am Morgen des 1. Oktober 1944 in der Ortschaft Aquamarza gefangen genommen und im Gutshof Cascina Peruzzi festgehalten, wo man ihn stundenlang brutal folterte,

> bis schließlich Anna Maria Cattani die Szene betritt. Sie stellt sich ganz dicht neben Boccato und räumt ihm vier Minuten Redezeit ein – nach deren Ablauf würde sie ihm ein Körperteil abtrennen.
> Als Boccato schweigt, macht sie ihre Androhung wahr und ritzt ihn mit dem Dolch an verschiedenen Körperstellen tief ein. Sie bohrt einen zu einem Haken gebogenen Draht in seine Nasenlöcher und versucht schließlich, ihm ein Auge auszustechen. Als er vor Schmerzen schreit und das Wort „Mörder" herauspresst, schießen die Milizionäre auf ihn, aber noch ist er am Leben und wehrt sich, bis ihm die Cattani den Dolch in die Brust stößt und seinem Leben ein Ende macht, während sie ihm den Rauch ihrer Zigarette ins Gesicht bläst.
> Das ist die Zusammenfassung der Aussage des Zeugen Peruzzi, und der einzige Grund, daran zu zweifeln, ist, dass die beschriebenen Fakten so ungeheuerlich sind, dass sie geradezu unglaubwürdig erscheinen. Bedenkt man aber, was eingangs über die Persönlichkeit der Angeklagten geschrieben steht, hat man keinerlei Grund mehr zu zweifeln[10].

Dass eine Frau eigenhändig foltert, ist einer der Aspekte, der am meisten schockiert, der moralische Empörung auslöst, vielleicht sogar Unglauben, im Gerichtssaal wie in den Medien, und auch bei den Opfern selbst. In diesem Sinne ist auch Maria Zucco ein exemplarischer Fall.

Viele Opfer beschrieben während des Prozesses die Gewalt, die sie ihnen angetan hatte. Zum Beispiel Vincenzo De Leo: „Sie schlugen mich bis aufs Blut, aber die größte Bösartigkeit legte die Frau an den Tag"; oder Salvatore Costa: „Sie hörte einfach nicht auf, mich zu schlagen, bis ich blutete, und sie schien die Qualen, die sie mir zufügte, zu genießen"[11].

Lucia Scorranos Zeugenaussage – nachzulesen in der Zeitung „Il Secolo XIX" – beschreibt, wie Zucco sie folterte, während sie im Krankenhaus lag:

> [Zucco] erscheint bei der kranken Scorrano. Sie bedroht sie und fordert, Namen und Verstecke der Partisanen. Scorrano weigert sich, woraufhin die „verschleierte Frau" mit einer kleinen Peitsche auf die arme Kranke einschlägt; dann befiehlt sie ihren *Männern* [sic], den Verband ihrer noch nicht verheilten Operationswunde abzunehmen und einen Gewehrlauf hineinzustecken. Die „Bestie in Menschengestalt" hat noch immer nicht genug, obwohl die Scorrano vor Schmer-

zen ohnmächtig wird, und drückt mit sadistischer Grausamkeit ihre brennende Zigarette auf die Brust der Frau. Als sie sieht, dass die Arme nicht mehr die Kraft hat, zu sich zu kommen, geht sie unter wüsten Drohungen [...][12].

Die Agentin des UPI in Vercelli, Teresita Pivano, spähte nicht nur die politischen Feinde der RSI in den verschiedenen antifaschistischen Parteien aus und bespitzelte die PartisanInnen in den Bergen. Vielmehr bestahl und betrog sie auch die Ladenbesitzer der Gegend, wozu ihr jedes Mittel recht war, einschließlich Folter[13].

Ein herausragender Platz bei der systematischen Anwendung von Folter gebührt, wenn man so will, Maria Antonietta Di Stefano, Spionin im Dienst der Deutschen und, wie bereits erwähnt, im UPI der Guardia Nazionale Repubblicana in der Gegend von Mantua aktiv[14].

Im Dorf Cizzolo im Gemeindegebiet von Viadana in der Provinz Mantua versuchte Maria Antonietta Di Stefano einige italienische, in der Abwehr tätige Fallschirmspringer ausfindig zu machen. Als ihr das nicht gelang, nahm sie mehrere junge Dorfbewohner fest, darunter Luigi Bertoni, den Agenten des UPI anschließend auf Befehl der Frau folterten: Sie „ergötzte sich daran und spottete über die ungeheuerlichen Qualen". Nachdem sie mithilfe der erpressten Informationen die Fallschirmspringer festnehmen konnte, brachte sie sie in die Villa Gobbio, den Sitz der Gestapo in Mantua, wo sie sie verhörte und folterte. Einer der beiden hielt die Peinigungen nicht mehr aus und stellte sich „in den Dienst der Deutschen"; der andere, Francesco Simonini, war trotz Folter „in seinem Glauben nicht zu erschüttern". Die Deutschen ermordeten ihn kurz vor ihrer Flucht und vergruben seine Leiche im Park der Villa.

Auch Candido Moi wurde von Di Stefano und zwei weiteren Milizionären gefangen genommen. Auf dem Weg zur Villa Gobbio drohten sie, ihn umzubringen, nicht ohne ihm vorher einen Finger und ein Ohr abgeschnitten und ein Auge ausgestochen zu haben.

Auch einen weiteren Patrioten, Mario Raimondi, folterten sie: Knüppelschläge, Auspeitschung des nackten Oberkörpers, derart festgezogene Handfesseln, dass sie Krämpfe verursachten, Knebelung, Fesselung des Fußes an einen anderen Gefangenen, Messerschnitte ins Hinterteil und so weiter. Bei allen Folterungen war „die Di Stefano anwesend: Sie leitete die Verhöre, sie war immer dabei, zynisch und ungerührt, und wenn sie sie nicht eigenhändig ausführte, provozierte sie sie durch Beleidigungen und Aufhetzungen, damit er *ausspuckte*, was er wusste und nicht sagen wollte"[15].

Auch weitere Kollaborateurinnen beteiligten sich mehr oder weniger aktiv an der Folterung der Gefangenen. Das außerordentliche Schwurgericht in Vercelli verurteilte Ester Bottego Pini wegen ihrer „höllischen Folterungen"[16] des Feldwebels Domenico Frello, der ihrer Einheit der Volontari della morte angehört hatte.

Margherita Abbatecola Cerasi klagte man an, zusammen mit ihrem Vater Umberto die Partisanen Emilio Contini und Achille Motta aus dem Krankenhaus, wo sie als Patienten lagen, herausgeholt und gefoltert zu haben, bevor sie sie töteten[17].

Franca Carità machte sich sowohl in Florenz als auch in Padua einen zweifelhaften Namen als besonders gewalttätige Peinigerin aller, derer die Carità-Bande habhaft werden konnte. Laut einiger Zeugenaussagen traktierte sie die Geschlechtsteile der Opfer mit Nadeln und glühenden Eisen und fand offensichtlich Vergnügen daran, ihre Zigaretten in den Wunden, auf der Haut und auf den Geschlechtsteilen auszudrücken[18].

Es gibt zahlreiche Beispiele systematischer Folter durch die Miliz und Banden der RSI, aber letztlich bleibt absolut gesehen die Zahl der beteiligten Frauen gering. Die Folter war integrativer und signifikanter Bestandteil des komplexen Gewaltsystems[19]. Dazu schreibt Santo Peli:

> Die Körper sind entblößt und bewusst der öffentlichen Wahrnehmung ausgesetzt, die Folter muss sichtbar sein. Die gepeinigten Körper zu beerdigen ist gleichbedeutend mit einem Gunstbeweis gegenüber den Partisanen [...]. Das Verbot, sie zu begraben, ist Teil eines vielschichtigen Angriffs auf das Menschsein der Opfer, eine Strategie der Verdinglichung der Körper, beispielhaft vollzogen an der Behandlung der Leichname: verbrannt, geschleift, sogar mit Benzin übergossen [...]. Das Gebot, die Leichen lange auszustellen, erscheint geradezu wie ein minimaler – mehr als traditioneller – Gestus [...].
> Dem Toten, dem Leichnam wird die Würde abgesprochen. Aber sehr oft geht diesen Toten Folter voraus; auch in diesem Fall lässt sich, über die rationalen Motive hinaus (das Geständnis, die Preisgabe von Informationen), der Wille ausmachen, vor allem das Menschsein dessen auszulöschen, der un-menschlichen Qualen ausgesetzt ist [...]. Die Gewaltakte an Körpern und an Leichnamen werden immer spektakulärer, und die Zurschaustellung der gepeinigten Körper folgt einer minutiösen Regie[20].

Eine Erklärung für diese Gewaltexzesse ist in der Schwäche der Republik von Salò ausgemacht worden. Diese Schwäche habe sie zu „antiken Formen der Zurschaustellung ihrer Fähigkeit zu bestrafen" verleitet. Pavone schreibt: „Unter den Faschisten herrschte eine übersteigerte Angst, nicht ernst genommen zu werden, obwohl sie sich demonstrativ als Machthaber gebärdeten, und diese Angst drängte sie dazu, die Repressalien der Deutschen zu imitieren beziehungsweise noch zu überbieten"[21].

Allerdings ging es im spezifischen Fall der Folter nicht darum, offizielle Anweisungen oder bestimmte Prozeduren zu befolgen. Gefangene zu quälen, ihre Körper zu peinigen, sie in ihrem gemarterten Zustand zur Schau zu stellen, um die Bevölkerung einzuschüchtern, ließ sich eher auf das freiwillige Handeln einzelner Personen zurückführen, auf Soldaten oder Offiziere, auf den „aktiven Einsatz und den sadistischen Einfallsreichtum zahlreicher Einzelpersonen"[22].

Viele Gerichte vermieden es, in den Prozessen explizit von Folter zu sprechen, Gleiches traf auch auf die von Polizei und Staatsanwaltschaft zusammengetragenen Zeugenaussagen zu. Unter den Opfern waren es vor allem die Frauen, die nicht ausdrücklich davon sprachen, aus Scham, um das Grauen nicht noch einmal durchleben zu müssen, aus Angst oder Misstrauen, dass man ihnen nicht glauben oder sie nicht verstehen würde. Auch die Angeklagten, die Faschisten und Faschistinnen von Salò, schwiegen dazu, bis hin zur kategorischen Leugnung. Das macht es für die Forschung außerordentlich schwierig, die Gründe für die Qualen so vieler Menschen auszuloten.

Eine Erklärung für diese Gewalt, für ihren maßlosen, grausamen Exzess, findet sich im Gnadengesuch von Antonio Rinaldi. Wozu Rinaldi, der Anführer der Guardia Nazionale Repubblicana, die im Gebiet Polesine operierte, fähig war, haben wir an anderer Stelle bereits ausgeführt. Auf ihn und seine Miliz-Kumpane geht die erbarmungslose, brutale Verfolgung einiger Mitglieder der Boccato-Gruppe zurück, wie auch die Gefangennahme und die Ermordung des englischen Fliegerleutnants Arthur Banks[23].

Nachdem ihn die CAS von Rovigo am 14. Juni 1945 zum Tode verurteilt hatte, ein Urteil, das der Kassationshof bestätigte, schickte Rinaldi am 4. August 1945 aus dem Gefängnis von Rovigo ein langes Gnadengesuch an Justizminister Togliatti, mit der Bitte, sein Todesurteil aufzuheben und in eine Haftstrafe umzuwandeln.

Rinaldi begann sein Schreiben mit Klagen über den Prozess, in dessen Verlauf man ihn – so Rinaldi – daran gehindert habe, sich zu verteidigen. Im weiteren Verlauf seines Gesuchs gab er – und das ist mehr als ungewöhnlich – die Schwere der ihm zur Last gelegten Anklagen und auch seine Schuld zu[24], was er wie folgt begründete:

> Gewisse Exzesse, denen ich mich hingegeben habe, sind nicht einem freien Willen meiner „kriminellen" Fantasie geschuldet, sondern vielmehr der Vertrautheit mit unmenschlichen Systemen, die jeder, der wie ich lange Zeit Soldat auf dem Balkan gewesen ist, erlebt hat. In diesem Frontgebiet, mit der ihm eigenen Art des Krieges, waren mangelnder Respekt und Gewalt den Menschen gegenüber an der Tagesordnung, sei es bei dem, der sie erlitt, sei es bei dem, der sie erleiden ließ. Als ich heimgeschickt wurde, stand ich noch unter dem Eindruck dieser Methoden und war von diesen Aktionen aus dem Gleichgewicht gebracht – und wurde sogleich in den Dienst der Schwarzen Brigaden abkommandiert.

Abschließend erinnerte er daran, dass alle Taten, wie Mord, versuchter Mord und Misshandlungen, die zu seiner Verurteilung geführt hatten, im „Endkampf" gegen die Boccato-Bande begangen worden waren, „die aus gewöhnlichen Kriminellen der übelsten Sorte bestand"[25]. Neben dieser einsichtslosen Rechtfertigung seiner Taten gab er an, die Gewalt bereits in sich zu tragen, die er in Italien als Kämpfer in den Schwarzen Brigaden eingesetzt hatte[26].

Sicherlich hatte sich der Balkankrieg durch besondere Grausamkeit ausgezeichnet und bei vielen italienischen Soldaten tiefe Spuren hinterlassen. Dadurch war er zum Symbol für exzessive, bestialische Gewalt geworden, was auch in die Sprache Eingang fand, wie in einem Massaker deutlich wurde, das sich im Dorf Cumiana im Piemont zutrug. Für einen Partisanenangriff auf ein italienisches SS-Bataillon machte man das gesamte Dorf verantwortlich und die von deutschen Offizieren befehligten Milizionäre des VII. Miliz-Bataillons griffen nach dem Zufallsprinzip 58 Dorfbewohner heraus. Am 3. April 1944 wurden bei Sonnenuntergang jeweils drei Personen einem deutschen Unteroffizier zugeführt, der einen nach dem anderen mit einem Nackenschuss aus seiner Luger, Kaliber 9, tötete. In einem Bericht an Renato Ricci, den Kommandanten der Guardia Nazionale Repubblicana, hieß es, diese Vergeltungsaktion habe eine verheerende Wirkung auf die Truppenmoral gehabt und dieselben Milizionäre hätten sich mit den Worten: „Wir sind keine Briganten vom Balkan"[27] davon distanziert.

Die Frauen hatten die Anwendung von Gewalt allerdings nicht auf dem Balkan gerlernt, so dass diese Erklärung auf sie nicht zutreffen kann.

Gewalt: Ein „wildes Italien"

Eine weitere Folge des Bürgerkriegs, die in den zahlreichen Prozessen deutlich wird, sind seine verheerenden Auswirkungen auf familiäre und nachbarschaftliche Beziehungen. Viele Frauen und Männer, die Partisanen denunzierten, begleiteten die nazifaschistischen Banden in die Häuser, verrieten Verstecke, waren an Razzien beteiligt oder führten sie sogar an, waren dabei oder machten aktiv mit, wenn die Angreifer ganze Dörfer niederbrannten oder die Zivilbevölkerung töteten. In vielen Fällen stammten sie sogar aus den betroffenen Ortschaften, waren dort geboren, und ihre Familien, ihre Verwandten, ihre Freunde lebten dort.

Ein Beispiel ist Rosina Cesaretti. Gegen Ende der Dreißigerjahre verließ die Frau, die „von orientalischer Schönheit" war, ihr Dorf Leonessa in der Region Latium[28]. Sie wollte ihr Glück in Rom in der Welt des Films versuchen. Doch das Glück war ihr nicht hold. Während des Kriegs kehrte sie in ihr Heimatdorf zurück, möglicherweise, nachdem sie als „Berufsprostituierte" aus der Hauptstadt ausgewiesen worden war. Sie musste zurück in ihre Familie, zu ihrem verwitweten Vater, mit dem sie permanent im Streit lag, und zu einem Bruder, der vom Balkanfeldzug in Griechenland als Kriegsversehrter heimgekehrt war und sie nicht im Haus wollte.

Die Stunde der Rache schlug in der Nacht des 4. April 1944:

> Die junge Frau setzt sich an die Spitze einer SS-Einheit, die gerade Leonessa von den Partisanen der Brigade Gramsci zurückerobert hat, und führt sie in ein furchtbares Massaker. In jener Nacht entscheidet sie, wer Antifaschist ist und deshalb mit dem Leben bezahlen muss: Zunächst wählt sie zwölf Männer aus, die sie erschießen lässt, dann ist der Bruder an der Reihe, der vom deutschen Blei getötet wird, und schließlich weitere 24 Männer, unter ihnen der Bürgermeister und der Pfarrer – auch sie werden den Waffen ausgeliefert[29].

Nach dem Massaker schloss sich die Frau den Deutschen bei ihrem Rückzug gen Norden an. Sie wurde die Geliebte von SS-Leutnant Wolf Hoppen, von dem sie bald ein Kind erwartete. Irgendwann hieß es, sie sei wahnsinnig geworden, vielleicht wegen der Last ihrer Schuld, und habe Selbstmord begangen[30]. Viel wahrscheinlicher ist, dass das Paar in Polen Zuflucht suchte[31].

Die Motive, die sie zu diesen Gräueltaten veranlasst hatten, verbinden ihre Geschichte mit denen vieler anderer Frauen und Männer. Zum einen hatte sie Rachegelüste: Die Partisanen hatten zuvor eine Freundin von ihr getötet, eine Prostituierte und Informantin der Deutschen. Und zum anderen hegte sie offenbar den Wunsch nach Wiedergutmachung: für das Scheitern ihres eigenen Lebens, für ihre soziale Isolation, für die Demütigungen, die sie in ihrer eigenen Familie erlitten hatte, „und für das von Spott, übler Nachrede und erotischen Gelüsten durchzogenen Mistrauen, das ihre ruhelose Gestalt unter den Bewohnern von Leonessa hervorgerufen hatte". Der Bürgerkrieg bot ihr die Gelegenheit, sich eine blutrünstige und extreme Genugtuung zu verschaffen.

Ihre Geschichte ist – wie viele andere – tragisch, die Geschichte eines Opfers, das zum Henker wird, eine Geschichte von sozialer Ausgrenzung, Gewalt, Ablehnung und Rache, die zum Äußersten getrieben wurde, zerstörerisch wie selbstzerstörerisch. Diese Geschichte führt uns direkt ins Herz eines „wilden Italien"[32].

Wie Cesaretti waren viele Frauen der Republik von Salò, deren Geschichten und Prozesse wir hier erzählen, in ihren Heimatorten aktiv. Bolivia Magagnini lebte im selben Dorf, Arcevia, in das sie die SS auf ihrem Vergeltungszug, der Tötung von 60 Menschen, begleitete. Sie war auch dabei, als die Deutschen in Monte Sant'Angelo ein Massaker verübten und 42 junge Männer in ein Bauernhaus einschlossen und bei lebendigem Leib mit Flammenwerfern verbrannten[33]. Wie viele von diesen jungen Leuten sie wohl kannte? Wie viele hatte sie gegrüßt, wenn man sich auf der Dorfstraße begegnet war?

Jole Boaro, die Grundschullehrerin in Refrancore, lieferte dem UPI von Asti Informationen über die Partisanen, die in der Gegend operierten, in der sie zur Welt gekommen und aufgewachsen war. Die Partisanen rächten sich an ihr, indem sie sie vergewaltigten[34].

Marina Capelli war in Castione Baratti geboren, und in eben dieses Dorf begleitete sie die NS-Soldaten, die dort ein Massaker begingen. Auch in diesem Fall wussten die Deutschen, wen sie festzunehmen hatten: Sie zogen mit einer Liste von Haus zu Haus, anhand derer sie die Bewohner nach ihren Namen befragten. Der Verdacht lag nahe, dass Capelli diese Liste zusammengestellt hatte[35].

Linda dell'Amico war in Bergiola Foscalina zur Welt gekommen und lebte in einem Nachbardorf. Deshalb erkannte man sie. Sie trug denselben Familiennamen wie viele andere Dorfbewohner, wie viele Männer und Frauen, die ihre Kameraden massakrierten[36].

Adriana Barocci war in Fabriano zur Welt gekommen, wo sie auch lebte. Und ausgerechnet in Fabriano sowie in verschiedenen Nachbardörfern tauchte sie mit einer Gruppe von Salò-Faschisten auf, beteiligte sich an Razzien und Strafaktionen, an Festnahmen von Partisanen, Wehrdienstverweigerern und Zivilpersonen, an Erschießungen sowie an der Ausraubung der Festgenommenen[37].

Vor allem in Bergorten sowie kleineren und mittelgroßen Dorfgemeinschaften gediehen Hass und Gewalt, vielleicht weil die soziale Kontrolle engmaschiger und die Konflikte in den Familien und der Verwandtschaft entsprechend explosiver waren. In den Städten war dieses Phänomen weitaus seltener.

Ein Beispiel ist der Fall Lidia Golinelli. Sie war 1925 in Bologna geboren und demzufolge noch recht jung, als sie zu den Partisanen ihrer Stadt stieß und eine Botin der 7. Brigade der Gruppi d'Azione Patriottica wurde. Nachdem die Guardia Nazionale Repubblicana sie gefangen genommen hatte, wurde sie zu deren Informantin und unterstützte die Faschisten von Bologna und die deutsche SS „mit exzellenten Ergebnissen" bei der Identifizierung und Gefangennahme ihrer ehemaligen PartisanengenossInnen[38], wie es in ihrer Akte hieß.

Auch Luciana Jeannet aus dem Stadtteil Sampierdarena in Genua nutzte ihre Bekanntschaften, Freundschaften und guten nachbarschaftlichen Beziehungen, um den Faschisten Partisanen auszuliefern, die ihr vertraut hatten[39].

Spionage und Denunziationen im Allgemeinen vergifteten und zerstörten regelrecht persönliche und gemeinschaftliche Beziehungen, indem sie zu einem angstgeladenen Klima pervasiven Misstrauens aller gegen aller führten.

In den Aktionen der hier genannten Frauen und vieler anderer Frauen und Männer offenbart sich eine komplexe Problematik, die über die individuelle Straftat hinausgeht. Rache- und Vergeltungsgelüste gegenüber einem bestimmten sozialen und kulturellen Umfeld verweisen auf eine Unversöhnlichkeit und einen Hass mit tiefen, weit zurückreichenden Wurzeln[40]. Persönliche Motive, ideologische Motive oder auch nur materieller Nutzen verschmelzen miteinander und öffnen tiefe Abgründe voller Schmerz und dem Bedürfnis nach Wiedergutmachung und Vergeltung.

Lang andauernder Hass, Marginalisierung, soziale Ächtung (wie wir gesehen haben, waren viele dieser Frauen als Prostituierte bekannt oder man definierte sie als „leichtlebige Frauen"), Frustration, weil sie keinerlei Perspektive hatten, weil sie unfähig waren, sich soziale Anerkennung zu verschaffen oder sich aus einem erdrückenden Umfeld zu befreien: Der Krieg und die Italienische Sozialrepublik versprachen Revanche beziehungsweise die Möglichkeit, Macht über Leben und Tod der eigenen Feinde auszuüben, die eben in vielen Fällen Familienangehörige, Verwandte und Dorfnachbarn waren. Den Schwarzen Brigaden anzugehören, für die Guardia Nazionale Repubblicana oder in der Spionage zu arbeiten verlieh diesen Frauen Macht und Straffreiheit, ermöglichte es ihnen, verschiedene Formen von Gewalt und Erpressung auszuüben oder, ganz banal, kriminelle Instinkte und/oder zerstörerische Impulse auszuleben (ohne besondere Sanktionen fürchten zu müssen).

Und die Gewalt endete nicht mit dem Ende des Kriegs. Lowe schreibt dazu:

[am Ende des Zweiten Weltkriegs] Die Ereignisse der vergangenen sechs Jahren hatten auch Hass zwischen anderen Völkern geweckt, und in einigen Fällen waren seit Langem schwelende Konflikte wieder aufgebrochen [...]. Ausgelöst durch gegensätzliche Vorstellungen von der sozialen und politischen Gestaltung der neuen Gesellschaft brachen in einigen Ländern Bruderkriege aus. Dies verschärfte die bestehenden Spannungen zwischen Nachbarn, die einander während des Kriegs misstrauisch beäugt hatten. In Gemeinden überall in Europa lebten Kollaborateure und Angehörige des Widerstands Seite an Seite. Kriegsverbrecher tauchten in der Zivilgesellschaft unter, während Hitlers überlebende Opfer aus der Gefangenschaft heimkehrten. Kommunisten und Faschisten lebten mit Bürgern zusammen, die gemäßigte politische Ansichten vertraten oder den Glauben an die Politik vollkommen verloren hatten. In unzähligen kleinen Ortschaften und Dörfern lebten die Täter in unmittelbarer Nachbarschaft mit ihren Opfern[41].

Kriege tragen noch sehr lange nach ihrem Ende die Zerstörung des „zivilen" Miteinanders mit sich, meist bleiben noch lange danach die Beziehungen in der Gemeinschaft und der Sinn für menschliches Zusammenleben beschädigt. Auch in der Zeit nach dem Zweiten Weltkrieg ließ sich das kaum vermeiden, schließlich musste man eine Kultur der Gewalt überwinden, die in Italien über zwanzig Jahre geherrscht hatte und die auf Autokratie, Machismo und Rassismus basierte, auf militärischer Eroberung, Kolonialismus und militärischem Drill schon von Kindesbeinen an. Auch der Bürgerkrieg hinterließ ein von Gewalt geprägtes Erbe. Das wilde Europa der Nachkriegszeit war aus dem wilden Europa der Vorkriegszeit erwachsen[42].

VII Strategien strafrechtlicher Verfolgung und Begnadigung

Die Justiz trifft auf „kriminelle Frauen"

Die Prozesse gegen die Faschistinnen gehörten zwar zur allgemeinen Strafverfolgung von KollaborateurInnen in der Nachkriegszeit, wiesen dabei aber spezifische Merkmale auf, die zumindest teilweise auf die Haltung der Justiz gegenüber straffällig gewordenen Frauen zurückzuführen waren.

In einem der wichtigsten Strafverfahren gegen FaschistInnen der Italienischen Sozialrepublik, die im Gebiet Polesine unter dem Kommando von Antonio Rinaldi aktiv waren, gab es auch eine Frau, Sara Turolla[1].

Nachdem sich der Urteilsspruch mit den Positionen der anderen Angeklagten befasst hatte, ging er auch näher auf Sara Turolla ein:

> Schließlich beschäftigen wir uns mit Sara Turolla: Diese weist eine psychisch komplizierte Persönlichkeit auf, was genauere Betrachtung verdient. Sie war aus Bozen hierher geflüchtet und unterstützte anfänglich als leidenschaftliche Partisanin die Befreiungsbewegung. Dadurch verfügte sie über geheimes Wissen zu Personen und Fakten, was das Interesse der Schwarzen Brigade weckte, bis es dieser schließlich gelang, ihrer habhaft zu werden. Es ist erwiesen, dass auch sie von Rinaldi verhört wurde und es lassen sich an ihrer Person Merkmale seiner brutalen Methoden nachweisen [sie war mit einem Gummirohr blutig geschlagen worden]. Aber in erster Linie war sie eine Frau: Sei es aufgrund ihres Wunsches, die Freiheit wiederzuerlangen, sei es aufgrund ihrer Weiblichkeit, die viel zu früh geweckt wurde – zunächst durch eine Vergewaltigung, deren Opfer sie mit 13 Jahren wurde, dann durch die sehr frühe Heirat und später durch die Prostitution, zu der sie ihr Ehemann anscheinend gezwungen hat –, jedenfalls hat sie Rinaldis brutaler Verführungskunst nachgegeben und wurde seine Geliebte.
>
> Es hieß, dass sie bei verschiedenen Vorfällen anwesend war, bei denen sich Rinaldi durch Grausamkeit hervortat; man konnte aber nicht mit Gewissheit feststellen, ob ihr sadistischer Liebhaber sie dazu zwang, ob es ihre eigene spontane Entscheidung war oder ob man sie immer noch gefangen hielt. Es ist aber erwiesen, dass sie Rinaldi im Automobil auf seinen Gewaltzügen oder auf der Suche nach Patrioten oder den Feind betreffenden Informationen begleitete, weshalb man nicht ausschließen kann, dass auch sie gemeinsam mit Rinaldi ihren Teil in Sachen Kollaboration beigetragen hat, zumal sie dabei des Öfteren in Männerkleidung und bewaffnet auftrat. Gewiss ist, dass man bei der Beurteilung der Verantwortung Turollas nicht vergessen darf, dass sie – die in der Zeit zuvor vieles in Erfahrung gebracht hatte, was, wäre es preisgegeben worden, vielen geschadet und die Aktionen der Schwarzen Brigade noch verschlimmert hätte – über ihr Wissen absolutes Stillschweigen bewahrt hat. Somit haben ihr viele ihr Leben zu verdanken und viele Orte, an denen Waffen versteckt waren, blieben geheim. Daher vertritt das Gericht die Auffassung, dass Form und Ausmaß an Aktivität gleichermaßen unter Art. 58 des Kriegsstrafrechts fallen und dass zugunsten Turollas die objektive Strafmilderung nach Art. 114 und die subjektive Strafmilderung nach Art. 62/2 des Strafrechts zur Anwendung kommen kann.

http://doi.org/10.1515/9783110642889-009

Entsprechend milde fiel das Strafmaß aus: sechs Jahre und sieben Monate Haft und ein fünfjähriges Verbot, öffentliche Ämter zu bekleiden[2].

War Sara Turolla nun Opfer oder Täterin? Oder beides zugleich? 1943 war sie eine junge Frau von 22 Jahren, sehr früh verheiratet, Flüchtling, Partisanin, gefangen genommen und gefoltert, zu den FaschistInnen übergewechselt, aber ohne ihre ehemaligen Partisanen-KameradInnen zu verraten. Ihr Leben war vielschichtig und voller Erfahrungen, die das Gericht geschlechtsspezifisch und offen sexuell zu „klären" versuchte: „Aber sie war vor allem eine Frau", „ihre Weiblichkeit, die viel zu früh geweckt wurde – zunächst durch eine Vergewaltigung, deren Opfer sie mit 13 Jahren wurde", „sehr frühe Heirat", „die Prostitution, zu der sie ihr Ehemann anscheinend gezwungen hat".

Dieser Urteilsspruch des außerordentlichen Gerichts von Rovigo ist ein aufschlussreiches Beispiel für „geschlechtsspezifische Rechtsprechung", in der sich Vorurteile und „psychiatrische" Erklärungsversuche („psychisch komplexe Persönlichkeit, die genauere Betrachtung verdient") weiblichen Verhaltens ebenso niederschlagen wie Frauenfeindlichkeit, Prüderie mit sexueller Anspielung und Paternalismus[3]. Dieser Fall veranschaulicht, wie die Gerichte den weiblichen Angeklagten begegneten.

Bei ihrer Einschätzung von Frauen, die wegen Kollaboration unter Anklage standen, schwankten die Gerichte zwischen zwei gegensätzlichen Sichtweisen, die aber beide von einer frauenfeindlichen Rechtsprechungstradition, von einer Reihe von Vorurteilen und gesellschaftlich weit verbreiteten Stereotypen geprägt waren.

Zum einen tendierte man dazu, von Frauen begangene Straftaten aus einer paternalistisch nachsichtigen Perspektive zu betrachten und damit ihre Schwere zu unterschätzen oder gar zu leugnen. Diese basierte auf der Überzeugung von weiblicher Schwäche, einer antiken, aber tradierten Vorstellung von der *infirmitas sexus*, nach der das weibliche Geschlecht unfähig sei, Straftaten zu begehen[4]. Frauen bezeichnete man als leichtlebig, naturgemäß amoralisch, ahnungslos, aus Liebe leicht zu beeinflussen und leicht vom rechten Weg abzubringen. In den Fällen, in denen diese Sichtweise überwog, fielen die Strafmaße milder aus, in den Urteilssprüchen konzedierte man strafmildernde Umstände oder sogar Freispruch. Die andere Sichtweise interpretierte das Verhalten von Frauen als Ergebnis von Perversion und Bösartigkeit, Frauen waren Bestien ohne moralische Grenzen. Diese Urteilssprüche waren voll von moralischen Bewertungen, von Begriffen wie „Schuld", „Schande", „Unanständigkeit". Verhaltensweisen und Motivationen, die dem traditionellen weiblichen Rollenverständnis nicht entsprachen, wurden scharf kritisiert. Die Urteilssprüche für diese Frauen fielen härter aus, die Gerichte brachten kein Verständnis für diese Angeklagten auf und sprachen sich kaum für mildernde Umstände aus.

Frauen sind schuldiger

Kollaborateurinnen bestrafte man hart und behandelte auch ihre Gnadengesuche strenger, denn gerade weil Frauen sie begangen hatten, empfand man ihre Straftaten als besonders abstoßend. Das moralische Urteil über ihre Taten und Verhaltensweisen fiel unversöhnlich negativ aus.

Adriana Barocci verurteilte man in ihrem ersten Strafverfahren, bei dem sie 1947 mit drei weiteren Angeklagten vor dem außerordentlichen Schwurgericht von Ancona stand, als Einzige zum Tode, während die männlichen Mitangeklagten mit milderen Strafen davonkamen. Gerade weil sie eine Frau war, wurden ihr eine herausragende Rolle und eine größere „Schuld" zugeschrieben. Laut Gericht hatte sie Taten begangen, die „mit den Naturgesetzen ihres Geschlechts unvereinbar sind", sie war „der schlimmsten Perversion ihrer Natur als Frau anheimgefallen, indem sie Taten begangen hat, derer sie sich nicht nur strafrechtlich schuldig gemacht, sondern mit denen sie Schimpf und Schande über ihr Leben gebracht hat"[5].

Diese Frauen wurden oft mit Tiermetaphern bedacht (Raubtier, Schlange) und mit wilden Bestien verglichen. Oder aber man stellte sie als Verführerinnen dar, die Männer bezirzten und dominierten. Hier seien nur einige Beispiele genannt:

Maria Lesca hatte „ein bestialisches, unsensibles, grausames Gebaren, das einmal mehr die moralische und materielle Beteiligung der Angeklagten am Verbrechen beweist und wie sie mit ihren Handlungen de facto dazu beigetragen hat, die Straftat bis zu ihrem bitteren Ende auszuführen"[6].

Olga Ribet wird so beschrieben: „ohne Lippenstift, schlicht und bescheiden, eine geschickte Heuchlerin", sie war „der Typ weibliche Kriegsverbrecherin: intelligent, gerissen, ohne Skrupel, sie weiß die Männer in ihre Liebesnetze zu verstricken, ebenso versteht sie es, das Vertrauen der Partisanen zu gewinnen, um sie dann schamlos zu verraten"[7].

Cornelia Tanzi Pizzato „hat in ihrem gesamten Verhalten auch nach der Straftat und selbst in ihrem dreisten Gebaren hier vor Gericht eine moralisch gefühllose Seele offenbart"[8].

Maria Concetta Zucco attackierte die Zeugen verbal und verhöhnte ihre Opfer:

> Sie flößte keine Angst mehr ein, auch wenn ihre Wutausbrücke, ihre aggressive Verteidigung, ihre schamlose Ironie in den hitzigen Dialogen mit den Zeugen einmal mehr ihr Wesen als gefühlskalte Frau offenbaren […]. Ihr übliches Gebaren aus Überheblichkeit und Aggressivität scheint sie nicht aufgeben zu wollen, im Lauf der Anhörung im Gerichtssaal werden wir sehen, dass sich ihr hinterlistiger, zynischer Geist in keiner Weise geändert hat […][9].

Aggressives und provokantes Auftreten gegenüber den Geschworenen und Richtern und/oder gegenüber den Zeugen führte unweigerlich dazu, dass man weibliche Angeklagte mit größerer Härte beurteilte. Arroganz und Aggressivität wurden besonders verabscheut. Weiblichkeit hatte sich in „angemessenem" Verhalten wie Bescheidenheit und Anständigkeit zu äußern, so die Erwartungshaltung von Gerichten und Medien.

Bei ihrer Einschätzung der angeklagten Frauen kreisten die Gerichte um die Vorstellung „verratener" Weiblichkeit. Dieser „Verrat" konnte sich in unterschiedlicher Weise äußern. Anna Maria Cattani hatte sich mit großer Grausamkeit an den Folterungen der Kompanie Ordine Pubblico von Adria beteiligt und, so das außerordentliche Schwurgericht von Rovigo, „die Beweise haben dem Gericht ein genaues Bild der Persönlichkeit dieser Angeklagten geliefert, in der bösartige Instinkte jede weibliche Eigenschaft erstickt haben". Man beschrieb sie somit als ein Beispiel pervertierter Weiblichkeit und Sexualität, wie eine Frau, die beim Anblick (und der Ausführung) von Folter Genuss empfand; damit habe sie auch ihre Kameraden in Erregung versetzt und sie angetrieben, mit den Peinigungen fortzufahren.

Psychologie sollte helfen, diese Perversion und diesen Mangel an „weiblichem Schamgefühl" zu erklären:

> Es bleibt zu untersuchen, welchen Anteil die Angeklagte, von der hier die Rede ist, an diesen Taten gehabt hat. Zweifellos war sie anwesend, und da es sich nicht um eine einmalige Episode handelte, ist auszuschließen, dass sie nur zufällig und gegen ihren Willen teilgenommen hat [...]. Aber über diese äußeren Aspekte hinaus gibt es ein besonderes Element, das einen psychologischen Ursprung hat. Zweifellos kann die Anwesenheit einer Frau unter besonderen Umständen einen erheblichen Einfluss haben, nämlich dahingehend, dass die Männer unter ihrer Kontrolle instinktiv dazu tendieren, noch härter zu agieren, wenn sie wissen, dass ihr ihre Handlungen gefallen. Und da sie zweifelsfrei angesichts dieser Akte entfesselter Grausamkeit Befriedigung zeigte, war es nur natürlich, dass Zani, Franzoso, Zamboni, Patarozzi immer weitermachten, ihr zu Gefallen – und dass es ihr gefiel, zeigte sie durch ihre Rufe der Anfeuerung [...], denn das ganze Gebaren der Cattani lässt darauf schließen, dass ihr diese Schauspiele große Befriedigung verschafften, so weit, dass sie jedes weibliche Schamgefühl fallen ließ, und man muss festhalten, dass ihre Anwesenheit, ihre Befriedigung, eine regelrechte Erregung [der Männer] darstellte und eine Anstachelung, sodass man zu dem Schluss kommen muss, sie war auf diese Weise an der Ausübung der Folter beteiligt[10].

Die Frau führte demnach ins Verderben, zumindest verschlimmerte sie die männliche Triebhaftigkeit. Für das außerordentliche Schwurgericht von Rovigo wog die Anwesenheit der Frau bei den Folterungen, die oft auf die Geschlechtsteile abzielten, fast ebenso schwer wie die aktive Ausführung der Misshandlungen.

Wenn sich Weiblichkeit außerhalb der konventionellen Grenzen – abwegig, schamlos und aggressiv – in einigen Fällen „erschwerend" bei der Urteilsfindung auswirken konnte, so konnte derselbe weibliche Faktor in anderen Fällen jedoch zur Abschwächung der Schuld und damit zu milderen Strafen führen.

Frauen sind weniger schuldig

Einem seit jeher tradierten Allgemeinplatz zufolge sind Frauen von Natur aus unfähig, „brutale Verbrechen" zu begehen. Diese Auffassung kann Frauen durchaus dazu verhelfen, dass die Urteile über sie leichter, milder ausfallen und man ihren Gnadengesuchen bisweilen bereitwilliger stattgibt.

Dieses Klischee schlug sich sogar in der Strafverfolgung der Kollaborateurinnen nieder, etwa in einer „Strafmilderung, einer Strafminderung oder sogar in der Entlastung von der Tatverantwortlichkeit mit Verweis auf das althergebrachte Prinzip der *infirmitas sexus*, der Unzurechnungsfähigkeit aufgrund des Geschlechts"[11]. Es ist kein Zufall, dass kein Todesurteil rechtskräftig und damit keine Kollaborateurin exekutiert wurde, im Gegensatz zu 91 vollstreckten Todesurteilen gegen männliche Kollaborateure.

In den Fällen, bei denen allgemeine strafmildernde Umstände vorgesehen waren beziehungsweise zugelassen wurden, gründeten sich diese auf geltendes Recht, aber auch auf kulturelle oder humanitäre Überlegungen. Je jünger die Angeklagte, umso verminderter die Strafmündigkeit. Bei jungen Frauen oder jungen Männern fiel die Strafe auch deshalb milder aus, um ihnen nicht ihre gesamte Zukunft zu nehmen. Auch das familiäre Umfeld wurde umfassend berücksichtigt. Kamen die weiblichen Angeklagten, in geringerem Maße auch die männlichen, aus faschistisch gesinnten Familien, die als besonders fanatisch und militant galten, ging man davon aus, dass dies die Lebensentscheidungen der jungen Leute unweigerlich beeinflusst hatte. Als mildernder Umstand galt auch, wenn sie jung Waisen geworden waren, da man ein Heranwachsen zu einer gereiften Persönlichkeit ohne elterliche Führung für kaum möglich hielt.

Ein weiteres Element der Schuldminderung, das die Rechtsanwälte der Beschuldigten anführten und das beim Strafmaß Berücksichtigung fand, waren Krankheiten, vor allem die mit psychiatrischer Diagnose, die die Strafmündigkeit infrage stellten und die Persönlichkeit und die Willensfreiheit der Angeklagten negativ beeinflussten. Handelte es sich um Männer, betraf das vor allem Persönlichkeitsstörungen, die durch Geschlechtskrankheiten oder Alkoholmissbrauch verursacht worden waren; bei Frauen war es erblich bedingter Wahnsinn. Ein praktisch nur Frauen zugestandener Strafmilderungsgrund war „Hörigkeit" in einer Liebesbeziehung.

Allein schon das Frausein konnte zu einer Strafminderung führen, oder sich auf die Entscheidung für oder gegen die Umwandlung eines Todesurteils in eine Haftstrafe auswirken.

Ein Beispiel dafür ist der Fall Elena Ambrosiak. Sie verurteilte man wegen Spionage, Denunziation und Razzien zum Tode. Am 28. Februar 1946 lag der Abteilung „Gnadenerweise" die Stellungnahme der Carabinieri von Mailand vor – man überprüfte, ob ihr Todesurteil in eine Haftstrafe umzuwandeln sei. Alle Informationen zum Fall lagen den Carabinieri vor und die Kollaboration der Frau mit den Nazifaschisten sowie ihre Spionagetätigkeit für die SS in Mailand und in der Gegend von Bergamo ließen sich genau rekonstruieren. Dennoch sprachen sie sich für eine Strafumwand-lung aus, da es sich „um eine Frau handelt, wird der eventuelle Gnadenerweis keine besondere Empörung hervorrufen"[12].

Auch Bolivia Magagnini konnte von den Klischees über Frauen profitieren: Ihre Verurteilung zum Tode wurde in eine Haftstrafe umgewandelt. Am 14. April 1946 lag der Abteilung Gnadenerweise das Empfehlungsschreiben des Präfekten von Ancona vor. Darin begründete er seine positive Einschätzung damit, dass „das Todesurteil [...] zu ihren Lasten von der Bevölkerung von Arcevia als zu übertrieben empfunden wurde, handelt es sich bei ihr doch um eine junge Frau".

Allerdings stellt sich die Frage, wie wahrscheinlich es ist, dass man in Arcevia – dem Dorf, in dem bei dem Massaker, das wurde Magagnini zur Last gelegt, 60 Men-schen ums Leben gekommen waren – ihre Verurteilung zum Tode wirklich als zu hart empfand. Jedenfalls waren es die Präfekten und die Carabinieri, die den Justizminister über die Stimmung in der Bevölkerung auf dem Laufenden hielten und sie auch selbst zum Ausdruck brachten. Der Präfekt erinnerte auch daran, dass „sie mit der deut-schen SS mitgezogen war und wegen ihrer Leichtlebigkeit als Frau in die betreffen-den Straftaten involviert und von den politischen Ideen ihres Liebhabers Romualdo Bussoli beeinflusst war"[13]. In diesen wenigen Zeilen fanden sich sämtliche Motive, die zu einer „wohlwollenden" Beurteilung der angeklagten Salò-Faschistinnen führen konnten: jung, leichtlebig, unfähig selbstständig zu entscheiden, Liebeshörigkeit.

Hörigkeit in einer Liebesbeziehung gehörte zu den häufigsten Rechtfertigungen sowohl in den Urteilsbegründungen als auch in der Verteidigung der Angeklagten und ihrer Anwälte. Auch Caterina Racca wurde Strafmilderung zugestanden, da sie ihre Verbrechen aus „Liebesleidenschaft" begangen hatte; sie war ihrem Liebhaber Carlo Ferrari zuliebe in den Dienst des UPP von Cuneo getreten. Sie hatte sich „mit ganzer Seele [hingegeben], um das Netz aus Intrigen mit ihren Aktivitäten zu unter-stützen, mit dem Ziel, Aktionen und Personen der Befreiungsbewegung auszuspä-hen". „Angesichts der Tatsache, dass es Liebesleidenschaft war, die sie dazu brachte, Verbrechen gegen das Vaterland zu begehen, wird angeraten ihr allgemeine Strafmil-derungen zu gewährten"[14].

Maria Zucco verstand es besonders vortrefflich, die traditionellen Muster weib-licher „Schwäche" zu ihrer Verteidigung ins Feld zu führen. So behauptete sie, von ihrem Liebhaber manipuliert worden zu sein; er habe sie unter Androhung des Todes dazu gezwungen, der faschistischen Sache zu dienen. Als sie bei Kriegsende festgenommen wurde, erklärte sie, sie sei schwanger, um auf diese Weise eine Auf-schiebung ihres Strafverfahrens zu erwirken, und als ihr Prozess dann tatsächlich zu einem späteren Zeitpunkt stattfand, herrschte schon ein durchaus günstigeres gesell-schaftliches Klima[15].

Einige Verurteilungen gingen aber auch in die entgegengesetzte Richtung: In diesen Fällen weigerten sich die Gerichte, Strafnachlässe bei Vergehen zu gewäh-ren, die mit Liebeshörigkeit gerechtfertigt wurden. In der Urteilsbegründung im Fall

Teresita Pivano, der Agentin des UPI von Vercelli, schrieb das außerordentliche Schwurgericht von Biella:

> Auch sollte man nicht davon ausgehen, Pivano sei aus Liebe in den Dienst für das UPI involviert gewesen. Auch wenn als erwiesen gilt, dass sie in der Abteilung einen Liebhaber hatte, geht aus den oben ausgeführten Ermittlungsergebnissen hervor, dass sie aus Habgier gehandelt hat. Außerdem stellt sich die Frage, ob sie vor oder nach Beginn ihrer Spionagetätigkeit die Geliebte des Brigadiers Mogli wurde. Zu diesem Punkt konnte die Verteidigung nichts beibringen[16].

Einer der Fälle, in denen das Frausein besonders deutlich „benutzt" wurde, ist jener von Marina Capelli.

Ihr erstes Strafverfahren vor dem außerordentlichen Schwurgericht von Parma, bei dem sie wegen Kollaboration, Plünderungen und Mittäterschaft bei Mord unter Anklage stand, wurde annulliert, da in der Urteilsbegründung die allgemeine Straftatmilderung fehlte. Die Gründe für die Aufhebung des Prozesses sind aufschlussreich, und es lohnt sich, sie für unsere Fragestellung genauer unter die Lupe zu nehmen: zum einen für das Verhältnis zwischen Frauen und Justiz, zum anderen für die Wahrnehmung von „Weiblichkeit" vonseiten der Richter.

Bei ihrer Verurteilung zum Tode berücksichtigte das außerordentliche Schwurgericht von Parma keine allgemeinen Strafmilderungen, denn Capelli sei „ohne moralische Gesinnung und ohne Mitgefühl und von einer bei einer Frau, vor allem in ihrem Alter, seltenen Grausamkeit beseelt". Ihre „Blutrünstigkeit" sei berüchtigt, sie sei ein „wirklich kriminelles und gefährliches" Subjekt[17]. Obschon Capelli im fünften Monat schwanger gewesen war, habe das keinerlei „weibliches Mitgefühl" in ihr aufkommen lassen – so das Gericht –, keinerlei „Veränderung zum Besseren":

> Die Mutterschaft hat kein Anzeichen weiblichen Mitgefühls in ihr geweckt, was auf eine moralische Besserung hoffen ließe. Ihr zynisches Verhalten, mit dem sie während des gesamten Verfahrens die Zeugen, die nächsten Angehörigen ihrer Opfer sowie die Opfer selbst unverschämt provozierte, schließt leider jedes Anzeichen einer Veränderung zum Besseren aus[18].

Dagegen postulierte der Kassationshof, der die Verteidigungsstrategie von der „besonderen Psychologie der schwangeren Frau" aufgriff, das kriminelle Verhalten Capellis sei auf ihren Zustand als *puella pregnans* zurückzuführen: Die Schwangerschaft konnte seelische Störungen verursachen und sogar zu kriminellen Taten führen. Dafür zog die Urteilsbegründung die Wissenschaft zurate, um das Phänomen mit „psychiatrischen" Begriffen zu erklären:

> Der oberste Gerichtshof zieht in Betracht, dass die vorherrschende psychische Situation der „puella pregnans" Anzeichen offenkundiger und verborgener Persönlichkeitsstörung aufweisen kann – und in den meisten Fällen auch aufweist –, sodass, nach wissenschaftlicher Erkenntnis, die Frau in schwangerem Zustand wegen des Fehlens hemmender Kontrolle zu impulsiven und gewalttätigen Handlungen verleitet ist, und dass die Schwangerschaft demnach, vor allem bei anfälligen Frauen, der vorübergehende Grund für die Entwicklung oder die Verschärfung einer

schon vorhandenen, latenten Geistesstörung sein kann. Eine Schwangerschaft kann laut wissenschaftlicher Erkenntnis seelische Störungen hervorrufen, und entsprechend werden Gutachter und Richter diesen indirekten Einfluss des Schwangerseins auch auf möglicherweise kriminelle Handlungen bewerten müssen[19].

Da der Urteilsspruch nicht berücksichtigt hatte, dass „kein Anzeichen weiblichen Mitgefühls" auch „auf eine regelrechte Pathologie, sei diese auch nur vorübergehend und punktuell, auf den Zustand des Schwangerseins" zurückgeführt werden konnten, erklärte der Kassationshof den Urteilsspruch der CAS von Parma in diesem besonderen Punkt für nichtig. Ein anderer Richter wurde mit der Revision beauftragt und das Verfahren an die Sondersektion des Schwurgerichts von Piacenza verlegt.

Dort übernahm man die Ausführungen des Kassationshofs zur Schwangerschaft als pathologischem Zustand; da man sich auf die Wissenschaft berief, schien diese Interpretation über jeden Zweifel erhaben,

> vor allem anhand unwiderlegbarer wissenschaftlicher Fakten hinsichtlich des anormalen physischen und psychischen Zustands der Frau, die schwanger ist [...] diese Anomalie reicht aus, um das zynische und provozierende Verhalten der Angeklagten in der Gerichtsverhandlung, die in einem alles andere als entspannten Klima stattfand, zu erklären und [ist] daher keineswegs das Indiz eines perversen Gemüts[20].

Und die Bestätigung dieser Hypothese stand leibhaftig vor ihnen: Eine völlig andere Frau präsentierte sich im Gerichtssaal, die, mit ihrem Kind im Arm, in verhaltenem Ton ihre Taten wie folgt begründete:

> Zur heutigen Verhandlung erschien die Angeklagte mit der Frucht ihrer Mutterschaft im Arm und erläuterte in einem nunmehr ruhigen Klima ausführlich die Umstände, die sie in die Ereignisse hineingezogen haben, allein, ohne Mama, mit dem Papa, der ihr in keinster Weise die für das Reifen einer weiblichen Seele angemessene Erziehung geben konnte; mit extrem beschränkten materiellen Möglichkeiten; zweimal von den Partisanen gefangen genommen und wegen haltloser Vorwürfe ihr gegenüber wieder freigelassen, allerdings ohne das Dorf verlassen zu dürfen, wo sie dazu gezwungen war, jeden Abend Gruppen von ihnen willkommen zu heißen und ihnen Essen und anderes zuzubereiten, und beim Versuch, sich dieser harten Auflage zu entziehen und zu fliehen, von den Deutschen gefangen genommen: Der Hass eines ganzen Dorfes, der aus der Darstellung mehr oder weniger objektiver Fakten erwächst, sieht in ihr die Anstifterin hinter sämtlichen Operationen der Deutschen gegen Partisanen und zivile Dorfbewohner [...][21].

Das Gericht hatte keine Zweifel. Capelli hatte Anrecht auf strafmildernde Umstände: 24 Jahre statt der 30, zu denen sie in erster Instanz verurteilt worden war, und zwei Drittel davon, das heißt 17 Jahre, auf Bewährung.

An dieser Stelle sei kurz auf eine weitere frauenverachtende Haltung der Gerichte in der Nachkriegszeit hingewiesen, die sich darin ausdrückte, dass man deren Vergewaltigung in manchen Fällen als einen Akt der Vergeltung rechtfertigte. Darum geht es im Fall Jole Boaro, einer faschistischen Spionin im Dienst des UPI im Gebiet von

Asti, die von den Partisanen vergewaltigt worden war und die vom außerordentlichen Gericht von Asti mit diesen Worten regelrecht verhöhnt wurde:

> Dieser vierzigjährigen Volksschullehrerin können keine mildernden Umstände zugestanden werden. Lächerlicherweise hat sie zu behaupten versucht, sie sei wieder und wieder vergewaltigt worden, was zu ihrem moralischen Zusammenbruch geführt habe, der sie dazu brachte, diese Geständnisse, die unentschuldbar zu ihrer Verurteilung führten, abzulegen und zu unterschreiben.

Boaro gab in der Gerichtsverhandlung die ihr zur Last gelegte militärische Spionage zu, rechtfertigte sich aber damit, dass es ihr nur darum gegangen sei, dem Partisanenanführer Luigi Amato zu schaden und sich für die gewalttätigen Übergriffe des Mannes gegen sie und ihre Familie zu rächen. Das außerordentliche Schwurgericht von Asti schrieb in ihrem Todesurteil:

> Dass der Partisanenanführer Amato und die Partisanen, die ihm unterstanden, die Frauen der Familie Boaro schänden wollten, ist bewiesene Tatsache. Aber ebenso gewiss ist, dass Amato, der wie alle im Dorf Refrancore [...] von den kriminellen Aktivitäten Boaros wusste, mehr als einen Grund hatte, Formen von Vergeltung an diesem Weibsstück von Spionin zu begehen![22].

Somit hatte das Gericht zwar eine Erklärung für die Vergewaltigungen gefunden, zugleich aber wollte man sie der Angeklagten nicht wirklich glauben, spielte den Tatbestand herunter und machte so Boaro zum Gespött. Hinzu kam, dass Vergewaltigung nicht als schwerwiegende Straftat oder Kriegsverbrechen galt, weder bei den Gerichten der Nachkriegsjahre noch beim Gesetzgeber: Zahlreiche Faschisten, denen Vergewaltigungen nachgewiesen werden konnten, wurden freigesprochen oder konnten von der Togliatti-Amnestie profitieren, da sexuelle Gewaltanwendung als nicht „besonders grausam" eingestuft wurde[23].

In der Gerichtsverhandlung: Strategien der Verteidigung

Die angeklagten ehemaligen Faschistinnen von Salò und ihre Anwälte bauten ihre Verteidigungsstrategien auf Stereotypen und Allgemeinplätzen auf, darauf, dass schwache, undefinierbare Charaktere schwer zu durchschauen und einzuschätzen sind, womit sie in vielen Fällen vor Gericht überzeugen und siegen konnten.

Auf der Anklagebank beteuerten so gut wie alle – Männer wie Frauen – auf weitgehend ähnliche Weise ihre Unschuld. Von wenigen Ausnahmen abgesehen leugneten sie sämtliche Anklagepunkte, sogar, dass sie überhaupt bei den Straftaten zugegen gewesen waren. Wurden sie durch Zeugenaussagen mit belastenden Fakten konfrontiert, die sie nicht länger leugnen konnten, rechtfertigten sie sich damit, Deutsche oder Faschisten hätten sie gefangen genommen und sie unter Androhung von

Folter und Tod, auch gegenüber ihren Familien, dazu gezwungen. Oder sie spielten ihre Beteiligung am Bürgerkrieg und ihre Rolle dabei herunter.

Die Salò-Faschistinnen präsentierten sich schwach, unbedeutend und unfähig, Gewalt anzuwenden. Sie beteuerten meist ihre totale Unschuld, allenfalls gaben sie zu, innerhalb der Italienischen Sozialrepublik sehr untergeordnete Rollen gespielt zu haben; sie erklärten, sie seien durch Liebesbeziehungen zu faschistischen Funktionären oder NS-Offizieren, aus Liebe zu Mussolini oder zum Vaterland in die Geschehnisse hineingezogen worden. Auch seien sie unfähig gewesen, aus eigenem Antrieb zu handeln, sich eine Meinung zu bilden, sich ideologisch zu positionieren – das war eine häufige Verteidigungsstrategie weiblicher Angeklagter im Strafverfahren oder in den Gnadengesuchen; in der Verteidigung männlicher Angeklagter kam dieser Aspekt gar nicht (oder nur in äußerst seltenen Fällen) zur Sprache.

Zu ihrer Entlastung erzählten die Frauen, sie hätten gefangene oder zum Tode verurteilte Partisanen gerettet, oder untergetauchten Soldaten oder jungen Männern geholfen, die den Wehrdienst in den Einheiten der RSI verweigerten und Gefahr liefen, deportiert zu werden.

Lidia Golinelli sagte aus, man habe sie gezwungen, Partisanen zu verraten, da die Faschisten sie festgenommen und mit dem Tod bedrohten hatten. Maria Zucco behauptete, den Partisanen geholfen und ein doppeltes oder auch dreifaches Spiel getrieben zu haben. Die Mutter von Olga Ribet bestätigte im Gnadengesuch für ihre Tochter, diese sei als Botin für die Partisanen tätig gewesen, habe sich für truppenlose Soldaten und für Partisanen aufopfernd verwendet, sei aber, nachdem die Faschisten sie gefangen genommen hatten, zur Kollaboration gezwungen worden, um ihr Leben zu retten.

Der erste Schritt der Verteidigung war, jede Verantwortung für die Straftat abzuwehren. Zucco, „weit davon entfernt, die Verantwortung für die ihr zur Last gelegten Vergehen zu übernehmen, beharrte unbeirrbar darauf, mit den Anklagen nichts zu tun zu haben, auch zeigte sie keinerlei Anzeichen von Reue und kein einziges Mal bat sie ihre Opfer um Verzeihung. Ihr einziges Interesse bestand darin, dass ihre Strafe so mild wie möglich ausfiele und sie schnell wieder aus der Haft freikäme"[24].

Marina Capelli verteidigte sich, indem sie sämtliche Anklagepunkte abstritt und erklärte, die Deutschen hätten sie nach ihrer Gefangennahme gezwungen, sie zu begleiten.

Auch Ada Giannini folgte der Strategie, kein ihr zur Last gelegtes Vergehen zuzugeben, weder während der Ermittlungen noch bei der Gerichtsverhandlung. Sie leugnete sogar, an den Orten gewesen zu sein, an denen die Verbrechen stattgefunden hatten. Nach wiederholten unbestreitbaren Gegenüberstellungen mit Zeugen, die sie identifiziert hatten, schlug sie im letzten Verhör eine neue Strategie ein: Entweder hatte man sie mit einer anderen Person verwechselt oder sie konnte sich infolge eines Anfalls von Wahnsinn nicht mehr an die Fakten erinnern; in ihrer Familie gab es ihrer Aussage zufolge psychiatrische Probleme: Eine Großmutter war in der Nervenheilanstalt gestorben und der Vater hatte Selbstmord begangen[25].

Im Verhör erklärte Anna Maria Cattani:

> Ich weise alle Anschuldigungen von mir. Ich habe nie spioniert und es ist nicht wahr, dass ich
> mit dem Dolch in die Brust von Espero Boccato gestochen habe. An dieser letzten Sache war ich
> nicht beteiligt [...]. Als ich in Aquamarza war, da war die Razzia bereits durchgeführt und Boccato
> schon getötet worden. Ich ging mit nach Aquamarza, ohne zu wissen, dass dort eine Razzia statt-
> gefunden hatte. Ich habe nie jemanden gefoltert und war nie bei einer Folterung zugegen.

Schließlich leugnete sie auch, die Zeugen zu kennen, und stellte deren Glaubwürdigkeit infrage[26].

Wenn es nicht ausreiche, die Taten zu leugnen, oder wenn eindeutige Ermittlungsergebnisse und konkrete Zeugenaussagen weiteres Leugnen *ad absurdum*
führten, erzählten die Angeklagten verworrene, komplizierte Geschichten, in denen
man kaum zwischen wahr und erfunden unterscheiden konnte.

Maria Lesca, der man die Organisation einer Strafexpedition zur Last legte, bei
der zwei Juden, Achille Ceresole und Aldo Melli, getötet worden waren, leugnete
bei ihrem ersten Prozess vor dem außerordentlichen Gericht von Turin, „die Expe-
dition organisiert und zur Tötung von Achille Ceresole und Aldo Melli beigetragen zu
haben". Stattdessen behauptete sie, „zufällig bei dieser Operation dabei gewesen zu
sein, einzig mit dem Ziel, eine Fahrt mit dem Automobil zu unternehmen und ihren
Weihnachtsnachmittag auf einem unbeschwerten Ausflug zu verbringen". Im Verfahren vor dem Gericht von Novara hingegen legte sie, – mit vielen Zeugenaussagen konfrontiert – „in Anbetracht der Vergeblichkeit, weiter auf ihrem dreisten Leugnen zu
beharren [...] ein spätes, doch umfassendes Geständnis" über ihre tatsächliche Beteiligung an dieser „verwerflichen Operation"[27] ab.

Elena Ambrosiak bestritt in ihren Aussagen vor dem Staatsanwalt, zur deutschen
SS gehört und Patrioten denunziert zu haben; in Calolziocorte, wo sie mit ihrem
Mann und ihrer Schwiegermutter in den Kriegswirren Zuflucht gefunden hatte, hatte
sie deutsche Militärs kennengelernt, die ihr kleine Mengen von Benzin, Zucker und
anderen Waren zukommen ließen. Sie war ein Verhältnis mit dem Deutschen Willi
Jansen eingegangen, aber erst, nachdem ihr Ehemann sie verlassen hatte. Gemeinsam mit dessen Mutter hatte Letzterer sie mehrfach angezeigt, um sie loszuwerden.
Auch hatte sich ein gewisser Ingenieur namens Augusto Pretalongo unerklärlicher-
weise an sie gewandt, um wieder in den Besitz einer Wagenladung von Taschen zu
gelangen. Es stimmte zwar, dass sie sich mit der Kopfbedeckung der deutschen SS
fotografieren hatte lassen, aber das Käppi hatte ihr ein polnischer Soldat geliehen.
Den Ermittlungen der Sicherheitsbeamten zufolge war jedoch sie diejenige gewesen,
die einige Patrioten denunziert hatte: namentlich Roberto Mondon, Rinaldo Rusconi
und Luigi Camera. „Auf diesen Strafvorwurf hin leugnete sie, diese Personen gekannt
und auch, Dr. Sarti [ihren Ehemann] denunziert zu haben"[28].

Bei ihrer Verteidigung ging die Spionin Lesca sehr geschickt vor: Entschlossen
leugnete sie die Taten oder redete sie klein, indem sie einige unwichtige Details zugab
und andere Tatumstände mit abenteuerlichen, weit hergeholten Geschichten erklärte.

Häufig beteuerten die Angeklagten während der Verhandlungen im Gerichtssaal ihre Unschuld, nachdem sie zuvor in den Ermittlungsverhören umfassende Geständnisse abgelegt hatten. Eine Zeitung, die über den Prozess gegen die Ferri-Bande am außerordentlichen Schwurgericht von Reggio Emilia berichtete, die wegen des Blutbads in Reggiolo und anderer Massaker angeklagt war, versuchte die häufigen Widerrufe der Angeklagten folgendermaßen zu erklären:

> „Wie kommt das?", fragen sich manche. „Vielleicht sind sie durch Folterungen oder anderes gezwungen worden, Taten zu gestehen, die sie nicht begangen haben". Nein, antworten wir. Es gibt Gründe für ihr opportunistisches Vorgehen. In einem ersten Moment, als sie von der Polizei der Partisanen festgenommen wurden, verängstigt bei dem Gedanken, was mit ihnen geschehen werde und auch vom eigenen Gewissen dazu gedrängt, im Bewusstsein der grausamen Pein, die ihnen bevorstand, wenn sie nicht geredet hätten und wenn von unserer Seite ihre eigenen Methoden angewendet worden wären. Ohne Orientierung inmitten des endgültigen Zusammenbruchs ihrer Feudalburg, betäubt von den Schreien der Menge, die sie an die armen unglückseligen, an der erlittenen Folter und Pein Gestorbenen erinnerten, haben sie geredet, um weniger zu leiden, ihrer Schuld bewusst und gewiss, dass sie umgehend getötet werden würden. Wie die Erleichterung desjenigen, der weiß, dass er dem Tod nicht entgeht und der fürchtet, sich vor jemandem, dort oben, verantworten zu müssen. Dann, in einer zweiten Phase, in der Zelle mit ihren alten Kameraden, beruhigt durch die Normalisierung der Lage, mit den Gedanken wieder zurück im Leben, bei der Familie, wieder zuversichtlicher angesichts der Beteuerungen des ein oder anderen […] der, voller Mitleid, versprach, alles zu ihrer Rettung zu tun, begannen sie, einen Rückzieher zu machen und haben widerrufen, was sie zuvor spontan gestanden hatten. Also mussten wohl die von ihnen selbst unterzeichneten Geständnisse alle falsch oder ihnen mit Gewalt abgepresst worden sein[29].

Sieht man von der journalistischen Rhetorik ab, trifft diese Analyse der Motive für die Geständnisse und ihren anschließenden Widerruf auf viele Faschisten und Faschistinnen von Salò zu, die vor den außerordentlichen Schwurgerichten unter Anklage standen.

Opfer ungerechter Urteile: Die Gnadengesuche

Nachdem die Prozesse mit Verurteilungen abgeschlossen waren und die nunmehr inhaftierten Frauen und Männer begannen, Gnadengesuche einzureichen, um Strafnachlässe oder Haftaussetzungen zu erwirken, wurde die Vergangenheit mit kaum einem Wort mehr erwähnt. Sie verschwand – und mit ihr das faschistische Regime, die Italienische Sozialrepublik und auch der Krieg[30]. Die einstigen FaschistInnen schwiegen sich aus über ihre Rolle in der RSI, über ihre Aktionen, und ihre Gesinnung. In ihren Gnadengesuchen erklärten sie sich für nicht schuldig, bereuten nichts und baten ihre Opfer nicht um Vergebung. Sie selbst stilisierten sich zu Opfern der Justiz. Die Taten, wegen derer sie verurteilt worden waren (und die sie nie erwähnten), rechtfertigten sie mit Vaterlandsliebe, mit der Notwendigkeit, die Nation vor „Verrätern" zu schützen, indem sie den Kampf an der Seite des ehemaligen NS-Verbündeten fortsetzten[31]. Gewiss darf nicht vergessen werden, dass der sehr allgemein gehaltene Straftatbestand der „Kollaboration mit dem deutschen Feind" in der außerordentlichen Rechtsprechung und ihren Verfahren es geradezu anbot, die hier verhandelten Kriegsverbrechen nicht allzu präzise zu definieren und sie stattdessen zu verallgemeinern, zu verharmlosen oder zu verschleiern. Sowohl Frauen wie Männer erklärten sich in den Gnadengesuchen für unschuldig, aus sektiererischem (kommunistischen) Hass zu Unrecht verurteilt, und sie bezeichneten sich nur wenige Jahre später sogar als „politische Gefangene".

Unter diesem Gesichtspunkt ist das Gesuch von Teresita Pivano besonders aufschlussreich. Werfen wir zunächst einen Blick in die Akten ihres Verfahrens, das im Juni 1945 vor dem außerordentlichen Schwurgericht von Biella stattgefunden hatte. Pivano hatte in ihren Verhören Folgendes ausgesagt:

> Es ist nicht wahr, dass ich bei den geheimen Territorialagenten von Vercelli unter der Nr. ACS 0220 eingeschrieben war.
> Ich hatte nicht einmal den Zweisprachigkeitsnachweis.
> Ich habe nie für das Ufficio politico investigativo von Vercelli gearbeitet, weder gegen die Partisanen noch gegen die Industriellen, die die Waren versteckten, um sie vor den Deutschen in Sicherheit zu bringen.
> Ich habe nie das Vorhandensein von Wollvorräten gemeldet, auch nie die der Firma Cartotti in Biella, und ich war auch nicht an der Beschlagnahmung in der Wohnung des Ingenieurs Berzonetto in Biella oder in der von Carlo Rovello in Turin beteiligt.
> Ich habe nie einen Anteil von 15% für entwendete Waren oder beschlagnahmtes Gut erhalten.
> Zu Mogli [ihrem Liebhaber] bestand eine andere Beziehung, aber keine politische oder militärische Kollaboration.
> Ich weiß nicht, ob Aldo Mogli noch lebt oder gestorben ist.
> Im September 1944 habe ich Occhieppo Inferiore verlassen, denn aufgrund der Feindseligkeit der Bevölkerung war es mir nicht möglich, weiter in Occhieppo zu leben [...]. Ich erkläre mich für unschuldig und verlange, die Quellen für die gegen mich vorgebrachten Anschuldigungen zu erfahren.

Die Urteilsbegründung betonte ausdrücklich, dass „es trotz aller abschlägigen Antworten der Angeklagten, die unablässig jedweden Strafvorwurf abstreitet, als umfänglich erwiesen gilt, dass sie eine geheime Territorialagentin des Ufficio politico investigativo von Vercelli für das Territorium von Biella unter der Nr. ACS 0.22.0 gewesen ist"[32].

Aus dem Gefängnis von Venedig schickte Teresita Pivano am 3. Oktober 1946 ein Gnadengesuch an das Alliiertenkommando in Mailand. Nachdem sie ihren Fall dargelegt hatte, schrieb sie:

> Da ich dem Ufficio politico als Territorialagentin angehörte, bitte ich dieses höchste Kommando um die Annullierung des gegen mich verhängten Urteils. Das Alliiertenkommando hat mit Datum 5.8.1945 ein Dekret erlassen, mit dem die außerordentlichen Schwurgerichte angehalten werden, die Angehörigen des UPI nicht zu verurteilen [...]. Es liegen keine Anklagen von Bluttaten gegen mich vor. Keine Razzien. Ich war einfach nur eine „Provokateurin" im UPI von

Vercelli. Der Kassationshof hat mir Vergehen aus „Habgier" vorgeworfen, infolge der Anzeige eines Kommunisten der 17. Brigade, der in der Prozessverhandlung behauptet hat, ich hätte einen Anteil an den Beschlagnahmungen des UPI erhalten. Dazu gibt es keinerlei Art von Beweisen. Seine nur mündliche Aussage wurde für glaubwürdig erklärt, und damit ist meine Verurteilung vom letzten Jahr bestätigt worden. All das ist ungeheuerlich, wenn man bedenkt, dass „Generäle – Offiziere – Parteiführer – Präfekten – und andere Funktionäre" freigesprochen wurden. Es stimmt [...], Italien ist in jeder Hinsicht aus den Fugen, es stimmt aber auch, dass man gegen mich übertrieben gegen das Gesetz ungerecht vorgegangen ist. Hätte ich finanzielle Mittel, könnte ich mich an einen renommierten Anwalt wenden und ich bin sicher, dass ich die Freiheit zurückerlangen würde, nur leider besitze ich nichts. Nicht nur das, vielmehr ist mir auch alles genommen worden, denn nach dem 25. April des vergangenen Jahres hat man mir alles weggenommen!

Ich kenne viele Leute, die wieder aus dem Gefängnis freigelassen worden sind, indem sie finanzielle Mittel eingesetzt haben, die mir aber nicht zur Verfügung stehen. Ich wage es, das Oberkommando inständig um Hilfe zu bitten. Warum falle ich nicht unter die Amnestie vom vergangenen 23.6.? Ich bin nach Art. 58 verurteilt und hätte daher das Recht, entlassen zu werden [...]. Ich bitte nur, dass mir Gerechtigkeit widerfährt und ich habe das feste Vertrauen, die absolute Überzeugung, dass mir Recht gegeben wird durch die strenge rechtmäßige Ordnung, nach der das Alliiertenkommando in seiner Aufgabe zum Wohle meines Landes operiert [...]. Möge Gott eure Macht noch stärken[33].

Während sie im Prozess ihre Spionagetätigkeit bestritten hatte, gab sie sie jetzt nicht nur zu, sondern bestand sogar darauf, da sie damit ihre Verurteilung durch das Schwurgericht von Biella infrage stellen konnte, schließlich hatte man sie nicht für schlimme Vergehen wie „Bluttaten" oder „Razzien" verurteilt. Auch ihre Verurteilung wegen „Habgier" – die sie von der Togliatti-Amnestie ausschloss – entbehrte als Aussage „eines Kommunisten der 17. Brigade" jeder Grundlage. Die ehemalige Spionin des UPI drückte offen, fast schon naiv (was vermuten lässt, dass sie das Schreiben ohne Anwaltshilfe verfasst hatte) das aus, was sich in Italien in der öffentlichen Meinung und in der politischen Führungsklasse durchzusetzen begann. Denn mittlerweile empfand man die Prozesse und Urteilssprüche der unmittelbaren Nachkriegszeit als ungerecht und übertrieben hart, betonte aber auch (zwar nicht zu Unrecht, aber häufig aus opportunistischen Motiven), diese strafrechtliche Verfolgung habe nicht die hohen Amtsträger des Regimes aus Politik und Militär getroffen, sondern sich nur an den Mitläufern, den männlichen wie weiblichen Faschisten in untergeordneten Rollen, gütlich getan.

Ein dritter Gedanke kam hinzu, der in vielen Fällen sicherlich berechtigt war: Wer es sich nicht leisten konnte, gute Verteidiger (und manchmal auch Zeugen) zu bezahlen, blieb länger im Gefängnis.

Ganz allgemein erlauben die Gnadengesuche, mit ihren ausgeklügelten rhetorischen und juristischen Konstruktionen durch die Verteidiger, einem Wandel des politischen und kulturellen Klimas nur wenige Jahre nach dem Krieg auf die Spur zu kommen, der den KollaborateurInnen die Möglichkeit bot, sich nicht mehr als Kriminelle, sondern als Opfer darzustellen und dargestellt zu werden; dies führte schließlich Schritt für Schritt zum „Mythos der Selbstentlastung" der Faschisten und Faschistinnen, die in der RSI Seite an Seite mit den NS-Deutschen operiert hatten[34].

In ihren Gnadengesuchen baten die ehemaligen Faschistinnen von Salò beziehungsweise ihre Familienangehörigen und Fürsprecher nun nicht mehr um die Gewährung einer Begnadigung; vielmehr ging es jetzt um die Forderung nach der Wiederherstellung von Gerechtigkeit, die in den Prozessen unmittelbar nach dem Krieg verletzt worden sei. Nur so konnte beispielsweise Cornelia Tanzi an König Umberto von Savoyen schreiben: „Ich ersuche bei Ihrer Majestät um meine *Begnadigung* als einen Akt der Gerechtigkeit"[35]. Anna Maria Maggiano, die auf der Giudecca in Venedig inhaftiert war, „um eine unverdiente Strafe abzusitzen", wie sie schrieb, beurteilte ihren Prozess, wie auch alle anderen Prozesse gegen KollaborateurInnen, als „Produkt von Bösartigkeit und menschlicher Rachsucht"[36]. Und Carolina Knoll wandte sich an Staatspräsident Einaudi: „Ich erklärte mich für unschuldig, da ich nie eine Feuerwaffe in der Hand gehalten habe, und wenn ich jemals über Mittel verfügen sollte, beantrage ich die Revision meines Verfahrens"[37]. Ada Giannini schließlich stellte sich selbst und die anderen inhaftierten FaschistInnen als „Opfer des Hasses" dar, der sie „getreten" und „zerstört" hatte[38].

In ihren Gnadengesuchen schwiegen sich die Frauen von Salò über ihre Erlebnisse während des italienischen Bürgerkriegs sowie über die Vergehen, wegen derer sie verurteilt worden waren, aus. Umso mehr bemühten sich ihre Familienangehörigen – Mütter, Väter, Ehemänner, Kinder, Großeltern –, dem Staatspräsidenten oder den Justizministern positive Aspekte zugunsten der Antragstellerinnen nahezubringen. Auch in diesen Fürsprachen lassen sich kaum Hinweise auf Faschismus, Krieg, oder die RSI finden. Nur sehr wenige Angehörige gaben zu, dass die strafrechtlichen Vorwürfe einen gewissen Wahrheitsgehalt gehabt haben konnten. Aus diesen Gesuchen entsteht ein Bild dieser Mädchen und Frauen (auch der Männer), das sie als naiv darstellt, vom Pech verfolgt, ihr Vaterland um jeden Preis liebend, beherzt, vielleicht ein wenig überschwänglich, aber bestimmt nicht fähig, Grausamkeiten zu begehen[39].

In ihrer Fürsprache beschrieb die Mutter von Maria Antonietta Di Stefano ihre Tochter als sehr jung und ohne Erfahrung, ohne Vater, da dieser im Krieg gefallen war, weit weg von zu Hause „ohne den Rat der weit entfernten Mutter"[40]. Die Mutter von Olga Ribet bat um die Begnadigung ihrer unglücklichen Tochter, um deren Schmerz zu lindern, da „sie, die schon so sehr [...] gelitten hat, niemandem etwas zuleide tun kann"[41]. Auch Olga Ciampella war „als Kind ohne väterliche Führung" aufgewachsen, hatte nichts Böses getan, niemand hatte sie bezichtigt, von ihr denunziert worden zu sein[42]. Die Mutter von Anna Maria Maggiano appellierte an den Justizminister zugunsten der „unglückseligen Tochter, Opfer von parteiischem Hass, aber unschuldig", auf dass „jenes Mitgefühl, das schon bei so vielen schlimmen Taten zugestanden worden ist", ihrer armen Tochter nicht vorenthalten werde[43].

Fast alle Frauen von Salò konnten damit auf die Unterstützung ihrer Angehörigen zählen, vor allem auf die ihrer Mütter. In seltenen Fällen verwandten sich wichtige Fürsprecher wie Politiker, Minister oder Parteifunktionäre für ihre Gnadengesuche.

Antonia Rosini Vicentini, Adriana Paoli und Maria Antonietta Di Stefano zählten zu den wenigen, für die sich bedeutende Persönlichkeiten einsetzten. Keine der Frauen – im Gegensatz zu vielen Faschisten – erhielt allerdings die Unterstützung oder Empfehlung von katholischen Würdenträgern, Bischöfen oder anderen Prälaten oder gar jene des Vatikans[44].

Haftaussetzungen und Freilassungen nach 1953 und die untergetauchte Adriana Paoli

Ein wichtiger politischer Schritt war das Ende der strafrechtlichen Verfolgung der ehemaligen Salò-Anhängerinnen. Mit dieser Absicht wurde das Gesetz Nr. 921 vom 18. Dezember 1953 erlassen. Es sah die Möglichkeit der Haftaussetzung auf Bewährung vor, und zwar unabhängig davon, wie viele Jahre der Haftstrafe bereits abgesessen beziehungsweise wie viele noch abzusitzen waren. Es reichte der Beschluss des Justizministers. Infolge dieser neuen Verordnung beschied im Zeitraum zwischen März 1954 und Dezember 1956 Justizminister Michele De Pietro die Haftaussetzung für 104 KollaborateurInnen, und sein Nachfolger Aldo Moro setzte weitere 17 Freiheitsstrafen aus[45]. Diese letzten Freilassungen veranlasste Aldo Moro in seiner Zeit als Justizminister – vom 6. Juli 1955 bis zum 15. Mai 1957 – in der ersten Regierung Segni.

Die Anträge auf Haftaussetzung auf Bewährung „ohne Formalitäten" für politische Häftlinge nahmen dank eilfertiger Anwälte rapide zu. Besonders aktiv war die Anwältin Lucrezia Esy Pollio. Sie war eine Helferin im SAF gewesen, wo sie mit dem Dienstgrad einer Majorin den Propaganda- und Mediendienst geleitet hatte. In den Nachkriegsjahren war sie 1949 Staatsanwältin geworden und 1951 Verteidigerin, und sie hatte in den Verfahren der außerordentlichen Schwurgerichte einige höhere faschistische Funktionäre der RSI vertreten, die der Kollaboration angeklagt waren. Auch hatte sie einigen Faschisten, die das Militärgericht der Alliierten 1944 als Kriegsverbrecher zum Tode verurteilt hatte und die auf der Insel Procida einsaßen, Rechtsbeistand geleistet[46].

In einem Schreiben vom 5. Mai 1954 erklärte sie faschistischen Häftlingen und deren Familienangehörigen, wie ohne große Komplikationen eine vorzeitige Entlassung zu erreichen sei:

> Sehr verehrter Anwalt,
> nach vielen Kämpfen habe ich einen ersten Erfolg errungen: Seine Exzellenz der Minister hat den Entschluss getroffen, allen politischen noch in Haft befindlichen Verurteilten die Haftaussetzung ohne formelles Verfahren zu gewähren [...]. Was nun als Erstes zu tun ist, ist alle, die noch einsitzen, aus der Haft zu befreien. In diesem Sinne, da die durch die Haftanstalt gestellten Anträge auf Haftaussetzung notwendigerweise ihre Zeit beanspruchen, ist beschlossen worden, folgenden Weg einzuschlagen:
> Die Familienangehörigen der politischen Gefangenen, denen die Haftaussetzung zusteht, präsentieren auf einfachem Schriftbogen einen Antrag direkt an den Minister, mit dem sie, versehen

mit dem Datum und dem Ort der Verurteilung, mit der Haftdauer und den im Gefängnis verbrachten Jahren, für ihren Angehörigen, der in der Haftanstalt oder im Gefängnis X einsitzt, im Sinne des Erlasses DPR Nr. 912 vom 18.12.1953, <u>ohne formelles Verfahren</u> die Genehmigung der Haftaussetzung beantragen. Es genügen diese wenigen Zeilen.

Soweit möglich, ist dieser Antrag von der Ehefrau, den Eltern oder den Kindern, auf jeden Fall von den engsten Angehörigen zu unterzeichnen. Diese Anträge werden umgehend beantwortet. Natürlich müssen diejenigen Antragsteller, die ein Verfahren zur Haftaussetzung am Kassationshof laufen haben, von diesem umgehend zurücktreten.

Ich wäre Ihnen sehr zu Dank verpflichtet, wenn Sie auch die Ihnen bekannten Kollegen, die politischen Gefangenen beistehen, über diese Angelegenheit informieren würden, sodass die Anfragen so schnell wie möglich eingehen können. All diese Haftaussetzungen sollten bis Mai vonstattengehen, damit der Juni frei ist für die Begnadigungen und für das Projekt der Gesetzesauslegung.

Gezeichnet Anwalt Lucrezia Pollio[47].

Pollio war Mitglied der Italienischen Frauenbewegung, Movimento Italiano Femminile „Fede e Famiglia", die den ehemaligen Anhängerinnen der RSI und deren Familien materiell und juristisch beistand[48]. Prinzessin Maria Pignatelli di Cerchiara di Calabria hatte diese Vereinigung im Oktober 1946 gegründet und erhielt dabei Unterstützung von Monsignore Silverio Mattei der Heiligen Ritenkongregation und einer Gruppe adliger Römerinnen. In ganz Italien, vor allem aber im Süden, entstand daraus ein Netz, das Inhaftierten, sogenannten „politisch Verfolgten", zunächst im Prozess und dann beim Antrag auf Begnadigung oder Haftaussetzung rechtlichen Beistand bot. Für die Vereinigung, die zwar unabhängig vom neofaschistischen Movimento Sociale Italiano (MSI) konstituiert war, ihm aber nahestand, war eine Gruppe von Anwälten tätig, zu denen Giuseppe Orrù, der christdemokratische Abgeordnete Stefano Reggio d'Aci und die MSI-Mitglieder Nando di Nardo und Italo Formichella zählten[49]. Bis 1951 leisteten die Verteidiger der Vereinigung allein in 1.468 Verfahren Rechtshilfe. Außerdem konnte der Movimento Italiano Femminile auf die Unterstützung von Ministern, hohen Funktionären, Abgeordneten und Senatsmitgliedern zählen, darunter beispielsweise die Christdemokraten Gennaro Cassiani, Egidio Tosato und Mario Zotta. Auf dieses Hilfsnetz sollte sich auch die untergetauchte Kollaborateurin Adriana Paoli stützen können.

Auf den ersten Blick scheint es, als sei Adriana Paoli als eine der letzten Kollaborateurinnen aus dem Gefängnis entlassen worden – später, nämlich erst Ende 1955, als viele andere ehemalige Angehörige der Republik von Salò. In Wahrheit hatte sie gerade einmal sieben Monate eingesessen, obwohl das außerordentliche Schwurgericht von Alessandria sie am 29. November 1946 wegen Kollaboration und Beihilfe zu wiederholter vorsätzlicher Tötung zu 30 Jahren Haft verurteilt hatte. Aber Paoli war untergetaucht, und erst als sich ihre Haftstrafe infolge der Amnestie von 1953 auf zwei Jahre reduziert hatte, stellte sie sich in Reggio Calabria, wo sie seit Jahren ungestört mit ihren Kindern lebte. Daraufhin befand sie sich seit dem 14. März 1955 in Haft und hätte bis März 1957 ihre Reststrafe absitzen sollen, doch infolge des von Justizminister

Aldo Moro erlassenen Dekrets der Haftaussetzung auf Bewährung[50] kam sie schon am 24. Oktober 1955 wieder auf freien Fuß.

An jenem Tag unterzeichnete Aldo Moro mehrere Entlassungen auf Bewährung zugunsten von KollaborateurInnen, deren Gnadengesuche oder Anträge auf Haftaussetzung bisher abgelehnt worden waren, „in Anbetracht der Natur und der Schwere des Vergehens", das zu ihrer Verurteilung geführt hatte[51].

Im Fall Paolis und anderer ehemaliger FaschistInnen wurde das neue Gesetz zur Haftaussetzung auf Bewährung vom Dezember 1953 wirksam, mit dem der Justizminister den für politische Vergehen Verurteilten Straferlässe zugestehen konnte, unabhängig davon, wie viele Haftjahre bereits abgesessen oder noch abzusitzen waren, selbst dann, wenn sie nicht einmal die Hälfte ihre Strafe verbüßt hatten oder noch mehr als fünf Jahre Haft ausstanden.

Die Amnestie und das Dekret zur Haftaussetzung auf Bewährung von 1953 bezogen auch diejenigen Faschisten und Faschistinnen ein, die in Abwesenheit verurteilt worden und 1953 noch untergetaucht waren; der Haftbefehl gegen sie wurde einfach aufgehoben, und falls sie sich doch noch stellten, wussten sie, dass sie nach kürzester Zeit wieder frei sein würden[52]. So war es auch im Fall von Adriana Paoli. Über sie liegen wenige Informationen vor, wenig über ihre Taten und ihre Rolle innerhalb der RSI wie auch über ihre strafrechtliche Verfolgung; das Wenige befindet sich in ihrer dürftigen Akte zur Strafaussetzung[53]. Es reicht aber aus, um den Vorgang nachzuvollziehen. Aus dem Gefängnis in Reggio Calabria hatte Adriana Paoli umgehend ihre Haftaussetzung beantragt, zunächst aber keine Antwort erhalten. Daraufhin reichten ihre Kinder, der achtzehnjährige Ettore und die sechzehnjährige Luciana, am 4. August 1955 einen neuen Antrag bei Minister Aldo Moro ein.

Dieses Gesuch, das die Kinder unterschrieben, aber sicherlich nicht selbst verfasst hatten, zeichnet das Bild eines traditionellen, rechtschaffenen Italiens, das man im Begriffspaar „Religion und Familie" auf den Punkt bringen kann. Der Brief begann mit einem Appell an Moro, „an seine herausragende christliche Güte", an sein „väterliches Herz". Er erinnerte daran, dass sich die „liebe Mama" seit fünf Monaten im Gefängnis befand; die beiden jungen Leute verfügten über wenig Geld und gaben an, von der „Güte der Menschen" und von nicht näher identifizierten „christlichen Vereinigungen" unterstützt zu werden. Die Mutter sei die Einzige, die für den Unterhalt ihrer Familie aufkam: „Mit ihrer ehrlichen Arbeit gab sie uns die Möglichkeit, auf anständige Weise zu leben und konnte uns in die Schule schicken". Der Vater war verschwunden, flüchtig. Dass der Vater – dessen Name nie genannt wird – untergetaucht war, lässt vermuten, dass die Eltern der beiden jungen Leute faschistischer Gesinnung gewesen waren.

Der Brief fuhr mit einem „bekümmerten Appell" fort:

Wir wissen nicht, an wen wir uns wenden sollen, auch haben wir kein Geld für einen Anwalt. Die einzige Person, der wir uns anvertrauen können, sind Sie. Unser bekümmerter Appell kommt aus unserem Herzen, das nicht mehr weinen kann, weil wir schon zu viele Tränen vergossen haben, und wir appellieren an Ihr edles Herz, unsere liebe Mama unserer Familie zurückzugeben, damit sie ihrer Mutterpflicht nachkommen und uns weiterhin im christlichen Sinne erziehen kann [...]. Sie sind die einzige Person, die uns helfen kann und wir wenden uns an Sie, und gehen Sie davon aus, dass wir gute Menschen sind, die immer für Sie und Ihre Lieben beten werden. Bitte geben Sie uns eine positive Nachricht und wir werden Ihnen unser ganzes Leben dafür dankbar sein.

Was allein zählte für die Bittsteller, war die Rückkehr in ein sogenanntes „normales Leben". Diese Frau, die bewusst für Mussolinis Republik gekämpft hatte, die wegen Kollaboration und mehrfachen vorsätzlichen Totschlags verurteilt worden war, sollte nach Hause zurückkehren, in ihre Rolle als „liebevolle" Mutter und „christliche Erzieherin", als wäre nichts geschehen.

Dass Mädchen und Frauen, ehemalige Anhängerinnen der RSI, in ihre Familien, und so unter deren Kontrolle zurückkehrten, in ihre Rolle als Ehefrau, vor allem aber als Mutter, war für den überwiegenden Teil der öffentlichen Meinung wie überhaupt der italienischen Kultur der einzig gangbare Weg. Der Appell an eine allen gemeinsame katholische Tradition und der flehende Ton gegenüber der Autorität (ob Monarch, Minister oder Staatspräsident) bestimmten den abschließenden Teil des Gesuchs. Diesen Ton schlugen die Paoli-Geschwister auch im nächsten Brief an Justizminister Moro im September 1955 an, vielleicht noch um Nuancen stärker. Ihnen war gerade mitgeteilt worden, dass das Gesuch zwar abgeschlagen worden war, aber bald erneut geprüft werden würde. So lautete ihr Schreiben:

Exzellenz,
Ihnen sei von unserer Seite, von uns kleinen Freunden, aber mit großem Herzen, der Ausdruck unserer wahrhaftigen Dankbarkeit überbracht für das, was uns in Ihrem Schreiben Nr. 360/Kabinett vom 25. August 1955 zugesichert worden ist.
Ihre kontinuierlichen Bemühungen werden von unseren Gebeten begleitet, die wir jeden Abend an die Heilige Muttergottes richten, damit sie Ihnen weiterhin die Kraft gebe, sich im Interesse unseres Volkes zu verwenden [...][54].

Wie ging es weiter mit dem Verfahren zur Haftaussetzung der Paoli? Einige Tage, nachdem ihre Kinder das Gesuch eingereicht hatten, genauer am 8. August, schrieb Vito Sanzo, Parteikollege und Abgeordneter aus Kalabrien, an Justizminister Moro, um ihn um den „besonderen und wohlwollenden Einsatz" für diesen Fall zu bitten. Die Gründe dafür waren „rein humanitär: Die genannte Signora hat Kinder, die seit Langem allein gelassen leben und denen nur einige freundschaftlich gesinnte Personen helfen. Man sagte mir, der Vorgang sei positiv beurteilt worden und es fehle nur noch dein maßgebliches Einverständnis"[55]. In der Korrespondenz zwischen dem Abgeordneten und dem Minister war aus der ehemaligen Salò-Faschistin, nachdem sie Uniform und Waffen abgelegt hatte, nur mehr „Signora" Paoli geworden, eine Frau, die aus „humanitären Gründen" Hilfe brauchte.

Auch der christdemokratische Parlamentsabgeordnete Gennaro Cassiani aus Kalabrien, Minister der Handelsschifffahrt, verwandte sich in einem Schreiben für sie. Eine gemeinsame Kultur, ein gemeinsames identitätsstiftendes Ansinnen lag diesen Gesuchen, den Briefen von Familienangehörigen, den Empfehlungsschreiben ebenso wie den Antworten des Ministers zugrunde. Paoli wie auch alle anderen „politischen Gefangenen", die noch einsaßen, verloren kein Wort mehr über ihre faschistische Identität, über ihre Rolle und Kollaboration in der Republik von Salò. Sie waren anscheinend nicht einmal mehr wegen „politischer Vergehen" verurteilt worden. Jeder Bezug auf den Krieg, die RSI, auf die Prozesse der Nachkriegszeit, auf den Bürgerkrieg war ein für alle Mal getilgt.

Obwohl Moro grundsätzlich bestrebt war, die Haftaussetzungen so rasch wie möglich abzuwickeln, lehnte er das Gesuch Paolis im ersten Anlauf ab. Dabei handelte es sich gewiss nicht um einen Meinungswandel des Ministers. Wie sehr Moro von der Notwendigkeit überzeugt war, die Abrechnung mit dem Faschismus endgültig abzuschließen, bestätigt ein Schreiben von ihm an den Präsidenten der Republik Gronchi im Jahr 1956: Darin schlug er vor, man könne doch die Möglichkeit in Betracht ziehen, Walter Reder zu begnadigen, den SS-Offizier, der unter anderem für das Massaker von Marzabotto verantwortlich war[56].

Im Fall Paoli ging es vielmehr darum, dass die für die Haftaussetzungen zuständige Behörde auf die Einhaltung einiger grundsätzlicher Regeln bei der Prüfung der Gesuche bestand. Man könnte meinen, es habe eine Art Machtprobe zwischen dem Justizminister und den Richtern und Justizbeamten, die die Haftaussetzungsverfahren bearbeiteten, gegeben. Der Minister war eher geneigt, den Gnadengesuchen ohne großen bürokratischen Aufwand stattzugeben, während sich Letztere um die Einhaltung der Verfahrenspraxis bemühten, nach der man in den Jahren zuvor die Gnadenerweise je nach Fall negativ oder positiv beschieden hatte (Überprüfung der Art und Schwere der Straftat, verweigerte Vergebung von Opferseite, negative Beurteilungen durch Staatsanwälte, Polizei und andere Stellen, zu wenig bisher abgesessene Haftjahre).

Auf genau diese Vorgaben bezog sich der Generaldirektor für Strafrechtliche Angelegenheiten, Nicola Fini, in seiner schriftlichen Vorlage zum Bescheid vom 20. August 1955. Es fehlte nur noch die Unterschrift des Ministers, um bekannt machen zu können, dass das Gesuch negativ beschieden worden war:

> Hiermit wird mitgeteilt, dass es bisher nicht möglich war, eine Begnadigung oder eine Haftaussetzung auf Bewährung zugunsten der Verurteilten auszusprechen, da die erforderlichen Elemente fehlen, vor allem angesichts der Art und der Schwere der Straftat, der verweigerten Vergebung durch die Angehörigen der Opfer, wegen negativer Gutachten und wegen des geringen verbüßten Anteils der Haftstrafe. Zum Datum 3.6.1955 wurde entschieden, den Fall nach längerer Haftbuße erneut zu prüfen.

Wenige Tage später beauftragte der Justizminister seinen stellvertretenden Kabinettschef, Gino Bianchi d'Espinosa, an die Kinder der Paoli zu schreiben und ihnen zuzusichern, das Gnadengesuch werde bald erneut und „mit dem größtmöglichen Wohlwollen" geprüft. Auch lag ihm daran, dem Abgeordneten Vito Sanzo persönlich zu antworten, ihm die Position seiner Funktionäre mitzuteilen und dass es aufgrund dieser nicht möglich gewesen sei, „einer Begnadigung oder der Haftaussetzung zugunsten der Paoli stattzugeben, aufgrund der Schwere der Straftaten, der negativen Gutachten, der geringen verbüßten Strafe"[57]. Am 1. Oktober 1955, als das Gesuch erneut geprüft werden sollte, schrieb Moro selbst an die Paoli-Kinder und versprach ihnen seine persönliche Verwendung für ihre Mutter[58]. Der Fall wurde am 25. Oktober 1955 mit der Unterzeichnung des Hafterlasses abgeschlossen. Endlich konnte Moro allen schreiben, den Kindern sowie den Abgeordneten Sanzo und Cassiani, er sei „froh", ihnen mitteilen zu können, „dass infolge meiner persönlichen erneuten Prüfung des Gesuchs der Haftaussetzung zugunsten von Signora Adriana Paoli [...], ich genannter Signora die erbetene Haftaussetzung gewähren kann"[59].

Tatsächlich bilden die von Moro veranlassten Haftaussetzungen den Schlussakt der politischen Strafverfolgung der ehemaligen Salò-FaschistInnen nach dem Zweiten Weltkrieg.

Zwischen der Togliatti-Amnestie und diesen letzten Strafaufhebungen durch Aldo Moro (und vor ihm durch De Pietro) waren zehn Jahre vergangen: Zehn Jahre voll nationaler und internationaler Ereignisse und Entwicklungen – etwa der Beginn des Kalten Krieges, die Niederlage der linken Parteien bei den Wahlen von 1948 und die Annäherung im Namen des Antikommunismus von Teilen der katholischen Kirche und der Democrazia Cristiana an die rechten Parteien –, die das Nachkriegsitalien radikal veränderten. Moros Haftaussetzungen stehen für die Vollendung eines politischen Prozesses unter dem Einfluss katholischer wie rechtsorientierter Gesinnungen, die zur wachsenden Überzeugung geführt hatte, dass die Salò-FaschistInnen eigentlich Opfer einer parteiischen, kommunistischen Justiz waren. Den Gerichten der ersten Nachkriegsjahre entzog man damit jede Legitimation.

Die Verwendung von „Carissimi" – „Ihr Lieben" –, um die Kinder einer wegen Kollaboration zu 30 Jahren Haft Verurteilten anzusprechen, die sich jahrelang der Justiz entzogen hatte, Ausdrücke wie „[der Vorgang] wird erneut geprüft und ich versichere Euch, mit dem größtmöglichen Wohlwollen", „persönliche Verwendung", „ich kann ihr gewähren" vonseiten des Justizministers verraten – in vielleicht nebensächlichen, aber aussagekräftigen Details – eine personenbezogene, paternalistische Justiz, die mit gönnerhaft gewährtem Wohlwollen (im Fall von Verurteilten und ihren Familienangehörigen) agiert und sich als kollegialen Austausch von Gefallen (im Fall von Parlamentariern und Politikern) darstellt.

Nostalgie

Adriana Paoli kehrte im Oktober 1955 zu ihren Kindern und in ihr Leben in Freiheit zurück. Ob es ihr leichtfiel, die Jahre des Faschismus und der RSI auszuklammern? Wir kennen die Antwort nicht. Ebenso wenig wissen wir darüber, welches Leben die anderen ehemaligen Faschistinnen von Salò, mit deren strafrechtlichen Schicksalen wir uns beschäftigt haben, nach ihrer Entlassung aus dem Gefängnis geführt haben.

Keine schient ein öffentliches Amt bekleidet zu haben oder einer Partei, etwa dem im Dezember 1946 gegründeten MSI[60], beigetreten zu sein. Wie wenig Frauen es im MSI gab und wie gering ihr Einfluss in der Partei war, zeigt sich am Beispiel Piemont, wo zwischen 1951 und 1970 nicht eine einzige MSI-Kandidatin gewählt wurde, weder bei den Kommunal- noch bei den Provinzwahlen[61].

Eine gewisse Vorstellung von den Lebenswegen und Idealen einiger ehemaliger Faschistinnen lässt sich aus Erinnerungen und Interviews gewinnen, die aber in der Regel erst viele Jahre nach dem Krieg verfasst beziehungsweise geführt wurden. Aber grundsätzlich gilt, dass es, im Gegensatz zu den männlichen Salò-Faschisten, die viel geschrieben und erzählt haben, von den ehemaligen Salò-Faschistinnen nur wenige Interviews und Erinnerungen gibt[62].

Der Erinnerungsbericht der berühmten Spionin Carla Costa sagt viel über die Gefühle der Menschen nach Kriegsende und in den folgenden Jahren aus. Costa war bereits 1948 begnadigt worden und wieder auf freiem Fuß. Folgendes schrieb sie an Barocci: „Man lebt in Erinnerungen, Adri, sehr viel mehr als wir glauben: Das Leben geht weiter und der Geist ist auf das, was kommt, gerichtet, doch das Herz kommt nicht umhin, sich rückwärts zu wenden, auf eine wunderbare Vergangenheit, die man nicht vergessen kann"[63]. Die Vergangenheit empfand sie als „wunderbar" und verband mit ihr heftige, schmerzhafte Nostalgie, die sie – wie viele andere – auf Distanz gehen ließ zur Gegenwart der Nachkriegsjahre.

Nostalgie und Entfremdung sind vielleicht die Gefühle, die vielen ehemaligen Faschistinnen von Salò am ehesten gemein sind. Dazu kommt etwas, auf das wir schon hingewiesen haben: keinerlei Reuegefühle und keine kritische Revision ihrer Erfahrungen und ihres Agierens in der RSI. Munzi darüber: „Keine einzige der interviewten Helferinnen bereut. Bei diesen alten Damen ist kein Anzeichen von Bedauern zu verspüren, stattdessen stehen sie mit überzeugtem Anspruch zu ihren Erfahrungen"[64].

Auch Addis Saba bestätigt diesen Eindruck:

> Es scheint uns, dass die Mädchen von Salò ihre Erfahrung in all den Jahren keiner kritischen Prüfung unterzogen haben, und auch heute scheinen sie das nicht tun zu wollen. Einige haben wir gesehen und kennengelernt, und sie büßen für nichts und wollen auch keine Vergebung, ihr Stolz ist ungebrochen, aber auch in ihrer Analyse sind sie stehen geblieben. Vielmehr gewinnt man den Eindruck, dass sie sich absichtlich von der Welt fernhalten und dass es sie belastet, sich ihrer Jugenderfahrung nicht mit süßer Nostalgie erinnern zu können[65].

Dieser Faschismus, dem die Mädchen und Frauen von Salò verbunden blieben, war für sie gleichbedeutend mit Vaterland. Er bedeutete „Schutzwall gegen den Antifaschismus, gegen das Italien des Widerstands und gegen das der Demokratie, alle verantwortlich, so glaubten sie, für den Niedergang der nationalen Tugenden und Werte"[66]. Vor allem die Resistenza stieß bei ihnen auf Ablehnung, da sie sie mit den Partisanen gleichsetzten, insbesondere wenn es sich bei dem Partisan um einen Kommunisten handelte, ihm gegenüber empfanden diese Frauen eine „Form heftigster Abscheu": „Der Partisan verdient keinen Hass, der klar und rein wie eine Klinge ist. Über ihn ergießt sich eine Mischung aus Verachtung (der Rebell, der Verräter, der Badoglio-Freund [...]) und Furcht (der Vergewaltiger, der Mörder, gnadenlos, der Mann, der dich in den Hinterhalt laufen lässt)"[67].

Trotz aller Appelle nationaler Friedensfindung führte ihre Treue dem Faschismus gegenüber zur Ablehnung der neuen demokratischen Republik, zu der Italien nach dem Krieg geworden war, und mit der sie sich nicht identifizieren konnten und wollten[68].

Anmerkungen

N. Kramer, **Ganz normale Frauen?**

1 B. Schlink, *Der Vorleser*, Zürich 1997 (1995), S. 101–103.

2 B. Niven, *Bernhard Schlink's „Der Vorleser" and the Problem of Shame*, in „The Modern Language Review", 98, 2003, 2, S. 381–396, S. 381–383.

3 A. Kretzer, *NS-Täterschaft und Geschlecht. Der erste britische Ravensbrück-Prozess 1946/47 in Hamburg*, Berlin 2009; S. Erpel (Hrsg.), *Im Gefolge der SS. Aufseherinnen des Frauen-KZ Ravensbrück. Begleitband zur Ausstellung*, Berlin 2007; C. Taake, *Angeklagt: SS-Frauen vor Gericht*, Oldenburg 1998; I. Heike, *Johanna Langefeld – Die Biographie einer KZ-Oberaufseherin*, in „WerkstattGeschichte", 12, 1995, S. 7–19; L. Heise, *KZ-Aufseherinnen vor Gericht. Greta Bösel – „another of those brutal types of women"?*, Frankfurt a.M. 2009.

4 M. Pfeffer, *Frauenrecht – Frauenpflicht*, in „Der Regenbogen", Januar 1947, S. 3.

5 L. Raphael, *Radikales Ordnungsdenken und die Organisation totalitärer Herrschaft: Weltanschauungseliten und Humanwissenschaftler im NS-Regime*, in „Geschichte und Gesellschaft", 27, 2001, 1, S. 5–40, hier S. 28-29.

6 Zum Differenzfeminismus und seiner Bewertung in der historischen Forschung vgl. C. Streubel, *Radikale Nationalistinnen. Agitation und Programmatik rechter Frauen in der Weimarer Republik*, Frankfurt a.M. 2006, S. 58–60. Zur Maxime der „Gleichwertigkeit der Geschlechter" vgl. L. Wagner, *Nationalsozialistische Frauenansichten. Vorstellungen von Weiblichkeit und Politik führender Frauen im Nationalsozialismus*, Frankfurt a.M. 1996, S. 129–132.

7 Abel-Biogramm Nr. 365 von Marie Waga, undatiert, abgedruckt in K. Kosubek, *„genauso konsequent sozialistisch wie national". Alte Kämpferinnen der NSDAP vor 1933. Eine Quellenedition 36 autobiographischer Essays der Theodore-Abel-Collection*, Göttingen 2017, S. 511-512.

8 S. Erpel (Hrsg.), *Im Gefolge der SS*; E. Mailänder Koslov, *Gewalt im Dienstalltag. Die SS-Aufseherinnen des Konzentrations- und Vernichtungslagers Majdanek 1942–1944*, Hamburg 2009; J. Schwartz, *„Weibliche Angelegenheiten". Handlungsräume von KZ-Aufseherinnen in Ravensbrück und Neubrandenburg*, Hamburg 2018.

9 J. Mühlenberg, *Das SS-Helferinnenkorps. Ausbildung, Einsatz und Entnazifizierung der weiblichen Angehörigen der Waffen-SS 1942–1949*, Hamburg 2012. Zu den Helferinnen der Wehrmacht v.a. F. Maubach, *Die Stellung halten. Kriegserfahrungen und Lebensgeschichten von Wehrmachthelferinnen*, Göttingen 2009.

10 E. Harvey, *Women and the Nazi East. Agents and Witnesses of Germanization*, New Haven CT 2003.

11 K. Tiedemann, *Hebammen im Dritten Reich. Über die Standesorganisation für Hebammen und ihre Berufspolitik*, Frankfurt a.M. 2001; W. Lisner, *„Hüterinnen der Nation". Hebammen im Nationalsozialismus* (Geschichte und Geschlechter, 50), Frankfurt a.M. 2006.

12 W. Lisner, *„Hüterinnen der Nation"*.

13 Zur empirisch nicht haltbare These, dass Denunziation Frauensache war H. Schubert, *Judasfrauen. Zehn Fallgeschichten weiblicher Denunziation im „Dritten Reich"*, Frankfurt a.M. 1990.

14 I. Marßolek, *Die Denunziantin. Die Geschichte der Helene Schwärzel 1944–1947*, Bremen 1993, S. 123–125; G. Diewald-Kerkmann, *Politische Denunziation im NS-Regime oder die kleine Macht der „Volksgenossen"*, Bonn 1994, S. 131–132. In den 1930er Jahren konzentrierten sich Denunziationen z.B. auf den Handel mit Juden, fielen also in einen beruflichen Kommunikationszusammenhang fast ohne Frauen.

15 A.E. Steinweis, *Kristallnacht 1938*, Cambridge MA 2009, S. 61, 90.

16 In geschlechtergeschichtlicher Perspektive fällt auf, dass es einige Fälle gab, in denen jüdische Verfolgte Teile ihres Besitzes an weibliche Hausangestellte übertrugen. NS-Stellen erkannten diese Übertragungen aber oft nicht an. C. Fritsche, *Ausgeplündert, zurückerstattet und entschädigt. Arisierung und Wiedergutmachung in Mannheim*, Mannheim 2012, S. 488-489.

http://doi.org/10.1515/9783110642889-010

17 G. Hoffmann, *Fliegerlynchjustiz. Gewalt gegen abgeschossene alliierte Flugzeugbesatzungen 1943–1945* (Krieg in der Geschichte, 88), Paderborn 2015, S. 303–304.
18 A. Eichmüller, *Die Strafverfolgung von NS-Verbrechen durch westdeutsche Justizbehörden seit 1945. Eine Zahlenbilanz*, in „Vierteljahrshefte", 56, 2008, 4, S. 621–640, hier S. 637.
19 T. Schlemmer / H. Woller, *Essenz oder Konsequenz? Zur Bedeutung von Rassismus und Antisemitismus für den Faschismus*, in dies. (Hrsg.), *Der Faschismus in Europa. Wege der Forschung*, München 2014, S. 123–144.
20 P. Willson, *Peasant Women and Politics in Facist Italy: The Massaie Rurali*, Abingdon 2002.
21 S. Inaudi, *Le politiche assistenziali nel regime fascista*, in P. Mattera, *Momenti del welfare in Italia. Storiografia e percorsi di ricerca*, Rom 2012. P. Mattera, Momenti del welfare in Italia. Storiografia e percorsi di ricerca, Rom 2012.
22 M. Minesso, *Stato e infanzia nell'Italia contemporanea: origini, sviluppo e fine dell'Onmi, 1925–1975*, Bologna 2007, S. 55–58.
23 C. Giorgi, *The Allure of the Welfare State*, in J. Albanese / R. Pergher (Hrsg.), *In the Society of Fascists*, Basingstoke 2012, S. 131–148.
24 Eine Bilanz der Arbeit der OMNI findet sich bei M.S. Quine, *Italy's Social Revolution: Charity and Welfare From Liberalism to Fascism*, Hundmills / New York 2002, S. 136–138, S. 159–170. Zur Neudefinition der Armut siehe S. Inaudi, *Le politiche assistenziali*, S. 69–71. Im Gesetzestext von 1925 waren hohe Ansprüche verankert, die eine Abkehr von der vornehmlich auf Bedürftigkeitsprüfung basierenden Armenpflege traditioneller privater Fürsorgeeinrichtungen vorsah bzw. durch eine auf weitere Bevölkerungskreise gerichtete soziale Arbeit ersetzt sehen wollte. Zweifellos regte diese eine Neudefinition von Armut an, die aber in der Praxis der Organisation aufgrund fehlender finanzielle Ressourcen kaum umgesetzt werden konnte.
25 P. Willson, *Peasant Women*.
26 Vgl. M. Fraddosio, *Donne nell'esercito di Salò*, in „Memoria", 4, 1982, S. 59–76; A. Bravo / A.M. Bruzzone, *In guerra senza armi. Storie di donne, 1940–1945*, Rom / Bari 1995.
27 Dazu S. Reichardt, *Faschistische Kampfbünde. Gewalt und Gemeinschaft in italienischen Squadrismus und der deutschen SA*, Köln u.a., 2. Auflage 2009, S. 677.
28 H. Dittrich-Johansen, *Le „militi dell'idea". Storia delle organizzazioni femminili del Partito Nazionale Fascista*, Florenz 2002, S. 207.
29 E.C. Banfield, *The Moral Basis of a Backward Society*, Glencoe 1958, S. 96–101. Zur Kritik vgl. W. Muraskin, *The Moral Basis of a Backward Society: Edward Banfield, the Italians, and the Italian-Americans*, in „Journal of Sociology", 79, 1974, S. 1484–1496, S. 1485–1487. Eine starke Ausrichtung an Banfields Konzept findet sich bei C. Tullio-Altan, *La nostra Italia. Arretratezza socioculturale, clientelismo, trasformismo e ribellismo dall'Unità ad oggi*, Mailand 1986.
30 K. Latzel / E. Mailänder / F. Maubach, *Geschlechterbeziehungen und „Volksgemeinschaft". Zur Einführung*, in dies. (Hrsg.), *Geschlechterbeziehungen und „Volksgemeinschaft"*, Göttingen 2018, S. 9–26, S. 15–17.
31 J. Steuwer, *„Ein Drittes Reich, wie ich es auffasse". Politik, Gesellschaft und privates Leben in Tagebüchern 1933–1939*, Göttingen 2017.
32 H. Woller, *Geschichte Italiens im 20. Jahrhundert*, München 2010, S. 192.
33 Vgl. z.B. A. Eichmüller, *Die Strafverfolgung von NS-Verbrechen*, S. 636–637. 59% der Anklagen lag der Tatbestand der Denunziation zugrunde. Der Anteil von Frauen an den Verurteilten betrug nur noch 5,5%.
34 Für Deutschland ist dies bereits ausgeführt im Band von U. Weckel / E. Wolfrum (Hrsg.), *„Bestien" und „Befehlsempfänger". Frauen und Männer in NS-Prozessen nach 1945*, Göttingen 2003.
35 B. Schlink, *Der Vorleser*, S. 193-196.

Einleitung

1 Über die Prozesse, die gegen die FaschistInnen von Salò geführt wurden, gibt es noch keine umfassende Untersuchung. Folgende Titel liegen bisher vor: G. Neppi Modona (Hrsg.), *Giustizia penale e guerra di liberazione*, Mailand 1984; zum Piemont L. Allegra, *Gli aguzzini di Mimo. Storie di ordinario collaborazionismo (1943–45)*, Turin 2010; zu Ligurien A. Casazza, *La beffa dei vinti*, Genua 2011. Für eine allgemeine Darstellung zur „Säuberung" siehe H. Woller, *Die Abrechnung mit dem Faschismus in Italien 1943 bis 1948*, Wien 1996.

2 ACS, MGG, Collaborazionisti; ACS, MGG, Assise.

3 Hier möchte ich nur die bedeutendste und umfassendste Studie zum Thema nennen C. Pavone, *Una guerra civile. Saggio storico sulla moralità nella Resistenza*, Turin 1991. Zur Italienischen Sozialrepublik siehe L. Ganapini, *La repubblica delle camicie nere*, Mailand 1999; M. Borghi, *Tra fascio littorio e senso dello stato: funzionari, apparati, ministeri della Repubblica sociale italiana (1943–1945)*, Padua 2001.

4 Zu den Daten der verurteilten Kollaborateurinnen siehe A. Martini, *Processi alle fasciste. La carta stampata, la rispettabilità e l'epurazione delle collaborazioniste in alcune provincie venete*, Padua 2015, S. 17–24

5 L. Bernardi / S. Testori, *Collaborazionisti e partigiani di fronte alla giustizia penale*, in G. Neppi Modona (Hrsg.), *Giustizia penale e guerra di liberazione*, S. 52

6 C. Saonara, *Le sanzioni contro il fascismo dai decreti del CLNAI alle corti straordinarie di Assise*, in G. Sparapan (Hrsg.), *Fascisti e collaborazionisti nel Polesine durante l'occupazione tedesca. I processi della Corte d'Assise Straordinaria di Rovigo*, Venedig 1991, S. 20.

7 A. Naccarato, *I processi ai collaborazionisti: Le sentenze della Corte d'assise straordinaria di Padova e le reazioni dell'opinione pubblica*, in A. Ventura (Hrsg.), *La società veneta dalla Resistenza alla Repubblica*, Padua 1997, S. 573; R. Caporale, *La „Banda Carità". Storia del reparto Servizi Speciali (1943–45)*, Lucca 2005, S. 339.

8 F. Giannantoni, *I giorni della speranza e del castigo. Varese 25 aprile 1945*, Varese 2013, S. 390–391.

9 M. Martin, *L'attività della Corte d'Assise straordinaria di Bolzano*, in G. Delle Donne (Hrsg.), *Alto Adige 1945–1947. Ricominciare, Provincia Autonoma di Bolzano (Südtirol 1945–1947. Ein Neuanfang. Autonome Provinz Bozen)*, Bozen 2000, S. 69.

10 M. Storchi, *Il sangue dei vincitori. Saggio sui crimini fascisti e i processi del dopoguerra (1945–1946)*, Reggio Emilia 2008, S. [266].

11 M. Griner, *La „banda Koch". Il reparto speciale di polizia 1943–44*, Turin 2000; M. Firmani, *Per la patria a qualsiasi prezzo. Carla Costa e il collaborazionismo femminile*, in S. Bugiardini (Hrsg.), *Violenza, tragedia e memoria della Repubblica sociale italiana*, Carocci, Rom 2006, S. 141; M. Franzinelli, *L'amnistia Togliatti 22 giugno 1946. Colpo di spugna sui crimini fascisti*, Mailand 2006, S. 234–236.

12 M. Franzinelli, *L'amnistia Togliatti*, S. 69. Ein genereller Überblick über die Prozesse und Verurteilungen in Italien zeigt, dass von 21.454 Angeklagten 27,6 % verurteilt wurden, während in Frankreich von 50.095 Angeklagten 84% verurteilt wurden. In Italien wurden 500 bis 550 Todesstrafen verhängt, die in 91 Fällen auch vollstreckt wurden, während in Frankreich 7.037 Todesurteile ausgesprochen wurden, zu deren Vollstreckung es in 767 Fällen kam. Zu Frankreich siehe H. Rousso, *Le syndrome de Vichy. De 1944 à nous jours*, Paris 1989. Einen Vergleich mit anderen europäischen Staaten bietet L. Huyse, *La reintegrazione dei collaborazionisti in Belgio, in Francia e nei Paesi Bassi*, in „Passato e Presente", 44, 1998, S. 113–126; L. Huyse, *Comparing Transitional Justice Experiences in Europe*, in N. Wouters (Hrsg.), *Transitional Justice and Memory in Europe (1945–2013)*, Cambridge 2014; M. Flores, *L'età del sospetto. I processi politici della guerra fredda*, Bologna 1995, S.11–63.

13 Zu den Prozessen gegen Collaborazionisti siehe R. Cairoli, *Dalla parte del nemico. Ausiliarie, delatrici e spie nella Repubblica sociale italiana (1943–1945)*, Mailand / Udine 2013; M. Firmani, *Per la patria*, S. 135–157; F. Gori, *I processi per collaborazionismo in Italia. Un'analisi di genere*, in „Contemporanea", 15, 2012, S. 651–672; C. Nubola, *Collaborazioniste. Processi e provvedimenti di clemenza nell'Italia* *del secondo dopoguerra*, in G. Focardi / C. Nubola (Hrsg.), *Nei tribunali. Pratiche e protagonisti della giustizia di transizione nell'Italia repubblicana* (Annali dell'Istituto storico italo-germanico in Trento. Quaderni, 95), Bologna 2015; S. 221–267. Zu Deutschland siehe W. Lower, *Hitlers Helferinnen. Deutsche Frauen im Holocaust*, München 2014, (am. O.-Ausg., *Hitler's Furies: German Women in the Nazi Killing Fields*, New York 2013).

14 Zur Togliatti-Amnestie siehe im Einzelnen M. Franzinelli, *L'amnistia Togliatti*.

15 Justizminister Antonio Azara hatte im faschistischen Regime eine aktive Rolle gespielt. Er war Ressortleiter am Kassationshof und Mitglied im wissenschaftlichen Beirat von Zeitschriften wie „La nobiltà della stirpe" und „Diritto razzista". Vom Alto Commissariato per apologia fascista wurde Azara von allen Anschuldigungen entlastet. 1948 verließ er die Justizbehörde, um als Senator der Democrazia Cristiana in die Politik zu gehen und wenige Jahre später Minister zu werden: und zwar Justizminister in der Regierung Pella (August 1953 bis Januar 1954).

16 Zur Justiz im Anschluss an den Zweiten Weltkrieg siehe P.P. Portinaro, *I conti con il passato. Vendetta, amnistia, giustizia*, Mailand 2011.

17 U. Munzi, *Donne di Salò*, Mailand 1999, S. 13. Zum Frauenhilfsdienst SAF, siehe Kapitel IV.

18 Zum Thema der Justiz in der Übergangsphase nach dem Krieg in Europa vgl. N. Wouters (Hrsg.), *Transitional Justice and Memory*; zu Italien vgl. G. Focardi / C. Nubola (Hrsg.), *Nei tribunali*.

I Kollaborateurinnen

1 Eine kritische Untersuchung zur Interpretation von „Kollaboration" findet sich bei D. Gagliani, *Violenze di guerra e violenze politiche. Forme e culture della violenza nella Repubblica sociale italiana*, in L. Baldissara / P. Pezzino (Hrsg.), *Crimini e memorie di guerra: violenza contro le popolazioni e politiche del ricordo*, Neapel 2004, S. 292–314.

2 Der Text von Art. 58 lautet wie folgt: „Jeder, der in den vom Feind belagerten und besetzten Gebieten des Staates die politischen Pläne des Feindes auf dem belagerten und besetzten Gebiet unterstützt oder der eine Tat begeht, die die Loyalität der Bürger gegenüber dem italienischen Staat beeinträchtigt, wird mit 10 bis 20 Jahren Haft bestraft."

3 Die provisorische Sondersektion des Kassationshofs beendete ihre Tätigkeit am 30. Tag nach Inkrafttreten (am 13. Oktober 1945) des Dekrets vom 5. Oktober 1945 (DLL Nr. 625). Die zu diesem Zeitpunkt noch anhängigen Verfahren wurden an den Kassationshof in Rom verlegt und der 2. Strafkammer übergeben (Vorsitzender Vincenzo De Ficchy).

4 Die Zusammensetzung der Sondersektionen der Schwurgerichte wurde am 12. April 1946 dahingehend geändert, dass man nun ein Schwurgericht aus zwei ordentlichen Richtern und fünf Laienrichtern vorsah, Letztere per Los aus einer Liste von 150 Bürgern ausgewählt. Diese Bürgerliste wurde von einer Kommission zusammengestellt, die aus dem Gerichtsvorsitzenden, einem Vertreter des CLN und dem Bürgermeister der jeweiligen Kreishauptstadt bestand.

5 Zur Rechtsprechung im Allgemeinen siehe G. Neppi Modona, *La magistratura dalla Liberazione agli anni Cinquanta*, in *Storia dell'Italia Repubblicana*, Bd. 3/2: *L'Italia nella crisi mondiale. L'ultimo ventennio*, Turin 1997, S. 83–137; ders., *La giustizia in Italia tra fascismo e democrazia*, in G. Miccoli / G. Neppi Modona / P. Pombeni (Hrsg.), *La grande cesura. La memoria della guerra e della resistenza nella vita europea del dopoguerra*, Bologna 2001, S. 223–283; P. Soddu, *La transizione dal fascismo alla democrazia nella „memoria" della magistratura italiana*, in G. Miccoli / G. Neppi Modona / P. Pombeni (Hrsg.), *La grande cesura*, S. 427–464; G. Focardi, *I magistrati tra la RSI e l'epurazione*, in S. Bugiardini (Hrsg.), *Violenza, tragedia e memoria della Repubblica sociale italiana*, Rom 2006, S. 309–324; G. Focardi, *Arbitri di una giustizia politica: i magistrati tra la dittatura fascista e la Repubblica democratica*, in G. Focardi / C. Nubola (Hrsg.), *Nei tribunali*, S. 91–132.

6 M. Dondi, *La lunga liberazione. Giustizia e violenza nel dopoguerra italiano*, 2. Aufl., Rom 2004, S. 35.

7 L. Einaudi, *Scritti economici, storici e civili*, hrsg. von R. Romano, Mailand 1973, S. 757–760. Zu den Begnadigungen, vor allem zu den Gnadenerweisen siehe C. Nubola, *Giustizia, perdono, oblio. La grazia in Italia dall'età moderna ad oggi*, in K. Härter / C. Nubola (Hrsg.), *Grazia e giustizia. Figure della clemenza fra tardo medioevo ed età contemporanea* (Annali dell'Istituto storico italo-germanico in Trento. Quaderni, 81), Bologna 2011, S. 11–41; C. Nubola, *I provvedimenti di clemenza nei confronti dei „collaborazionisti" nell'Italia del secondo dopoguerra. Un esempio di giustizia di transizione*, in H.-G. Haupt / P. Pombeni (Hrsg.), *La transizione come problema storiografico. Le fasi critiche dello sviluppo della „Modernità" (1494–1973)*, (Annali dell'Istituto storico italo-germanico in Trento. Quaderni, 98) Bologna 2013, S. 319–344.

8 G. Crainz, *La giustizia sommaria in Italia dopo la seconda guerra mondiale*, in M. Flores (Hrsg.), *Storia, verità, giustizia. I crimini del XX secolo*, Mailand 2001, S. 167.

9 Zu den Prozessen gegen Graziani siehe F. Colao, *I processi a Rodolfo Graziani. Un modello italiano di giustizia di transizione dalla Liberazione all'Anno santo*, in F. Focardi / C. Nubola (Hrsg.), Nei tribunali, S. 169–220.

10 ACS, MGG, Gabinetto, b. 36, fasc. 315, Detenuti politici. Collaborazionisti. Neofascisti, 1951–1956.

11 Giovannino Guareschi war bekannt geworden als Autor einer Reihe von Romanen unter dem Titel *Don Camillo. Mondo piccolo (Don Camillos kleine Welt)*, deren Hauptfiguren der kommunistische Bürgermeister Peppone und der Dorfpfarrer Don Camillo waren. Als antikommunistischer Monarchist war er gegen die Italienische Sozialrepublik und wurde deshalb nach dem 8. September 1943 in deutsche Gefangenschaft deportiert.

12 ACS, MGG, Gabinetto, b. 36, fasc. 315, Detenuti politici. Collaborazionisti. Neofascisti, 1951–1956.

13 AMG, Decreti di liberazione condizionale, 1954–1956. Zu den Haftaussetzungen auf Bewährung in den Jahren 1953–1955 siehe auch Kapitel VII.

14 ACS, MGG, Gabinetto, b. 58, fasc. 504, Liberazione condizionale, 1950–1956.

15 R. De Felice, *Mussolini l'alleato*, Bd. 2: *La guerra civile 1943–1945*, Turin 1997, S. 126–127, zitiert bei A. Osti Guerrazzi, *Fascisti republicani a Roma*, in S. Bugiardini (Hrsg.), *Violenza, tragedia e memoria della Repubblica sociale italiana*, S. 168.

16 G. Focardi, *Le sfumature del nero. Sulla defascistizzazione dei magistrati*, in „Passato e Presente", 2005, 64, S. 61–87.

17 ACS, MGG, Collaborazionisti, b. 65, fasc. Capelli Marina, aus dem *Specchietto per grazia*, 1950 (einer Art tabellarischem Verzeichnis mit den Instanzen und Gutachten zu einem Gnadengesuch, A.d.Ü.)

18 ACS, MGG, Gabinetto, b. 15, fasc. Picknel Liselot.

19 AMG, *Decreti di grazia condizionale*, 1949. Zu den Unterschieden zwischen „agenti capillari", Spionen oder Spitzeln des Politischen Ermittlungsbüros UPI oder anderen Organisationen der Italienischen Sozialrepublik, siehe R. Cairoli, *Dalla parte del nemico*, besonders S. 95–100.

20 Zum Unterschied zwischen geschichtlicher „Wahrheit" und der „Wahrheit" der Justiz sei verwiesen auf C. Ginzburg, *Il giudice e lo storico. Considerazioni in margine al processo Sofri*, Turin 1991.

21 V. Woolf, *A Room of One's Own* (1929): „There is no mark on the wall to measure the height of women in history."

22 Vgl. dazu auch Kapitel VII.

23 ACS, MGG, Assise (1948), b. 28, fasc. Bottego Pini Ester.

24 ACS, MGG, Assise (1948), b. 28, fasc. Bottego Pini Ester, Begutachtung des Gnadengesuchs für den Staatsanwalt.

25 Nachdem die Rassengesetze 1938 erlassen worden waren, beschlossen viele italienische Juden, zum Katholizismus überzutreten und ihre Kinder taufen zu lassen, um sie vor Diskriminierung zu schützen. Zu einigen Beispielen in Venetien siehe I.R. Pellegrini, *Storie di Ebrei. Transiti, asilo e deportazioni nel Veneto orientale*, Portogruaro 2001, S. 159–167.

26 Zu Vittorio Bottego (Parma 29. Juli 1860 – Daga Roba 17. März 1897), siehe L. Bianchedi, *Un destino africano. L'avventura di Vittorio Bottego*, Rom 2010; N. Labanca (Hrsg.), *Vittorio Bottego. Il Giuba Esplorato*, Parma 1997.

27 ACS, MGG, Assise, (1948), b. 28, fasc. Bottego Pini Ester, Mitteilung des Polizeichefs von Vercelli, Dalogli (18. November 1950).

28 ACS, MGG, Assise, (1948), b. 28, fasc. Bottego Pini Ester, Mitteilung des Kommandanten der Carabinieri von Pieve di Soligo (3. Oktober 1948).

29 ACS, MGG, Assise (1948), b. 28, fasc. Bottego Pini Ester, schriftliche Zeugenaussage Gottardis vom 11. März 1949, die dem Gnadengesuch von 1949 beigelegt ist. Gottardi, Lehrerin und seit 1943 Leiterin des Provinzbüros der weiblichen Fasci der RSI in Treviso, war ihrerseits vom Schwurgericht von Treviso für ihre Spitzel- und Propagandatätigkeit zu 30 Jahren Haft verurteilt worden. Allerdings wurde ihr Urteil vom Kassationshof aufgehoben und bei einem neuen Prozess vor der Sondersektion des Schwurgerichts Padua wurde ihre Haftstrafe auf sechs Jahre und acht Monate heruntergesetzt. Am 5. Juli 1946 kam sie auf freien Fuß, vgl. R. Cairoli, *Dalla parte del nemico*, S. 29–30.

30 ACS, MGG, Assise (1948), b. 28, fasc. Bottego Pini Ester, Urteilsspruch der CAS Vercelli vom 15. Dezember 1946.

31 ACS, MGG, Assise (1948), b. 28, fasc. Bottego Pini Ester, Urteilsspruch der CAS Vercelli vom 15. Dezember 1946.

32 ACS, MGG, Assise (1948), b. 28, fasc. Bottego Pini Ester, Brief des Partisanen Leone Paolin vom Februar 1949.

33 ACS, MGG, Assise (1948), b. 28, fasc. Bottego Pini Ester, Brief vom 29. Januar 1949 eines gewissen Zuccarello aus Villorba (Treviso), der erklärte „dass ich noch am Leben bin wegen der Verwendung der Frau Ester Bottego, verh. Pini, da ich unter dem Verdacht politischer Vergehen stand und umgehend gehängt werden sollte". Vgl. auch den Brief von Giovanni Lucchetta, der aussagte: „Ich kenne Frau Bottega, Ester, seit sie ein Kind war [...] schon als Kind. Am traurigen 31. August 1944, gefangen genommen in Pieve di Soligo bei einer Razzia der Nazifaschisten und schon der sofortigen Erschießung ausgeliefert, verdanke ich der Bottego meine Rettung, denn sie wirkte auf das Gewissen des deutschen Kommandanten ein." (23. Januar 1949, Pieve di Soligo).

34 ACS, MGG, Assise (1949), b. 28, fasc. Bottego Pini Ester, Brief von Giuseppe Lorenzon vom 18. Januar 1949.

35 Über Fälle von „Persönlichkeitsspaltung" schreibt L. Allegra, *Gli aguzzini di Mimo*, S. 219.

36 Zu Bassanesi siehe G. Nebiolo, *L'uomo che sfidò Mussolini dal cielo. Vita e morte di Giovanni Bassanesi*, Rubbettino, Soveria Mannelli 2006. Zum Leben im Exil in Frankreich siehe S. Tombaccini, *Storia dei fuoriusciti italiani in Francia*, Mailand 1988.

37 Bei Kriegsende gelang es Giovanni Bassanesi, wieder als Grundschullehrer zu arbeiten, er verlor die Stelle aber wieder, nachdem er die Schulleiterin angezeigt hatte. Man nahm ihn, völlig verarmt, unter der Anklage fest, er habe seine Kinder misshandelt und sie Hunger leiden lassen. Er bekam es mit demselben Gefängnisarzt zu tun, den er wegen des Todes von Emile Chanoux angezeigt hatte. Chanoux, der Verantwortliche für das nationale Befreiungskomitee CNL in Aosta, war verhaftet worden und 1944 an seinen Folterverletzungen im Gefängnis verstorben.

38 Camilla blieb von Oktober 1948 bis Juli 1949 in Aversa: ACS, MGG, Assise, b. 28, fasc. Bottego Pini Ester, zitiert aus der Bittschrift *Per una grazia*, aus der auch die folgenden Zitate entnommen sind.

39 *Ebd.*, S. 11.

40 *Ebd.*, S. 11–14. Zur Sozialistin Pierina Jachia gibt es nur wenige Informationen. Mit 17 oder 18 Jahren arbeitete sie in der Redaktion des „Avanti!" zusammen mit Treves, auch gehörte sie der historischen Frauenvereinigung *Unione femminile* an und arbeitete an deren Zeitschrift mit.

41 Abbatecola Cerasi, Margherita, geb. in Cassino am 18. November 1928 (15 Jahre); Gilonelli, Lidia, geb. in Bologna am 1. Juli 1925 (18 Jahre); Carità, Franca, geb. in Mailand am 12. Juli 1925 (18 Jahre); Barocci, Adriana, geb. in Fabriano am 1. April 1924 (19 Jahre); Jeannet, Luciana, geb. 1924 (19 Jahre);

Capelli, Marina, geb. in Neviano degli Arduini am 23. März 1924 (19 Jahre); Maringgele, Herta, geb. 1923 in Meran (20 Jahre); Ciampella, Olga, geb. 1922 in Savona (21 Jahre); Racca, Caterina, geb. in Cuneo am 17. Februar 1921 (22 Jahre); Bongiovanni, Olimpia, geb. am 21. Juni 1921 in Graz (Frankreich? ((Österreich?)) (22 Jahre); Magagnini, Bolivia, geb. in Trieux (Frankreich) am 6. August 1921 (22 Jahre); Di Stefano, Maria Antonietta, geb. in Palermo am 9. Mai 1920 (23 Jahre); Knoll, Carolina, geb. 1920 in Meran (23 Jahre); Cattani, Anna Maria, im Jahr 1944 26 Jahre alt (25 Jahre); Albani, Margherita, geb. 1916 (27 Jahre); Zucco, Maria Concetta, geb. 1916 in Scido (27 Jahre); Giannini, Ada, geb. im April 1918 in Porcari (25 Jahre); Ambrosiak, Elena, geb. 1915 in Polen (28 Jahre); Bottego Pini, Ester, geb. 1915 in Refrontolo (28 Jahre); Ribet, Olga, geb. 1914 in Modane (Frankreich) (29 Jahre); Pizzolato, Giarda Aristea, geb. am 10. Juli 1910 (33 Jahre); Icardi, Letizia, 1946 36 Jahre alt (33 Jahre); Dell'Amico, Linda Veneranda, geb. in Carrara am 8. April 1909 (34 Jahre); Lesca, Maria, geb. in Canale d'Isonzo am 8. November 1909 (34 Jahre); Tanzi Pizzato, Cornelia, geb. 1906 in Mailand (37 Jahre); Viola, Angela, verwitwete Comi, geb. 1905 in Treviglio (38 Jahre); Boaro, Jole, geb. am 19. Juli 1904 (39 Jahre); Rosini Vicentini, Antonia im Jahr 1947 50 Jahre alt (46 Jahre); Maggiano, Anna Maria, geb. in Modena am 29. Oktober 1895 (48 Jahre).

42 V. De Grazia, *Le donne nel regime fascista*, Venedig 1993; P. Gogliani, *Il fascismo degli italiani. Una storia sociale*, Turin 2008.

43 Barocci, Adriana: Verkäuferin; Boaro, Jole: Grundschullehrerin; Bottego Pini, Ester: Diplomkrankenschwester; Capelli, Marina: Haushaltshilfe; Cattani, Anna Maria: Friseurin; Ciampella, Olga: Hausfrau; Giannini, Ada: Haushaltshilfe; Knoll, Carolina: Hausfrau; Maringgele, Herta: Kellnerin; Racca, Caterina: Stenografin; Ribet, Olga: Hausfrau; Rosini Vicentini, Antonia: Drogistin; Viola, Angela: Hebamme.

44 R.P. Domenico, *Processo ai fascisti*, Mailand 1996, S. 124–125, 140.

45 F. Alberico, *La „donna velata": un caso di collaborazionismo femminile nell'imperiese*, in „Storia e Memoria", 17, 2008, 1, S. 49–69, vor allem S. 49, 52, 63.

46 ACS, MGG, Collaborazionisti, b. 11, fasc. Grandi Gastone.

47 M. Firmani, *Per la patria*, S. 145, 156.

48 Zu Golinelli siehe ACS, MGG, Collaborazionisti, b. 23; zu Magnagnini siehe ACS, MGG, Collaborazionisti, b. 26.

49 ACS, MGG, Collaborazionisti, b. 12, fasc. Capaccioli Iolando.

50 L. Allegra, *Gli aguzzini*, S. 141.

51 ACS, MGG, Collaborazionisti, b. 61, fasc. Albani Margherita, Icardi Letizia, A. Casazza, *La beffa dei vinti*, S. 202–215.

52 ACS, MGG, Collaborazionisti, b. 30, fasc. Ambrosiak Elena.

53 ACS, MGG, Collaborazionisti, b. 1, fasc. Giarda Giannino.

54 M. Franzinelli, *L'amnistia Togliatti*, S. 249; R. Caporale, *La „Banda Carità"*, S. 234, 368–369.

55 M. Firmani, *Per la patria*, S. 141–142. Zum Vergleich sei angeführt, dass in Frankreich keine einzige Frau strafrechtlich verfolgt wurde, weil sie auf der Seite des Feindes zu den Waffen gegriffen hatte, siehe dazu F. Virgili, *La France „virile". Des femmes tondues à la liberation*, Paris 2000, S. 22.

56 Ambrosiak, Elena (CAS Mailand); Amodio, Rosa (CAS Savona); Barocci, Adriana (Sondersektion des Schwurgerichts von Ancona); Berattino, Elsa (CAS Ivrea); Boaro, Jole (CAS Asti); Capelli, Marina (CAS Parma); Di Stefano, Maria Antonietta (CAS Mantua); Garrone, Maria (CAS Savona); Golinelli, Lidia (CAS Bologna); Magagnini, Bolivia (CAS Ancona).

57 Albani, Margherita (CAS Genua); Cattani, Anna Maria (CAS Rovigo); Dell'Amico, Linda (Schwurgericht von Perugia); Giannini, Ada (Sondersektion des Schwurgerichts von Padua); Knoll, Carolina (CAS Bozen).

58 Bongiovanni, Olimpia (Savona); Ciampella, Olga (CAS Savona); Lesca, Maria (CAS Turin); Maggiano, Anna Maria (CAS Cuneo); Maringgele, Herta (CAS Bozen); Paoli, Adriana (CAS Alessandria); Pizzolato, Giarda Aristea (CAS Treviso); Ribet, Olga (CAS Turin); Tanzi Pizzato, Cornelia (Schwurgericht in Rom), Viglietta, Caterina (CAS Cuneo); Zucco, Maria Concetta (CAS Imperia).

59 Verurteilung zu 24 Jahren: Bottego Pini, Ester (CAS Vercelli); zu 20 Jahren: Abbatecola Cerasi, Margherita (CAS Varese), Razza, Caterina (CAS Cuneo), Viola, Angela (CAS Lecco); zu 16 Jahren: Carità, Franca (CAS Padua), Pivano, Teresita (CAS Biella); zu 15 Jahren: Icardi, Letizia (CAS Genua), Rosini Vicentini, Antonia (CAS Novara); zu zehn Jahren: Jeannet, Luciana (Sondersektion des Schwurgerichts Genua).

II Denunziantinnen

1 H. Schubert, *Judasfrauen: Zehn Fallgeschichten weiblicher Denunziation im Dritten Reich*, Frankfurt a.M. 1990, S. 18.
2 ACS, MGG, Collaborazionisti, b. 9, fasc. Boaro Jole; R. Cairoli, *Dalla parte del nemico*, S. 106–108.
3 ACS, MGG, Assise (1946), b. 23; Archivio di Stato di Biella, Corte d'Assise Straordinaria di Biella II, mazzo 4, fasc. 67, fasc. Pivano Teresita; R. Cairoli, *Dalla parte del nemico*, S. 101–106.
4 Archivio di Stato di Biella, Corte d'Assise Straordinaria di Biella II, mazzo 4, fasc. 67, fasc. Pivano Teresita, Urteil CAS Biella.
5 ACS, MGG, Collaborazionisti, b. 61, fasc. Albani Margherita; A. Casazza, *La beffa dei vinti*, S. 215.
6 ACS, MGG, Collaborazionisti, b. 62, fasc. Jeannet Luciana; A. Casazza, *La beffa dei vinti*, S. 145–146, S. 296.
7 ACS, MGG, Assise (1947), b. 17, fasc. Viola Angela.
8 ACS, MGG, Assise (1947), b. 17, fasc. Viola Angela, Urteil der Corte d'Assise del circolo di Milano, 3ª Sezione speciale. Auch die folgenden Zitate beziehen sich auf dieses Urteil.
9 ACS, MGG, Assise (1947), b. 17, fasc. Viola Angela, Urteil der Corte d'Assise del circolo di Milano, 3a Sezione speciale.
10 ACS, MGG, Assise (1947), b. 17, fasc. Viola Angela, Urteil der Corte d'Assise del circolo di Milano, 3a Sezione speciale.
11 ACS, MGG, Collaborazionisti, b. 12, fasc. Capaccioli Iolando, Urteilsspruch des CAS Cuneo vom 3. Oktober 1945. Die folgenden Zitate stammen aus diesem Urteilsspruch. Der Leiter des UPP war Lorenzo Steider, genannt Franchi, der nicht zu den Angeklagten beim Prozess, bei dem auch Caterina Racca unter Anklage stand, gehörte.
12 Lorenzo Spada hatte zudem einer jüdischen Familie geholfen, sich vor der nazifaschistischen Verfolgung in Sicherheit zu bringen und in die Schweiz zu fliehen. Aus diesem Grund nahm die Gedenkstätte Yad Vashem in Jerusalem Spada im November 1974 in die Liste der Gerechten unter den Völkern auf, I. Gutman - B. Rivlin - L. Picciotto (Hrsg.), *I giusti d'Italia. I non ebrei che salvarono gli ebrei 1943–45*, Mailand 2006, S. 221–222.
13 ACS, MGG, Collaborazionisti, b. 12, fasc. Capaccioli Iolando, Urteil des Prozesses an der CAS Cuneo vom 3. Oktober 1945.
14 ACS, MGG, Collaborazionisti, b. 12, fasc. Capaccioli Iolando, Urteil des Prozesses an der CAS Cuneo vom 3. Oktober 1945.
15 Anna Barbero, „Anita", Kurierin für die Einheiten der Widerstandsbewegung Giustizia e Libertà, Bronzemedaille des Widerstands.
16 „Verurteilung Carlo Ferrari, Gianni Ferrari, Brachetti, Bellinetti, Visconti Prasca, Plumari, Badinelli und Pansecchi zur Todesstrafe (nach Art. 51 *CPMG*); Boticchio zu 30 Jahren Haft, Capaccioli zu 20 Jahren Haft, Boasso zu 24 Jahren Haft, Racca zu 20 Jahren Haft, alle beteiligt an den Verfahrenskosten durch die Urteilssteuer." Einige Mitglieder der Schwarzen Brigaden klagte man auch der Erschießung des mit der Ehrenmedaille in Gold ausgezeichneten Duccio Galimberti an, der in Turin gefangen genommen, für die Verhöre nach Cuneo gebracht und schließlich erschossen worden war.
17 ACS, MGG, Collaborazionisti, b. 12, fasc. Capaccioli Iolando.

18 Zum Beispiel erkundigte sich am 1. Oktober 1954 der Parlamentarier Giulio Andreotti beim Justizminister, wie es um das Gnadengesuch des Silvio Bellinetti, eines der Verurteilten, stehe ACS, MGG, Collaborazionisti, b. 12, fasc. Capaccioli Iolando.
19 AMG, Decreti di liberazione condizionale, 1954.
20 ACS, MGG, Collaborazionisti, b. 8, fasc. Mazzanti Mario, Revelli Carlo, Garrone Maria, Amodio Rosa; vgl. R. Cairoli, *Dalla parte del nemico*, S. 138–142.
21 Gnadenerlass vom 12. März 1946, für Amodio und Garrone Umwandlung der Todesstrafe in 30 Jahre Gefängnis, AMG, Decreti di grazia ordinaria, 1946.
22 ACS, MGG, Collaborazionisti, b. 8, fasc. Mazzanti Mario, Revelli Carlo, Garrone Maria, Amodio Rosa.
23 Vgl. R. Cairoli, *Dalla parte del nemico*, S. 139.
24 ACS, MGG, Collaborazionisti, b. 8, fasc. Mazzanti Mario, Revelli Carlo, Garrone Maria, Amodio Rosa. Fürsprache der Schwester der Garrone für das Gnadengesuch vom 8. September 1945.
25 Zu den Gnadengesuchen siehe Kapitel VII.
26 ACS, MGG, Collaborazionisti, b. 8, fasc. Bongiovanni Olimpia.
27 ACS, MGG, Collaborazionisti, b. 8, fasc. Bongiovanni Olimpia, Gnadenantrag des Ehemanns vom 1. Februar 1946.
28 ACS, MGG, Collaborazionisti, b. 8, fasc. Bongiovanni Olimpia, aus dem *Specchietto per grazia* vom 13. Februar 1946, mit Unterschrift des Staatsanwalts von Genua, Francesco Lanero, der sich für eine Strafminderung auf 15 Jahre Haft aussprach.
29 ACS, MGG, Collaborazionisti, b. 8, fasc. Bongiovanni Olimpia, Gnadenantrag der Mutter vom 11. Januar 1946.

III Verfolgerinnen von Juden

1 Zum Thema Judenverfolgung und Deportation in Italien siehe L. Picciotto Fargion, *Il libro della memoria. Gli Ebrei deportati dall'Italia (1943–1945)*, Mailand 1991; M. Sarfatti, *Die Juden im faschistischen Italien: Geschichte, Identität, Verfolgung*, Berlin 2014; A. Cavaglion / G.P. Romagnani, *Le interdizioni del Duce. Le leggi razziali in Italia*, Turin 2002.
2 L. Picciotto Fargion, *Gli ebrei di Torino deportati: notizie statistiche (1938–1945)*, in F. Levi (Hrsg.), *L'ebreo in oggetto. L'applicazione della normativa antiebraica a Torino 1938–1943*, Turin 1991, S. 158–190.
3 Zu einigen besonders beispielhaften Fällen des „Freispruchs" von Antisemiten, die für die Rassengesetze und die antisemitische Verfolgung verantwortlich waren, siehe M. Franzinelli, *L'amnistia Togliatti*, S. 201–216.
4 M. Franzinelli, *Delatori. Spie e confidenti anonimi: l'arma segreta del regime fascista*, Mailand 2012, S. 308, 312.
5 ACS, MGG, Collaborazionisti, b. 49, fasc. Lesca Maria. Siehe dazu auch L. Allegra, *Gli aguzzini di Momo*, S. 84–89; Allegra analysiert die strafrechtliche Geschichte Lescas anhand der Akten des ersten gegen sie geführten Prozesses. Dieser am 7. Februar 1947 der CAS Turin abgehaltene Prozess wurde eingestellt, genau wie der Prozess gegen Savino Princigalli am selben Schwurgericht (19. Oktober 1945). Princigalli war zu lebenslänglich verurteilt worden; als Angehöriger der politischen Einheit unter dem Kommando von Kommissar Maselli war er allein der Ermordung von Achille Ceresole und Aldo Melli angeklagt worden.
6 Damals gehörte der Ort zur Provinz Görz und kam nach dem Krieg zu Slowenien.
7 ACS, MGG, Collaborazionisti, b. 49, fasc. Lesca Maria. Dieses und die folgenden Zitate stammen aus der Urteilsbegründung im Verfahren am Schwurgericht Novara (Vorsitzender Alfredo Martelli).
8 In der Villa befanden sich außer Ermanno und seiner Verlobten Carlotta (oder Caterina?) sowie deren Mutter auch Ermannos Mutter, Margherita Rolando, verwitwete Bachi, der Schwager Furio

Ceresole, dessen Frau Elda Bachi und ihr Sohn Achille Ceresole sowie die Schwägerin Armede Melli mit ihrem Sohn Aldo Melli.

9 „Derjenige, der geschossen hatte, Polizeihauptmann Savino Princigalli, hatte bemerkt, dass er flüchtete und ihm hinterhergeschossen, wobei er ihn nur leicht am Ohr streifte". Princigalli wurde am 13. Februar 1947 von der CAS Alessandria rechtskräftig zu 30 Jahren Haft verurteilt. „Aus den Prozessakten geht nicht hervor, dass und ob auch De Amicis strafrechtlich belangt worden ist"; ACS, MGG, Collaborazionisti, b. 49, fasc. Lesca Maria, Urteil Schwurgericht Novara.

10 Das Urteil sah auch vor, dass ihr jedweder Zugang zu öffentlichen Aufgaben und Posten untersagt, sämtliches Hab und Gut konfisziert wurde und dass sie die Prozesskosten sowie die Unterhaltskosten in der Untersuchungshaft zu tragen hatte. Des Weiteren verurteilte man sie zu Schadensersatzzahlungen gegenüber Amedea Bachi, verh. Melli, Furio Ceresole, Ermanno Bachi, Cesare Segre, und zwar jeweils zu einer Summe von 100.000 Lire. Auch die Anwaltskosten in Höhe von 60.000 Lire musste sie tragen.

11 Vgl. L. Allegra, *Gli aguzzini*, S. 85–87, hier wird das Urteil der CAS Turin wiedergegeben.

12 *Ebd.*, S. 85.

13 ACS, MGG, Collaborazionisti, b. 53, fasc. Rosini Vicentini Antonia. Vgl. dazu auch M. Franzinelli, *Delatori*, S. 313–314; R. Cairoli, *Dalla parte del nemico*, S. 81–87.

14 ACS, MGG, Collaborazionisti, b. 53, fasc. Rosini Vicentini Antonia; die Darstellung der Ereignisse findet sich in der Urteilsbegründung der CAS Novara.

15 ACS, MGG, Collaborazionisti, b. 53, fasc. Rosini Vicentini Antonia; die Darstellung der Ereignisse findet sich in der Urteilsbegründung der CAS Novara.

16 ACS, MGG, Collaborazionisti, b. 53, fasc. Rosini Vicentini Antonia, Gnadengesuch.

17 Elena Fischli Dreher (geb. Mailand 1913, gest. Zürich 2005) wurde mit der goldenen Medaille des Widerstands ausgezeichnet. Auf sie verweist, unter den Partisaninnen von *Giustizia e Libertà*, N. Crain Merz, *Uguaglianza! L'illusione della parità. Donne e questione femminile in Giustizia e libertà e nel Partito d'Azione*, Mailand 2013, S. 93.

18 ACS, MGG, Collaborazionisti, b. 53, fasc. Rosini Vicentini Antonia, Brief vom 7. September 1947 an die Abteilung Gnadenrecht, geschrieben von Rosinis Freundin, Melli Sacerdoti; darin versichert Letztere, Rosini habe in gutem Glauben gehandelt und „diesem Verbrecher" (Muzzi) zu sehr vertraut.

19 ACS, MGG, Collaborazionisti, b. 53, fasc. Rosini Vicentini Antonia, Urteil Schwurgericht Novara.

20 ACS, MGG, Collaborazionisti, b. 53, fasc. Rosini Vicentini Antonia, Brief vom 31. Oktober 1947. Marazza schrieb an Alfredo Spallanzani, den Generaldirektor der Zentralstelle Strafangelegenheiten und Strafregister: „Liebe Exzellenz, in Bezug auf Ihre hochgeschätzten Antworten vom vergangenen 21. und 31. Juli, bitte ich Sie erneut, so freundlich zu sein und das von Frau Antonina Vicentini Rosini, Tochter von Enrico, vorgebrachte Gnadengesuch mit großem Wohlwollen zu begutachten. In Erwartung Ihrer Antwort, von der ich hoffe, dass sie positiv ausfällt, verbleibe ich mit herzlichem Gruß".

21 Am 8. Juni 1948 wurde ihr infolge des Präsidialdekrets (DPR Nr. 32) vom 8. Februar 1948 ein Drittel ihres Strafmaßes erlassen.

22 ACS, MGG, Collaborazionisti b. 53, fasc. Rosini Vicentini Antonia, Brief vom 1. Juni 1950: „Liebe Exzellenz, ich wende mich an Sie, um Sie mit einem erbarmungswürdigen Fall bekannt zu machen, der mir angelegentlich nahegelegt wurde. Es handelt sich um den Fall einer gewissen Vicentini, Antonia, verheiratete Rosini ... Rosini, die gesundheitlich schwer angeschlagen ist, kann derzeit von einer Haftverschonung profitieren ... Da sie aber in der Zwischenzeit ein Gnadengesuch vorgelegt hat, wäre ich Ihnen sehr zu Dank verpflichtet, wenn Sie die Möglichkeit einer Bestätigung des Haftaussetzungsverfahrens in Betracht ziehen würden, das von der Staatsanwaltschaft bereits ausgesprochen wurde, und wenn Sie gleichzeitig die von Rosini angeführten Rechtfertigungen für ihr Gnadengesuch wohlwollend in Augenschein nehmen würden. Ich wäre Ihnen dankbar, wenn Sie mich freundlicherweise von Ihrer Stellungnahme dazu und was Sie in der Sache tun wollen und können, in Kenntnis setzten. Gerne nutze ich den Anlass, um Ihnen meinen besten Gruß und meine Dankbarkeit zu übermitteln, G. Persico".

23 ACS, MGG, Collaborazionisti, b. 53, fasc. Rosini Vicentini Antonia, Brief von Lattanzi an Persico, 14. Juni 1950.
24 ACS, MGG, Collaborazionisti, b. 52, fasc. Ribet Olga, Gnadengesuch durch Ribet, Maria vom 12. August 1945. Die folgenden Zitate stammen aus dem gleichen Schreiben.
25 Zum Urteil der CAS Turin (16. Januar 1946, unter dem Vorsitz von Enrico Livio), siehe L. Allegra, *Gli aguzzini*, S. 271, 140–142; R. Cairoli, *Dalla parte del nemico*, S. 56–57.
26 L. Allegri, *Gli aguzzini*, S. 141–142; F. Gori, *I processi per collaborazionismo in Italia*, S. 663.
27 L. Allegri, *Gli aguzzini*, S. 142.
28 *Ebd.*, S. 141–142.
29 Es handelte sich dabei um Gian Giuseppe Bersanino, um Lorenzo Cravero, Andrea Pico und um Enrico Renato Rovella, siehe dazu, L. Allegri, *Gli aguzzini*, S. 142, Fn. 43.

IV Bewaffnete Frauen

1 M. Firmani, *Per la patria*, S. 148–149.
2 Zeugenbericht der ehemaligen Ausliliaria A.V., in F. Alberico, *Ausiliarie di Salò. Videointerviste come Fonti di studio della RSI*, in „Storia e memoria", 15, 2006, 2, S. 211.
3 Zeugenbericht der ehemaligen Helferin Fiamma Morini, in „Storia e memoria", 15, 2006, 2, S. 212.
4 Zum Thema bewaffnete Frauen im Allgemeinen, siehe J. Bethke Elshtain, *Donne e guerra*, Bologna 1991; zur RSI vgl. M. Fraddosio, *Donne nell'esercito di Salò*, in „Memoria", 4, 1982, S. 59–76; M. Fraddosio, *La donna e la guerra. Aspetti della militanza femminile nel fascismo: dalla mobilitazione civile alle origini del Saf nella repubblica sociale italiana*, in „Storia contemporanea", 20, 1989, 6, S. 1105–1181, vor allem S. 1164–1181; M. Firmani, *Oltre il Saf. Storie di collaborazioniste della RSI*, in D. Gagliani (Hrsg.), *Guerra, resistenza, politica. Storie di donne*, Reggio Emilia 2006, S. 281–287; P. Di Cori, *Partigiane, repubblichine, terroriste. Le donne armate come problema storiografico*, in G. Ranzato (Hrsg.), *Guerre fraticide. Le guerre civili in età contemporanea*, Turin 1994, S. 304–329; D. Gagliani, *Donne e armi: il caso della Repubblica sociale italiana*, in M. Salvati / D. Gagliani (Hrsg.), *Donne e spazio nel processo di modernizzazione*, Bologna 1995, S. 129–168; M. Addis Saba, *La scelta. Ragazze partigiane, ragazze di Salò*, Rom 2005; L. Ganapini, *La repubblica delle camicie nere*, Mailand 2002, S. 225–242; M. Viganò, *Donne in grigioverde. Il comando generale del Servizio ausiliario femminile della Repubblica sociale italiana nei documenti e nelle testimonianze (Venezia–Como 1944–1945)*, Rom 1995.
5 U. Munzi, *Donne in Salò*, S. 50. Allgemeine Informationen finden sich bei M. Ponzani, *Guerra alle donne. Partigiane, vittime di stupro, „amanti del nemico" 1940–1945*, Turin 2012.
6 L. Garibaldi, *Le soldatesse di Mussolini; con il memoriale inedito di Piera Gatteschi Fondelli generale delle ausiliarie della RSI*, Mailand 1995, S. 42.
7 C. Pettinato, *Breve discorso alle donne d'Italia*, in „La Stampa", 13. Januar 1944, zitiert in L. Ganapini, *La repubblica*, S. 234–235.
8 *C. Pettinato*, Tutto da rifare, Mailand 1966, S. 288–289, zitiert in D. Gagliani, *Donne e armi*, S. 138.
9 Piera Gatteschi Fondelli war aristokratischer Herkunft und Faschistin der ersten Stunde – sie hatte am Marsch auf Rom teilgenommen – und sie zählte zu den Gründerinnen der weiblichen Faschistenbünde von 1921; über sie schreibt H. Dittich-Johansen, *Strategie femminili nel ventennio fascista: la carriera politica di Piera Gatteschi Fondelli nello „stato di uomini" (1941–1943)*, in „Storia e problemi contemporanei", 11, 1998, 21, S. 65–87.
10 Vgl. U. Munzi, *Donne di Salò*, S. 10–12.
11 Die Venezianerin Fede Arnaud, Jahrgang 1921, hatte die Sportabteilung in der faschistischen Studentenorganisation geleitet und wurde nach dem Waffenstillstand Funktionärin im Wirtschaftsministerium, vgl. U. Munzi, *Donne di Salò*, S. 10–12.

12 P. Di Cori, *Partigiane, repubblichine, terroriste*, S. 319. Allgemeine Informationen über die Schwarzen Brigaden finden sich bei D. Gagliani, *Brigate nere. Mussolini e la militarizzazione del Partito fascista repubblicano*, Turin 1999.

13 M. Viganò, *Donne in grigioverde*, S. 130.

14 C. Pancheri, *Chiarificazione*, in „Donne in grigioverde", 18. Dezember 1944, zitiert in D. Gagliani, *Donne e armi*, S. 156.

15 Zu den Massakern der Nationalsozialisten in Italien liegen folgende Titel vor L. Klinkhammer, *Stragi naziste in Italia (1943–44)*, Rom 2006; M. Battini / P. Pezzino, *Guerra ai civili. Occupazione tedesca e politica del massacro. Toskana 1944*, Venedig 1997; C. Gentile, *I crimini di guerra tedeschi in Italia 1943–1945*, Turin 2015; S. Buzzelli, M. De Paolis, sowie A. Speranzoni, *La ricostruzione giudiziale dei crimini nazifascisti in Italia. Questioni preliminari*, Turin 2012.

16 M. Battini, *Peccati di memoria. La mancata Norimberga italiana*, Rom / Bari 2003; siehe dazu den kritischen Kommentar von F. Focardi, *Giustizia e ragion di Stato. La punizione dei criminali di guerra tedeschi in Italia*, in C. Nubola / K. Härtner (Hrsg.), *Grazia e giustizia. Figure della clemenza fra tardo medioevo ed età contemporanea*, Bologna 2011, S. 506–507.

17 M. Franzinelli, *Le stragi nascoste. L'armadio della vergogna: impunità e rimozione dei crimini di guerra nazifascisti: 1943–2001*, Mailand 2002; F. Giustolisi, *L'armadio della vergogna*, Vicenza 2011.

18 Die Rekonstruktion der Massaker in Vinca und in Bergiola Foscalina wie auch die Zitate stammen aus der Urteilsbegründung des Schwurgerichts von Perugia, veröffentlicht in G. Cipollini, *Operazioni contro i ribelli*, auch zu finden auf www.radiomaremmarossa.it/?page_id=11435. Zu den Massakern von Vinca und Bergiola Foscalina vgl. C. Gentile, *I crimini di guerra tedeschi in Italia*, S. 253–262.

19 G. Cipollini, *Operazioni contro i ribelli*, auch zu finden auf www.radiomaremmarossa.it/?page_id=11435.

20 C. Gentile, I crimini di guerra tedeschi in Italia, S. 260–261; Gentile schreibt über das Massaker von Bergiola: „Nicht nur, dass die italienischen Faschisten die unschuldige Zivilbevölkerung nicht beschützten, vielmehr beteiligten sie sich aktiv an dem Massaker. Abgesehen vom Massaker von Vinca ist dies einer der seltenen Fälle, in denen Einheiten der RSI aktiv an von Deutschen begangenen Massakern an der Zivilbevölkerung beteiligt waren", S. 261.

21 *Ebd.*

22 Unter den Angeklagten fehlte Oberst Giulio Lodovici, der Anführer der Schwarzen Brigaden von Carrara. Ihn verhaftete man 1948 in Fiumicino, als er sich abzusetzen versuchte, stellte ihn in Perugia vor Gericht und verurteilte ihn am 29. November 1948 wegen des Besitzes gefälschter Papiere zu sechs Monaten Haft; allerdings musste man ihn aus Mangel an Beweisen vom Vorwurf der Beteiligung an den Massakern freisprechen; G. Fulvetti, *Uccidere i civili. Le stragi naziste in Toscana (1943–1945)*, Rom 2009, S. 219, 234, Fn. 126.

23 F. Giustolisi, *L'armadio della vergogna*, S. 130.

24 G. Cipollini, *Operazioni contro i ribelli*, auch zu finden auf www.radiomaremmarossa.it/?page_id=11435.

25 *Ebd.*

26 *Ebd.*

27 Die Angeklagten waren Fernando Bordigoni, Elio Ussi, Giuseppe Diamanti, Sergio Tomagnini, Paris Capitani, Ruggero Ciampi, Italo Masetti, Giovanni Bragazzi, Andrea Pensierini, Linda Dell'Amico.

28 ACS, MGG, Collaborazionisti, b. 11, fasc. Grandi Gastone.

29 ACS, MGG, Collaborazionisti, b. 26, fasc. Magagnini Bolivia, Urteil im Prozess an der CAS Ancona; *Relazione per la grazia*, 27. August 1946.

30 ACS, MGG, Collaborazionisti, b. 26, fasc. Magagnini Bolivia, Urteil im Prozess an der CAS Ancona; *Relazione per la grazia*, 27. August 1946.

31 ACS, MGG, Collaborazionisti, b. 26, fasc. Magagnini Bolivia, Erklärung zu Amnestie und Straferlass vonseiten des Berufungsgerichts Ancona.

32 ACS, MGG, Collaborazionisti, b. 65, fasc. Capelli Marina. Die folgende Rekonstruktion stützt sich auf die Urteilsbegründung des Kassationshofs (9. April 1946), der das Urteil vom ersten Prozess an der CAS Parma (10. Oktober 1945) bekräftigt.

33 *Ebd.*

34 ACS, MGG, Collaborazionisti, b. 65, fasc. Capelli Marina, Urteilsspruch der Sondersektion des Schwurgerichts Piacenza.

35 ACS, MGG, Collaborazionisti, b. 65, fasc. Capelli Marina.

36 ACS, MGG, Collaborazionisti, b. 65, fasc. Capelli Marina. Weder in den Prozessakten noch in den verschiedenen Ermittlungsinstanzen zum Gnadengesuch taucht die Information auf, Vater und Bruder seien von Partisanen getötet worden.

37 ACS, MGG, Collaborazionisti, b. 65, fasc. Capelli Marina.

38 ACS, MGG, Collaborazionisti, b. 52, fasc. Giannini Ada.

39 Zum Urteilsspruch des Prozesses in Padua, vgl. E. Ramazzina, *Il processo ad Ada Giannini per l'eccidio nazista di Santa Giustina in Colle*, Villa del Conte, 2003, S. 129–137. Zur oft widersprüchlichen Darstellung und zu den unterschiedlichen Auslegungen des Massakers in Santa Giustina und zu anderen NS-Massakern in Venetien siehe E. Ceccato, *Patrioti contro partigiani. Gavino Sabadin e l'involuzione badogliana nella Resistenza delle Venezie*, Verona 2004.

40 E. Ramazzina, *Il processo*, S. 130.

41 *Ebd.*, S. 131.

42 *Ebd.*, S. 132–133.

43 *Ebd.*, S. 134–135. Wahnsinn konnte, ebenso wie ansteckende Sexualkrankheiten wie Syphilis, vom Gericht als strafmildernd anerkannt werden, weshalb manche Angeklagten dies auf Anraten ihres Rechtsanwalts anführten.

44 *Ebd.*, S. 136–137.

45 ACS, MGG, Collaborazionisti, b. 52, fasc. Giannini Ada, Gnadengesuch vom 28. Januar 1953.

46 ACS, MGG, Collaborazionisti, b. 52, fasc. Giannini Ada, Brief vom 23. März 1953, Doktor Scalia, Leiter des Frauengefängnisses von Perugia, an die Staatsanwaltschaft von Perugia, betreffs einer Einschätzung hinsichtlich des Gnadengesuchs. Der bekannteste Fall, in dem Reue und Konversion instrumentalisiert wurden, war der von Celeste Di Porto, Denunziantin von Juden und selbst Jüdin. Während sie in Perugia inhaftiert war, wollte sie getauft werden, eine Anfrage, die der Gefängnisleiter umgehend am 20. Januar 1948 an den Justizminister weiterleitete; vgl. M. Firmani, *Per la patria*, S. 145–147. Zum Prozess von Di Porto siehe A. Osti Guerrazzi, *Caino a Roma. I complici romani della Shoah*, Rom 2005, S. 106–110.

47 ACS, MGG, Collaborazionisti, b. 52, fasc. Giannini Ada. So nachzulesen im „Specchietto per grazia" von 1953.

48 *Ebd.*

49 ACS, MGG, Collaborazionisti, b. 52, fasc. Giannini Ada, Bericht vom 11. Januar 1955.

50 AMG, *Decreti di liberazione condizionale*, 1955.

V Im Kampf gegen die Partisanen

1 Die Prozesse gegen die römischen Faschisten sind geschichtswissenschaftlich noch nicht vollständig aufgearbeitet worden. Siehe dazu R.P. Domenico, *Processo ai fascisti*, Mailand 1996; A. Osti Guerrazzi, *„La repubblica necessaria": il fascismo repubblicano a Roma, 1943–1944*, Mailand 2004; ders., *„Il passo dei Repubblichini". Processi politici ed epurazione a Roma*, in „Roma moderna e contemporanea", 21, 2013, 1–2, S. 181–206; S. Lunadei, *Donne processate a Roma per collaborazionismo*, in D. Gagliani (Hrsg.), *Guerra, resistenza, politica. Storie di donne*, Reggio Emilia 2006, S. 296–305.

Zum Thema Säuberung vgl. H. Woller, *Die Abrechnung mit dem Faschismus in Italien 1943 bis 1948*, München 1996, S. 129–307.

2 ACS, MGG, Collaborazionisti, b. 24, fasc. Tanzi Pizzato Cornelia.

3 R.P. Domenico, *Processo ai fascisti*, S. 124–125.

4 Ein Beispiel aus dem Artikel *Calmness of Mussolini's Mistress*, in „The Argus", Tageszeitung aus Melbourne, 26. Dezember 1944, S. 3.

5 C. Petacci, *Mussolini segreto. Diari 1932–1938*, hrsg. von M. Suttora, Mailand 2010, S. 208. Mussolini hatte Petacci auch erzählt, dass Tanzis Mutter ein Bordell besaß, das sie mit einem Onkel betrieb, vgl. S. 402.

6 M. Franzinelli, *Delatori. Spie e confidenti anonimi*, S. 97.

7 ACS, MGG, Collaborazionisti, b. 24, fasc. Tanzi Pizzato Cornelia, Urteil der 1. Sektion des Schwurgerichts in Rom vom 22. Dezember 1944 (unter dem Vorsitz von Luigi Misasi). Die folgenden Zitate beziehen sich auf dieses Urteil.

8 Vgl. R.P. Domenico, *Processo ai fascisti*, S. 125.

9 ACS, MGG, Collaborazionisti, b. 24, fasc. Tanzi Pizzato Cornelia, Urteil des Schwurgerichts Rom.

10 Zum Prozess siehe Z. Algardi, *Pagine di storia napoletana attraverso il processo dei generali Pentimalli und Del Tetto*, Rom 1945; R.P. Domenico, *Processo ai fascisti*, S. 123–125; H. Woller, *Die Abrechnung mit dem Faschismus*, S. 188–190.

11 ACS, MGG, Collaborazionisti, b. 24, fasc. Tanzi Pizzato Cornelia, Gnadengesuch, Mai 1946.

12 Ciro Verdiani, Generalinspektor der Pubblica Sicurezza, hatte im Faschismus Karriere gemacht. 1930 war er zum Kabinettschef des römischen Polizeipräsidenten ernannt worden. Gleich nach der italienischen Besetzung des Balkans 1941 schickte man ihn nach Ljubljana; auch wurde auf seinen Vorschlag hin der Aufgabenbereich der Organizzazione di Vigilanza e Repressione dell'Antifascismo zusätzlich erweitert. Tatsächlich wurde er keinem Säuberungsprozess unterzogen, sodass er 1946 das Amt des römischen Polizeipräsidenten bekleiden konnte. Ab Januar 1948 leitete er in Sizilien die Aufsichtsbehörde für Öffentliche Sicherheit. Er starb 1952.

13 ACS, MGG, Collaborazionisti, b. 24, fasc. Tanzi Pizzato Cornelia.

14 F. Giannantoni, *I giorni della speranza*, S.195.

15 ACS, MGG, Collaborazionisti, b. 22, fasc. Abbatecola Cerasi Umberto, Urteilsspruch des Prozesses an der CAS Varese (Vorsitzender Alberto Zoppi) vom 11. September 1945.

16 ACS, MGG, Collaborazionisti, b. 22, fasc. Abbatecola Cerasi Umberto. Zu ihm und allgemein zur RSI in Varese, siehe F. Giannantoni, *Fascismo, guerra e società nella RSI*, Mailand 1984, S. 439, 538–539; F. Giannantoni, *I giorni della speranza*, S. 88, 194–195; M. Franzinelli, *L'amnistia Togliatti*, S. 23.

17 ACS, MGG, Collaborazionisti, b. 22, fasc. Abbatecola Cerasi Umberto.

18 G. Fulvetti, *Uccidere i civili. Le stragi naziste in Toscana (1943–1945)*, Rom 2009, S. 76–81. Laut Urteil der CAS Varese waren beim Massaker von Vallucciole 240 Menschen getötet worden.

19 ACS, MGG, Collaborazionisti, b. 22, fasc. Abbatecola Cerasi Umberto.

20 ACS, MGG, Collaborazionisti, b. 22, fasc. Abbatecola Cerasi Umberto, CAS Varese Urteilsspruch.

21 F. Giannantoni, *I giorni della speranza*, S. 194.

22 ACS, MGG, Collaborazionisti, b. 22, fasc. Abbatecola Cerasi Umberto, CAS Varese Urteilsspruch. Die Informationen und Zitate sind, wenn nicht anders angegeben, der Urteilsbegründung entnommen.

23 F. Giannantoni, *I giorni della speranza*, S. 195.

24 ACS, MGG, Collaborazionisti, b. 22, fasc. Umberto Abbatecola Cesari.

25 Über die Carità-Bande und den Prozess in Padua vgl. R. Caporale, *La „Banda Carità". Storia del reparto Servizi Speciali (1943–45)*, Lucca 2005; A. Naccarato, *I processi ai collaborazionisti: le sentenze della Corte d'assise staordinaria di Padova e le reazioni dell'opinione pubblica*, in A. Ventura (Hrsg.), *La società veneta dalla Resistenza alla Repubblica*, Padua 1997, S. 563–601; zum Prozess gegen einige Mitglieder der Carità-Bande vor der CAS Venedig, siehe M.Borghi / A. Reberschegg, *Fascisti alla sbarra. L'attività della Corte d'Assise straordinaria di Venezia 1945–1947*, Venedig 1999, S. 340–346.

26 ACS, MGG, Collaborazionisti, b. 23, fasc. Corradeschi Antonio.

27 R. Caporale, *La „Banda Carità"*, S. 234–235.

28 ACS, MGG, Collaborazionisti, b. 23, fasc. Corradeschi Antonio.

29 Zum Partisanen Fanciullacci siehe den Eintrag über ihn im biografischen Verzeichnis der nationalen Partisanenvereinigung Italiens ANPI: http://www.anpi.it/donne-e-uomini/bruno-fanciullacci/; ACS, MGG, Collaborazionisti, b. 23, fasc. Corradeschi Antonio.

30 ACS, MGG, Collaborazionisti, b. 23, fasc. Corradeschi Antonio, aus der am 27. Oktober 1949 der Staatsanwaltschaft von Padua vorgelegten Stellungnahme des Polizeipräsidenten von Padua zum Gnadengesuch von Franca Carità.

31 R. Caporale, *La „Banda Carità"*, S. 295–296.

32 *Ebd.*, S. 299.

33 Nach anderen Zeugenaussagen soll er sich umgebracht haben; R. Caporale, *La „Banda Carità"*, S. 329–334; G. Steinacher, *„Il signor Mengele di Bolzano": l'Alto Adige come via di fuga die criminali nazisti (1945–1951)*, in G. Mezzalira / F. Miori / G. Perez / C. Romeo (Hrsg.), *Dalla liberazione alla ricostruzione: Alto Adige/Südtirol 1945–1948*, Bozen 2013, S. 35–36.

34 Der Urteilsspruch ist wiedergegeben bei A. Naccarato, *I processi ai collaborazionisti*, S. 588–598, hier S. 5 89, 591.

35 *Ebd.*, S. 596–597.

36 *Ebd.*, S. 598.

37 R. Caporale, *La „Banda Carità"*, S. 249–254; A. Naccarato, *I processi ai collaborazionisti*, S. 598.

38 ACS, MGG, Collaborazionisti, b. 23, fasc. Corradeschi Antonio.

39 Einen Überblick über die Prozesse, die Verurteilungen und die Straferlasse der Carità-Bande gibt M. Franzinelli, *L'amnistia Togliatti*, S. 248.

40 ACS, MGG, Collaborazionisti, b. 23, fasc. Corradeschi Antonio.

41 ACS, MGG, Collaborazionisti, b. 23, fasc. Corradeschi Antonio, Gutachten des Polizeipräsidenten von Padua vom 27. Oktober 1949.

42 ACS, MGG, Collaborazionisti, b. 23, fasc. Corradeschi Antonio.

43 M. Firmani, *Per la patria*, S. 149.

44 ACS, MGG, Collaborazionisti, b. 30, fasc. Ambrosiak Elena; ACS, MGG, Collaborazionisti, b. 28, fasc. Di Stefano Maria Antonietta; R. Cairoli, *Dalla parte del nemico*, S. 155–157, 222–233.

45 ACS, MGG, Collaborazionisti, b. 30, fasc. Ambrosiak Elena, Schwurgerichts Mailand, Urteil.

46 ACS, MGG, Collaborazionisti, b. 30, fasc. Ambrosiak Elena, Gesuch vom 28. Januar 1946.

47 ACS, MGG, Collaborazionisti, b. 28, fasc. Di Stefano Maria Antonietta; R.Cairoli, Dalla parte del nemico, S. 222–233.

48 ACS, MGG, Collaborazionisti, b. 28, fasc. Di Stefano Maria Antonietta, Gesuch der Mutter vom 10. Februar 1950 und das Schreiben der Abgeordneten Giuntoli vom 7. September 1950 an die Gnadenstelle.

49 ACS, MGG, Collaborazionisti, b. 43, fasc. Adriana Barocci; M. Firmani, *Per la patria*, S. 144–145, 147–150; M. Franzinelli, *L'amnestia Togliatti*, S. 230–231; zum Prozess Barocci der CAS Ancona, siehe P. Gubinelli, *P.Q.M. La magistratura e i processi di collaborazionisti nelle Marche 1945–1948*, Ancona 2009, S. 73–78.

50 M. Firmani, *Per la patria*, S. 145; U. Munzi, *Donne di Salò*, S. 175. Zu David und einigen von ihm rekrutierten Spitzel vgl. R. Cairoli, *Dalla parte del nemico*, S. 189–207.

51 P. Gubinelli, *P.Q.M. La magistratura*, S. 75, zum Prozess der Sondersektion des Schwurgerichts von Ancona.

52 M. Firmani, *Per la patria*, S. 145.

53 M. Franzinelli, *L'amnistia Togliatti*, S. 23.

54 Der wichtigste Mitangeklagte war Antonio Mario Gobbi, Leutnant der Guardia Nazionale Repubblicana und Kommandant im Gebiet von Fabriano, er war untergetaucht und in Abwesenheit zu lebenslänglicher Haft verurteilt worden (die Strafe wurde infolge einer Amnestie in 30 Jahre Haft umgewandelt), bis man ihm 1954 Haftaussetzung auf Bewährung zubilligte, vgl. ACS, MGG, Collaborazionisti, b. 43, fasc. Barocci Adriana; P. Gubinelli, *P.Q.M. La magistratura*, S. 74.

55 ACS, MGG, Collaborazionisti, b. 43, fasc. Barocci Adriana. Diese Anklagepunkte wurden im Urteil des letzten Verfahrens am Berufungsgericht von Perugia (28. April 1953) übernommen.

56 P. Gubinelli, *P.Q.M. La magistratura*, S. 77.

57 Zu Ivan Silvestrini vgl. M. Franzinelli (Hrsg.), *Ultime lettere di condannati a morte e di deportati della resistenza*, Mailand 2015, S. 214.

58 P. Gubinelli, *P.Q.M. La magistratura*, S. 75.

59 ACS, MGG, Collaborazionisti, b. 43, fasc. Barocci Adriana, zitiert aus dem Urteils des Berufungsgerichts Perugia (28. April 1953), das einige Passagen aus dem Verfahren in Florenz wie auch die Urteilsbegründung enthält.

60 ACS, MGG, Collaborazionisti, b. 43, fasc. Barocci Adriana, Urteil im Prozess am Berufungsgericht Perugia.

61 Zu den Freisprüchen des Berufungsgerichts Perugia von Faschisten, die in erster Instanz zu harten Strafen verurteilt worden waren, vgl. Z. Algardi, *Processo ai fascisti*, Florenz 1973.

62 ACS, MGG, Collaborazionisti, b. 43, fasc. Barocci Adriana, Urteil des Berufungsgerichts Perugia (28. April 1953).

63 ACS, MGG, Collaborazionisti, b. 43, fasc. Barocci Adriana, Urteil des Berufungsgerichts Perugia (28. April 1953).

64 Zum Thema der nach Argentinien geflüchteten faschistischen und NS-Kriegsverbrecher, siehe F. Bertagna, *La patria di riserva. L'emigrazione fascista in Argentina*, Rom 2006; G. Steinacher, *Nazis auf der Flucht. Wie Kriegsverbrecher über Italien nach Übersee entkamen*, Frankfurt a.M. 2010.

65 ACS, MGG, Collaborazionisti, b. 23, fasc. Golinelli, Quintavalli, Scaramagli; R. Cairoli, *Dalla parte del nemico*, S. 133–137; R. Sasdelli (Hrsg.), *Ingegneria in guerra. La Facoltà di Ingegneria di Bologna dalla RSI alla Ricostruzione 1943–1947*, Bologna 2007, S. 153–158.

66 „Zum Teufel auch mit der Amnestie. Die berüchtigte Spionin ‚Vienna' will das Gefängnis nicht verlassen", in „Il Progresso d'Italia", 7. August 1946, zitiert bei R. Sasdelli (Hrsg.), *Ingegneria di guerra*, S. 157.

67 ACS, MGG, Collaborazionisti, b. 23, fasc. Golinelli, Quintavalli, Scaramagli, CAS Bologna, Urteil. Zu den kommunistischen Gruppi di Azione Patriottica, siehe S. Peli, *Storie dei GAP. Terrorismo urbano e Resistenza*, Turin 2014.

68 ACS, MGG, Collaborazionisti, b. 23, fasc. Golinelli, Quintavalli, Scaramagli, CAS Bologna, Urteil.

69 ACS, MGG, Collaborazionisti, b. 23, fasc. Golinelli, Quintavalli, Scaramagli, CAS Bologna, Urteil.

70 ACS, MGG, Collaborazionisti, b. 23, fasc. Golinelli, Quintavalli, Scaramagli, CAS Bologna, Urteil.

71 R. Cairoli, *Dalla parte del nemico*, S. 136–137.

72 F. Alberico, *La „donna velata"*; F. Biga, *Storia della Resistenza imperiese (I Zona Liguria). La Resistenza nella Provincia di Imperia da settembre a fine anno 1944*, Bd. 3, Farigliano 1977, S. 576–587; F. Gori, *I processi per collaborazionismo in Italia*, S. 668–670.

73 Zu dieser Version vgl. F. Biga, *Storia della Resistenza imperiese*, S. 576.

74 F. Alberico, *La „donna velata"*, S. 55.

75 *Ebd.*, S. 51.

76 *Ebd.*, S. 65.

77 F. Ramella, *Biografia di un operaio antifascista: ipotesi per una storia sociale dell'emigrazione politica*, in P. Milza (Hrsg.), *Les Italiens en France de 1914 à 1940*, Rom 1986, S. 386. Vgl. auch S. Tombaccini, *Storia dei fuorusciti italiani in Francia*, Mailand 1988.

78 F. Alberico, *La „donna velata"*, S. 51–52.

79 ACS, MGG, Collaborazionisti, b. 61, fasc. Maria Concetta Zucco, CAS Imperia, Urteil.

80 F. Alberico, *La „donna velata"*, S. 53.

81 F. Biga, *Storia della Resistenza imperiese*, S. 584, vgl. auch F. Alberico, *La „donna velata"*, S. 66.

82 Um ihre Zeugenaussage beim Prozess machen zu können, musste Lucia Scorrano das Krankenhaus verlassen, in dem sie immer noch lag, um die Verletzungen durch die Folter auszukurieren, F. Alberico, *La „donna velata"*, S. 56–58.

83 „Trent'anni di reclusione a Maria Zucco. ‚Non ci rivedremo più'", in „Il Secolo XIX", 23. November 1946, zitiert in F. Alberico, *La „donna velata"*, S. 65.

84 Kassation, 2. Strafrechtsabteilung (unter dem Vorsitz von Provera), 3. Februar 1948, Berufungsverfahren Zucco; M. Franzinelli, *L'amnestia Togliatti*, S. 246, außerdem allgemein zu den „nicht besonders grausamen Misshandlungen", S. 236–250.

85 „Colloquio con la „Donna Velata Cuore di pietra", in „Il Secolo XIX", 24. November 1946, zitiert bei F. Alberico, *La „donna velata"*, S. 67.

86 ACS, MGG, Collaborazionisti, b. 61, fasc. Zucco Maria Concetta, Dekret zum Strafnachlass durch Haftaussetzung.

87 ACS, MGG, Collaborazionisti, b. 1, fasc. Giarda Giannino; zum Ehepaar Giarda vgl. auch F. Maistrello, *XX Brigata nera. Attività squadrista in Treviso e provincia (luglio 1944–aprile 1945)*, Treviso 2006, S. 60; La XX Brigata Nera. Le sentenze della Corte d'Assise Straordinaria di Treviso, hrsg. von der von Ivo Dalla Costa [u.a.] angeführten Forschungsgruppe, Treviso 1995.

88 ACS, MGG, Collaborazionisti, b. 1, fasc. Giannino Giarda, Stellungnahme von Oberst Attilio Pugno, Kommandant der Carabinieri von Treviso, vom 4. Februar 1946 zum Gnadengesuch des Giarda.

89 F. Maistrello, *XX Brigata Nera. Attività squadrista in Treviso e provincia (luglio 1944–aprile 1945)*, Treviso 2006, S. 64.

90 M. Firmani, *Per la patria*, S. 143.

91 *Ebd.*, S. 151.

92 ACS, MGG, Collaborazionisti, b. 1, fasc. Giarda Giannino, CAS Treviso, Urteil.

93 ACS, MGG, Collaborazionisti, b. 1, fasc. Giarda Giannino, CAS Treviso, Urteil.

94 ACS, MGG, Collaborazionisti, b. 1, fasc. Morello Firmino, Verzeichnis der von der CAS Treviso zum Tode Verurteilten, das der Alliiertenkommission (justizielle Unterkommission) zugeschickt wurde (6. August 1945).

95 ACS, MGG, Collaborazionisti, b. 1, fasc. Giarda Giannino, CAS Treviso, Urteil.

96 Die CAS Treviso verurteilte ihn am 16. Juni 1945 zum Tode, am 4. Oktober 1948 sprach ihn das ordentliche Schwurgericht von Mailand frei; vgl. F. Maistrello, *XX Brigata nera*, S. 35–40.

97 ACS, MGG, Collaborazionisti, b. 1, fasc. Giarda Giannino, Urteilsspruch des CAS Treviso. Zur weiteren Aktendokumentation zum Fall Morello siehe ACS, MGG, Collaborazionisti, b. 1, fasc. Morello Firmino.

98 ACS, MGG, Collaborazionisti, b. 1, fasc. Giarda Giannino, CAS Treviso, Urteil; ACS, MGG, Collaborazionisti, b. 1, fasc. Morello Firmino, Ermittlungsverfahren zum Gnadengesuch.

99 ACS, MGG, Collaborazionisti, b. 1, fasc. Morello Firmino, Ermittlungsverfahren zum Gnadengesuch.

100 ACS, MGG, Collaborazionisti, b. 1, fasc. Giarda Giannino, CAS Treviso, Urteil.

101 ACS, MGG, Collaborazionisti, b. 1, fasc. Giarda Giannino, Gnadenappell.

102 ACS, MGG, Collaborazionisti, b. 1, fasc. Giarda Giannino.

103 Vgl. M. Firmani, *Per la patria*, S. 143; F. Maistrello, *XX Brigata nera*, S. 60.

104 ACS, MGG, Collaborazionisti, b. 1, fasc. Giarda Giannino, CAS Treviso, Urteil; F. Maistrello, *XX Brigata nera*, S. 52–53.

105 A. Rossi, *Fascisti toscani nella Repubblica di Salò 1943–1945*, Pisa 2006, S. 98–100; G. Sparapan, *Adria partigiana*, Rovigo 1994, S. 60–75. Zu den Prozessen an der CAS Rovigo, siehe G. Sparapan (Hrsg.), *Fascisti e collaborazionisti*.

106 G. Sparapan, *Adria partigiana*, S. 58.

107 M. Rossi, *La Banda Boccato*, in „Materiali di storia del movimento operaio e popolare veneto", 2003, 25, S. 53–62.

108 Am 9. Mai 1936 hatte man das Publikum im Stadttheater von Adria ausdrücklich dazu aufgefordert, den Saal zu verlassen, um Mussolini im Radio hören zu können, wie er nach der Annexion Äthiopiens öffentlich ein zukünftiges *Impero* beschwor. Amerigo, seine Frau und eine Tochter waren auf ihren Plätzen in der Galerie sitzen geblieben, vgl. *ebd.*, S. 57.

109 *Ebd.*, S. 58

110 M. Isnenghi, *L'esposizione della morte*, in G. Ranzato (Hrsg.), *Guerre fraticide. Le guerre civili in età contemporanea*, Turin 1994, S. 350. Hierbei handelte es sich nicht um einen brutalen Einzelfall bei der Verfolgung der Boccato-Bande. Den Carabiniere Salvatore Cali, ein weiteres Mitglied der Bande, erhängte man am 17. Dezember auf der Piazza von Corbola, anschließend band man den Leichnam mit einem Seil an einen Lastwagen und schleifte ihn bis auf den Domplatz von Adria, wo man ihn, an einen Laternenmast geknüpft, tagelang ausstellte, vgl. A. Rossi, *La Banda Boccato*, S. 62.

111 Aus dem Urteilsspruch der CAS Rovigo (15. Juni 1945), Angeklagte Rinaldi, Santacroce, Ruzzante, Cabria, Furini, Turolla, vgl. G. Sparapan, *Fascisti e collaborazionisti*, S. 97.

112 G. Sparapan, *Fascisti e collaborazionisti*, S. 99

113 ACS, MGG, Collaborazionisti, b. 3, fasc. Antonio Rinaldi, Francesco Santacroce, Isidoro Ruzzante und andere.

114 Sara Turolla, verwitwete Brazzorotto, am 11. September 1921 in San Martino di Venezze zur Welt gekommen, hatte ihren Wohnsitz in Bozen; CAS Rovigo, Urteil vom 15. Juni 1945, in G. Sparapan, *Fascisti e collaborazionisti*, S. 96–97.

115 Archivio di Stato di Rovigo, Corte d'Assise Straordinaria, b. 10, fasc. 295, Cattani, Anna Maria – Zamboni, Giorgio; M. Firmani, *Per la patria*, S. 143–144.

116 Archivio di Stato di Rovigo, Corte d'Assise Straordinaria, b. 10, fasc. 295, Cattani Anna Maria – Zamboni Giorgio, Urteilsspruch der CAS Rovigo.

117 Archivio di Stato di Rovigo, Corte d'Assise Straordinaria, b. 10, fasc. 295, Cattani Anna Maria – Zamboni Giorgio.

118 G. Sparapan, *Adria partigiana*, S. 108; S. Residori, *Donne violente e donne lacerate. L'identità femminile durante il secondo conflitto mondiale*, in "Quaderni Istrevi", 1, 2006, S. 111–112.

119 Archivio di Stato di Rovigo, Corte d'Assise Straordinaria, b. 10, fasc. 295, Cattani Anna Maria – Zamboni Giorgio, *Verbale di Istruzione sommaria* aus dem Verfahren zulasten der beiden Angeklagten.

120 Archivio di Stato di Rovigo, Corte d'Assise Straordinaria, b. 10, fasc. 295, Cattani Anna Maria – Zamboni Giorgio, Hauptverhandlungsprotokoll des Prozesses zulasten der beiden Angeklagten.

121 Archivio di Stato di Rovigo, Corte d'Assise Straordinaria, b. 10, fasc. 295, Cattani Anna Maria – Zamboni Giorgio.

122 ACS, MGG, Assise (1948), b. 18, fasc. Maggiano Anna Maria. Vgl. L. Allegra, *Gli aguzzini di Mimo*, S. 271; R. Cairoli, *Dalla parte del nemico*, S. 108–116.

123 ACS, MGG, Assise (1948), b. 18, fasc. Maggiano Anna Maria, CAS Cuneo, Urteil.

124 ACS, MGG, Assise (1948), b. 18, fasc. Maggiano Anna Maria, CAS Cuneo, Urteil.

125 Zu Ettore Rosa siehe http://www.anpi.it/donne-e-uomini/ettore-rosa.

126 ACS, MGG, Assise (1948), b. 18, fasc Maggiano. Anna Maria, Urteilsspruch der Sondersektion des Schwurgericht Turin.

127 ACS, MGG, Assise (1948), b. 18, fasc. Maggiano Anna Maria, Prüfverfahren des Gnadengesuchs.

128 ACS, MGG, Assise (1948), b. 18, fasc. Maggiano Anna Maria.

129 ACS, MGG, Assise (1948), b. 18, fasc. Maggiano Anna Maria, Brief vom 3. September 1949 an Senator Persico.

130 Zur Rekonstruktion der Ereignisse und des Prozesses vgl. G. Perez, *La Corte d'Assise straordinaria di Bolzano*, in G. Delle Donne (Hrsg.), *Alto Adige 1945–1947. Ricominciare*, Bozen 2000, S. 149–165; S. Canestrini, *L'attività della Corte straordinaria e sezione speciale d'assise di Bolzano 2*, in G. Delle Donne (Hrsg.), *Alto Adige 1945–1947*, S. 86–87; M. Saltori, *I processi per collaborazionismo della Corte d'assise straordinaria di Trento: prime note*, in A. Di Michele / R. Taiani (Hrsg.), *La Zona d'operazione* *delle Prealpi nella seconda guerra mondiale*, Trient 2009, S. 201–217; ACS, MGG, Collaborazionisti, b. 38, fasc. Maringgele.

131 G. Perez, *La Corte d'Assise*, S. 153.

132 *Ebd.*, S. 154.

133 *Ebd.*, S. 154, 155.

134 *Ebd.*, S. 156.

135 *Ebd.*, S. 158–159.

136 *Ebd.*, S. 160.

137 ACS, MGG, Collaborazionisti, b. 38, fasc. Maringgele. Die Angeklagten waren Augusto Knoll, Carolina Knoll, Ugo Augusto Knoll, Siglinda Heidenreich, Luisa Weirauther, Giacomo Mantinger, Herta Maringgele, Giovanni Mittelberger (gegen sie stellte der Staatsanwalt am 19. Dezember 1945 das Verfahren ein, da ihre Strafverfolgung, als Kriegsverbrecher, in die Zuständigkeit der Alliiertengerichte fiel), Leutnant Samwelt und der Gefreite Repp; vgl. G. Perez, *La Corte d'Assise*, S. 149–165.

138 ACS, MGG, Collaborazionisti, b. 38, fasc. Maringgele.

139 ACS, MGG, Collaborazionisti, b. 38, fasc. Maringgele, CAS Bozen, Urteil.

140 G. Perez, *La Corte d'Assise*, S. 164.

141 *Ebd.*, S. 165–179, 106.

142 S. Canestrini, *L'attività della Corte straordinaria*, S. 86–87; G. Perez, *La Corte d'Assise*, S. 125–129.

143 S. Canestrini, *L'attività della Corte straordinaria*, S. 87; G. Perez, *La Corte d'Assise*, S. 168–169.

144 S. Canestrini, *L'attività della Corte straordinaria*, S. 80.

145 G. Perez, *La Corte d'Assise*, S. 105.

146 ACS, MGG, Collaborazionisti, b. 38, fasc. Maringgele.

147 ACS, MGG, Collaborazionisti, b. 38, fasc. Maringgele.

148 ACS, MGG, Collaborazionisti, b. 38, fasc. Maringgele, Ermittlungsbericht vom 25. Juli 1955, mit sämtlichen, die Knoll betreffenden Verfahren, einschließlich der ausgebliebenen Unterschrift Gronchis.

149 ACS, MGG, Justizministerium, Kabinett, b. 58, fasc. 504, „Haftaussetzungen auf Bewährung" 1950–1956, *Breve relazione sulle proposte di grazia sottoposte dal ministero guardasigilli alla firma del signor presidente della Repubblica*.

150 G. Perez, *La Corte d'Assise*, S. 164–165.

VI Gewalt

1 Vgl. F. Maistrello, *XX Brigata nera. Attività squadrista in Treviso e provincia (luglio 1944–aprile 1945)*, Treviso 2006, S. 198–199.

2 *Maria Zucco alle Assise di Imperia. Un urlo solo: Assassina*, in „Il Secolo XIX", 22. November 1946, zitiert in F. Alberico, *La „donna velata"*, S. 62.

3 *Ebd.*, S. 60.

4 Zum Risorgimento und zu den napoleonischen Kriegen, vgl. N.M. Filippini, *Donne sulla scena politica: dalle Municipalità del 1797 al Risorgimento*, in N.M. Filippini (Hrsg.), *Donne sulla scena pubblica. Società e politica in Veneto tra Sette e Ottocento*, Mailand 2006, S. 81–137; L. Guidi, *Patriottismo femminile e travestimenti sulla scena risorgimentale*, in L. Guidi / A. Lamarra (Hrsg.), *Travestimenti e metamorfosi. Percorsi dell'identità di genere tra epoche e culture*, Neapel 2003, S. 59–84; A. Zazzeri, *Donne in armi: immagini e rappresentazioni nell'Italia del 1848–49*, in „Genesis", 5, 2006, 2, S. 165–177. Zu den Weltkriegen vgl. A. Bravo (Hrsg.), *Donne e uomini nelle guerre mondiali*, Rom / Bari 1991; L. Schettini, *Il gioco delle parti. Travestimenti e paure sociali tra Otto e Novecento*, Mailand 2011, S. 58–72.

5 P. Di Gori, *Partigiane, repubblichine, terroriste. Le donne armate come problema storiografico*, in G. Ranzato (Hrsg.), *Guerre fratricide*, S. 315.

6 A.M. Bruzzone / R. Farina, *La Resistenza taciuta. Dodici vite di partigiane piemontesi*, Turin 2003, S. 151. Zu Elsa Oliva vgl. auch C. Pavone, *Una guerra civile. Saggio storico sulla moralità nella Resistenza*, Turin 1991, S. 441–442.

7 A.M. Bruzzon / R. Farina, *La Resistenza taciuta*, S. 173. Zu den Erinnerungen der Partisaninnen siehe auch M.E. Landini, *L'esercizio della violenza nelle memorie delle partigiane italiane*, in „Storia e memoria", 2008, S. 71–100; A. Bravo / A.M. Bruzzone, *In guerra senza armi. Storie di donne (1940–1945)*, Rom / Bari 1995; D. Gagliani / E. Guerra / L.Mariani / F. Tarozzi (Hrsg.), *Donne guerra politica. Esperienze e memorie della Resistenza*, Bologna 2000.

8 „Huren der Parteiführer. Huren der Waffenkameraden. Auf jeden Fall Faschistinnen, daher zu vernichten. Das war das allgemeine Urteil über die Helferinnen vonseiten der Partisanen und zivilen Antifaschisten. In erster Linie das der Partisaninnen und vieler Frauen aus der Zivilbevölkerung", in U. Munzi, *Donne di Salò*, S. 9.

9 M. Ponzani, *Guerra alle donne*, S. 284. Zu den Urteilen und den Enttäuschungen der Partisaninnen angesichts der politischen Entwicklung Italiens nach dem Zweiten Weltkrieg, siehe *ebd.*, S. 283–294.

10 Archivio di Stato di Rovigo, Corte d'Assise Straordinaria, b. 10, fasc. 295, Cattani Anna Maria – Zamboni Giorgio, CAS Rovigo, Urteil.

11 F. Alberico, *La „donna velata"*, S. 58.

12 *L'atroce „Donna Velata" davanti alle Assiese di Imperia*, in „Il Secolo XIX", 21. November 1946, zitiert von F. Alberico, *La „Donna Velata"*, S. 61.

13 Archivio di Stato di Biella, Corte d'Assise Straordinaria di Biella II, 4. März, fasc. 67, *Processo verbale di dibattimento*.

14 ACS, MGG, Collaborazionisti, b. 28, fasc. Di Stefano Maria Antonietta, CAS Mantua, Urteil; ACS, MGG, Gabinetto, b. 36, fasc. 315.

15 ACS, MGG, Collaborazionisti, b. 28, fasc. Di Stefano Maria Antonietta, CAS Mantua, Urteil.

16 ACS, MGG, Schwurgerichte (1948), b. 28, fasc. Bottego Pini Ester, CAS Vercelli, Urteil.

17 ACS, MGG, Collaborazionisti, b. 22, fasc. Abbatecola Cerasi Umberto, CAS Vercelli, Urteil.

18 ACS, MGG, Collaborazionisti, b. 23, fasc. Corradeschi Antonio.

19 Allgemein zu Gewalt und Folter in der Italienischen Sozialrepublik, siehe C. Pavone, *Una guerra civile*, S. 413–514; M. Isnenghi, *L'esposizione della morte*, in G. Ranzato, *Le guerre fratricide*, S. 330–254; D. Gagliani, *Violenze di guerra e violenze politiche. Forme e culture della violenza nella Repubblica sociale italiana*, in L. Baldassara / P. Pezzino (Hrsg.), *Crimini e memorie di guerra: violenza contro le popolazioni e politiche del ricordo*, Neapel 2004, S. 292–314; L. Allegra, *Gli aguzzini di Mimo*, S. 311–323; M. Dondi, *La lunga liberazione. Giustizia e violenza nel dopoguerra italiano*, Rom 2004, S. 9–30; G. De Luna, *Il corpo del nemico ucciso. Violenza e morte nella guerra contemporanea*, Turin 2006.

20 S. Peli, *La Resistenza difficile*, Mailand 1999, S. 126–128.

21 C. Pavone, *Una guerra civile*, S. 436–437; M. Dondi, *La lunga liberazione*, S. 15–23.

22 S. Peli, *La Resistenza difficile*, S. 130.

23 ACS, MGG, Collaborazionisti, b. 3, fasc. Rinaldi Antonio, Santacroce Francesco, Ruzzante Isidoro u.a. Zu Rinaldi siehe auch Kapitel V.

24 „Ich bin mir völlig im Klaren über die Schwere der Anklagen, die mir angelastet werden, wie ich mich zur Schwere meiner Taten bekenne. Ich bin aber sicher, dass Eure Exzellenz zweierlei Konditionierungen, moralischer und faktischer Natur, Rechnung tragen wird, was das außerordentliche Gericht, bedingt durch die Umstände, nicht berücksichtigen konnte", in ACS, MGG, Collaborazionisti, b. 3, fasc. Rinaldi Antonio, Santacroce Francesco, Ruzzante Isidoro u.a.

25 *Ebd.*; Mario Isnenghi schreibt in *L'esposizione della morte*, S. 339, dazu: „Und hier, im Innern der rüdesten und instinktiven Brutalität, erwachen womöglich uralte – primitive und antike – Praktiken des Furors und der gewollten Demütigung des Leichnams des niedergestreckten Feindes: noch dazu, wenn man in ihm den *Banditen*, den *Verräter*, den *Gesetzesbrecher* sieht".

26 Zu den italienischen Kriegsverbrechen auf dem Balkan, siehe D. Conti, *L'occupazione italiana dei Balcani. Crimini di guerra e mito della „brava gente" (1940–1943)*, Rom 2008. Allgemein dazu: F. Focardi, *Il cattivo tedesco e il bravo italiano. La rimozione delle colpe della seconda guerra mondiale*, Rom / Bari 2013. Zur Gleichsetzung von „balkanisch" mit barbarisch und verroht durch einige Exponenten der RSI, die diese Charakteristiken mit den Partisanen verknüpften, vgl. F. Germinario, *L'altra memoria. L'Estrema destra, Salò e la Resistenza*, Turin 1999, S. 93–97.

27 M. Isnenghi, *L'esposizione della morte*, S. 345–346.

28 E. Galli Della Loggia, *Una guerra „femminile"? Ipotesi sul mutamento dell'ideologia e dell'immaginario occidentali tra il 1939 e il 1945*, in A. Bravo (Hrsg.), *Donne e uomini*, S. 19–20. Siehe dazu auch G. Gubitosi, *Vita di Rosina*, in „Storia dell'Umbria. Notiziario per la storia dell'Umbria contemporanea", 12, 15. Februar 1989.

29 E. Galli Della Loggia, *Una guerra „femminile?"*, S. 20.

30 *Ebd.*

31 Einige Zeugenaussagen lassen vermuten, dass die Frau in Polen lebte und Mutter einiger Kinder war. Das Schwurgericht in Rom verurteilte sie in Abwesenheit zu lebenslanger Freiheitsstrafe; F. Giustolisi, *L'armadio della vergogna*, S. 177–181.

32 K. Lowe, *Der wilde Kontinent. Europa in den Jahren der Anarchie 1943–1950*, Stuttgart 2014 (engl. O.ausg. 2012). Lowe bezieht sich auf die Gewalt in den Nachkriegsjahren in Europa, allerdings hat diese Gewalt sehr viel ältere Wurzeln.

33 ACS, MGG, Collaborazionisti, b. 26, fasc. Magagnini Bolivia.

34 ACS, MGG, Collaborazionisti, b. 9, fasc. Boaro Jole.

35 ACS, MGG, Collaborazionisti, b. 65, fasc. Capelli Marina.

36 ACS, MGG, Collaborazionisti, b. 11, fasc. Grandi Gastone.

37 ACS, MGG, Collaborazionisti, b. 43, fasc. Barocci Adriana.

38 ACS, MGG, Collaborazionisti, b. 23, fasc. Golinelli, Quintavalli, Scaramagli.

39 A. Casazza, *La beffa dei vinti*, S. 145–146; ACS, MGG, Collaborazionisti, b. 62, fasc. Jeannet Luciana.

40 Über die „langlebigkeit" von Gewalt und Hass und ihre Wurzeln in den ersten Jahrhunderten der Neuzeit, siehe vor allem L. Allegra, *Gli aguzzini*, S. 311–323.

41 K. Lowe, *Der wilde Kontinent*, S. 177–178.

42 Zu Vergeltung und allgemeiner Standgerichtsbarkeit in der Nachkriegszeit siehe G. Crainz, *La giustizia sommaria in Italia dopo la seconda guerra mondiale*, in M. Flores (Hrsg.), *Storia, verità, giustizia: I crimini del XX secolo*, Mailand 2001, S. 162–170; M. Dondi, *La lunga liberazione*, S. 91–196; M. Storchi, *Il sangue dei vincitori. Saggio sui crimini fascisti e i processi del dopoguerra (1945–1946)*, Reggio Emilia 2008, S. 21–43.

VII Strategien strafrechtlicher Verfolgung und Begnadigung

1 Urteilsspruch im Prozess vor der CAS Rovigo vom 15. Juni 1945. Angeklagte: Rinaldi, Santacroce, Ruzzante, Cabria, Furini, Turolla (unter dem Vorsitzenden Alessandri), in G. Sparapan (Hrsg.), *Fascisti e collaborazionisti*, S. 96–97.

2 G. Sparapan (Hrsg.), *Fascisti e collaborazionisti*, S. 107, 109. Aufgrund der Amnestie kam Sara Turolla 1946 wieder auf freien Fuß.

3 Zur geschlechtsspezifischen Rechtsprechung gegenüber den Faschistinnen von Salò, siehe F. Gori, *I processi per collaborazionismo in Italia. Un'analisi di genere*, in „Contemporanea", 15, 2012, S. 651–672.

4 M. Graziosi, *Infirmitas sexus. La donna nell'immaginario penalistico*, in „Democrazia e diritto", 1993, 2, S. 99–143; der Beitrag findet sich auch auf http://www.juragentium.org/topics/women/it/sexus.htm; M. Graziosi, *Fragilitas sexus. Alle origini della costruzione giuridica dell'inferiorità delle donna*, in

N.M. Filippini / T. Plebani / A. Scattigno (Hrsg.), *Corpi e storia. Donne e uomini dal mondo antico all'età contemporanea*, Rom 2002, S. 3–15.

5 F. Gori, *I processi per collaborazionismo*, S. 666.

6 ACS, MGG, Collaborazionisti, b. 49, fasc. Lesca Maria.

7 L. Allegra, *Gli aguzzini di Mimo*, S. 141; F. Gori, *I processi di collaborazionismo*, S. 663.

8 ACS, MGG, Collaborazionisti, b. 24, fasc. Tanzi Pizzolato Cornelia, aus dem Urteilsspruch des Schwurgerichts Rom.

9 „Maria Zucco alle Assise di Imperia. Un urlo solo: ‚Assassina‘, in „Il Secolo XIX", 22. November 1946; „Il processo di Imperia. Inchiodata la ‚dama velata‘ sotto il peso dei suoi atroci misfatti", in „Il Lavoro", Ausgabe von Imperia, 22. November 1946, zitiert in L. Alberico, La „donna velata", S. 60.

10 Archivio di Stato di Rovigo, Corte d'Assise Straordinaria, b. 10, fasc. 295, Cattani Anna Maria – Zamboni Giorgio, CAS Rovigo, Urteil.

11 M. Graziosi, *Infirmitas sexus*, S. 103.

12 ACS, MGG, Collaborazionisti, b. 30, fasc. Ambrosiak Elena. Der Kommandant der Carabinieri-Einheit, Major Ettore Giovannini, hatte den Bericht unterzeichnet.

13 ACS, MGG, Collaborazionisti, b. 26, fasc. Magagnini Bolivia.

14 ACS, MGG, Collaborazionisti, b. 12, fasc. Capaccioli Iolando. Im selben Umschlag befindet sich die Akte von Carlo Ferrari, dem Liebhaber Raccas. Er war Arbeiter, geboren 1913 in Brescia, und gehörte der Brigata Nera von Cuneo an, mit der er Razzien unternahm und an der Tötung von Partisanen beteiligt war. Seine Verurteilung zum Tode wurde infolge diverser Strafnachlässe in zehn Jahre Haft umgewandelt, im Oktober 1954 kam er durch Haftaussetzung auf Bewährung wieder frei.

15 F. Alberico, La „donna velata", S. 51: „Zucco erklärte kurz nach ihrer Verhaftung, sie sei schwanger; sie wiederholte das mehrere Male in mehreren Schreiben, die sie im Juli 1945 an Richter Sanzio schickte und in denen sie wegen ihres Zustands um günstigere Haftbedingungen bat. Vielleicht wurde ihr Verfahren auch aufgrund dieser Masche erst mehrere Monate später eröffnet."

16 Archivio di Stato di Biella, Corte d'Assise Straordinaria di Biella II, b. 67, Urteil.

17 ACS, MGG, Collaborazionisti, b. 65, fasc. Capelli Marina, Urteilsspruch des obersten Kassationshofs.

18 ACS, MGG, Collaborazionisti, b. 65, fasc. Capelli Marina, CAS Parma, Urteil, zitiert im Urteilsspruch des Prozesses an der Sondersektion des Schwurgerichts Piacenza (8. November 1946).

19 ACS, MGG, Collaborazionisti, b. 65, fasc. Capelli Marina, Urteilsspruch des obersten Kassationshofs.

20 ACS, MGG, Collaborazionisti, b. 65, fasc. Capelli Marina, Urteilsspruch der Sondersektion des Schwurgerichts Piacenza.

21 ACS, MGG, Collaborazionisti, b. 65, fasc. Capelli Marina, Urteilsspruch der Sondersektion des Schwurgerichts Piacenza.

22 ACS, MGG, Collaborazionisti, b. 9, fasc. Boaro Jole, CAS Asti, Urteil vom 26. Juli 1945.

23 M. Franzinelli, *L'amnistia Togliatti*, S. 236–250. Siehe allgemein dazu M. Ponzani, *Guerra alle donne. Partigiane, vittime di stupro, „amanti del nemico" 1940–45*, Turin 2012; zur besonderen Form der Gewalt gegen Frauen nach Kriegsende, dass man sie kahl schor, siehe F. Virgili, *La France „virile". Des femmes tondues à la libération*, Paris 2000; zur Vergewaltigung als Kriegswaffe und zu ihrer grundsätzlichen Straffreiheit gibt es mittlerweile zahlreiche Untersuchungen; siehe zum Beispiel J. Bourke, *Rape: A History from 1980 to the Present*, London 2007; M. Flores, (Hrsg.), *Stupri di guerra. La violenza di massa contro le donne nel Novecento*, Mailand 2010; R. Branche / F. Virgili (Hrsg.), *Viols en temps de guerre*, Paris 2013.

24 F. Alberico, La „donna velata", S. 66–67.

25 E. Ramazzina, *Il processo ad Ada Giannini*, S. 134–135.

26 „Ich kenne weder den Maddalena noch die Costa. Ich verstehe nicht, wie man dem Peruzzi, der ein Spitzel war, Glauben schenken kann. Eines Abends kam er in die Kaserne und redete mit Hauptmann Zamboni. Bei dieser Gelegenheit verriet er, dass sich Espero Boccato auf seinem Hof aufhielt.

Ich war bei dem Gespräch anwesend", Archivio di Stato di Rovigo, Corte d'Assise Straordinaria, b. 10, fasc. 295, Cattani Anna Maria – Zamboni Giorgio, *Verbale del dibattimento del processo a loro carico*.

27 ACS, MGG, Collaborazionisti, b. 49, fasc. Lesca Maria, Schwurgericht Novara, Urteil.

28 ACS, MGG, Collaborazionisti, b. 30, fasc. Ambrosiak Elena, Schwurgericht Mailand, Urteil.

29 Processo ai fascisti, in „Volontario della Libertà", 10. Juni 1945, zitiert aus M. Storchi, *Il sangue dei vincitori. Saggio sui crimini fascisti e i processi del dopoguerra (1945–1946)*, Reggio Emilia 2008, S. 118–119.

30 Zu den Begnadigungen der Collaborazionisti, vor allem zu den entsprechenden Verfahren, siehe C. Nubola, *I provvedimenti di clemenza nei confronti dei „collaborazionisti" nell'Italia del secondo dopoguerra. Un esempio di giustizia di transizione*, in H.-G. Haupt / P. Pombeni (Hrsg.), *La transizione come problema storiografico. Le fasi critiche dello sviluppo della „Modernità" (1994–1973)*, (Annali dell'Istituto storico italo-germanico in Trento. Quaderni, 89) Bologna 2013, S. 337–342.

31 Zur Auffassung von Vaterlandsliebe unter den Faschisten siehe vor allem A.M. Banti, *Sublime madre nostra. La nazione italiana dal Rosorgimento al fascismo*, Rom / Bari 2011; H. Dittrich-Johansen, *„Per la Patria e per il Duce". Storie di fedeltà femminili nell'Italia fascista*, in „Genesis", 1, 2002, S. 125–156.

32 Archivio di Stato di Biella, Corte d'Assise Straordinaria di Biella II, mazzo 4, fasc. 67, fasc. Pivano Teresita.

33 ACS, MGG, Schwurgerichte (1946), b. 23, fasc. Pivano Teresita.

34 F. Focardi / L. Klinkhammer, *La rimozione dei crimini di guerra dell'Italia fascista: la nascita di un mito autoassolutorio*, in L. Goglia / R. Moro / L. Nuti (Hrsg.), *Guerra e pace nell'Italia del Novecento. Politica estera, cultura politica e correnti dell'opinione pubblica*, Bologna 2006, S. 251–290; F. Focardi, *Falsche Freunde? Italiens Geschichtspolitik und die Frage der Mitschuld am Zweiten Weltkrieg*, Paderborn 2015. Der Mythos der Selbstentlastung bezieht sich auf faschistische Verbrechen, die im Ausland verübt worden waren, in den Kolonien und an Kriegsschauplätzen, er kann meines Erachtens aber auch auf die in Italien verübten Verbrechen (und ihre Täter) ausgeweitet werden.

35 ACS, MGG, Collaborazionisti, b. 24, fasc. Tanzi Pizzato Cornelia.

36 ACS, MGG, Assise (1948), b. 18, fasc. Maggiano Anna Maria.

37 ACS, MGG, Collaborazionisti, b. 38, fasc. Maringgele.

38 ACS, MGG, Collaborazionisti, b. 52, fasc. Giannini Ada.

39 Entgegengesetzt gelagert ist der Fall von Maria Baroni. Sie hatte sich zunächst den im Val d'Ossola aktiven Partisanen angeschlossen, war dann aber zu den Faschisten übergewechselt und dafür von ihrer Familie verstoßen worden; vgl. R. Cairoli, *Dalla parte del nemico*, S. 59–60.

40 ACS, MGG, Collaborazionisti, b. 28, fasc. Di Stefano Maria Antonietta.

41 ACS, MGG, Collaborazionisti, b. 52, fasc. Ribet Olga.

42 ACS, MGG, Collaborazionisti, b. 8, fasc. Bongiovanni Olimpia, Ciampella Olga.

43 ACS, MGG, Assise (1948), b. 18, fasc. Maggiano Anna Maria.

44 Eine Untersuchung zur Haltung des Vatikans und der katholischen Würdenträger gegenüber den FaschistInnen von Salò, die in den Nachkriegsjahren verurteilt worden waren und Gnadengesuche einreichten, steht noch aus. Zur Unterstützung vonseiten verschiedener Amtsträger der katholischen Kirche, um Nationalsozialisten und (wenn auch in geringerem Umfang) Faschisten die Flucht zu ermöglichen, siehe G. Steinacher, *Nazis auf der Flucht*; F. Bertagna, *La patria di riserva. L'emigrazione fascista in Argentina*, Rom 2006, S. 72–79.

45 AMG, Decreti di liberazione condizionale, 1954–1956.

46 F. Tacchi, *Eva togata. Donne e professioni giuridiche in Italia dall'Unità a oggi*, Turin 2009, S. 104–105; F. Tacchi, *Difendere i fascisti? Avvocati e avvocate nella giustizia di transizione*, in G. Focardi / C. Nubola (Hrsg.), *Nei tribunali*, S. 51–89.

47 ACS, MGG, Collaborazionisti, b. 38, fasc. Machetti Eugenio.

48 Zum Movimento Italiano Femminile siehe R. Guarasci, *La lampada e il fascio. Archivio e storia di un movimento neofascista: il „Movimento italiano femminile"*, Reggio Calabria 1987; F. Bertagna, *La patria di riserva*, S. 103–123.

49 Eine unvollständige Liste von Rechtsanwälten, die mit der Frauenbewegung Movimento Italiano Femminile zusammenarbeiteten, findet sich bei R. Guarasci, *La lampada e il fascio*, S. XLVI.

50 ACS, MGG, Gabinetto, b. 58, fasc. 504, „Liberazione condizionale", 1950–1956.

51 Dabei handelte es sich um Angelo Braiato, Manrico Evangelisti, Alcide Fiori, Giovanni Tebaldi, Antonio Rebora (25. Oktober 1955): AMG, Decreti di liberazione condizionale, 1954–1956; zur Person des Polizeipräsidenten von Bologna, Tebaldi, siehe C. Nubola, *I provvedimenti di clemenza*, S. 336–337.

52 Das trifft auf folgende hier behandelte Salò-Faschistinnen zu: Adriana Paoli, Bolivia Magagnini, Antonia Rosini Vicentini und Luciana Jeannet.

53 ACS, MGG, Gabinetto, b. 58, fasc. 504, Liberazione condizionale, 1950–1956.

54 ACS, MGG, Gabinetto, b. 58, fasc. 504, Liberazione condizionale, 1950–1956, Brief von Ettore und Luciana Paoli an Moro (13. September 1955).

55 ACS, MGG, Gabinetto, b. 58, fasc. 504, Liberazione condizionale, 1950–1956.

56 ACS, MGG, Gabinetto, b. 36, fasc. 325, Cittadini stranieri detenuti in Italia, 1946–1952.

57 ACS, MGG, Gabinetto, b. 58, fasc. 504, Liberazione condizionale, 1950–1956, Briefe vom 25. August und vom 16. September 1955.

58 ACS, MGG, Gabinetto, b. 58, fasc. 504, Liberazione condizionale, 1950–1956.

59 ACS, MGG, Gabinetto, b. 58, fasc. 504, Liberazione condizionale, 1950–1956, Brief vom 29. Oktober 1955 an Ettore und Luciana Poli, Brief vom 29. Oktober 1955 an den Abgeordneten Sanzo, Brief vom 18. November 1955 an den Abgeordneten Cassiani.

60 Zum MSI und der faschistischen Rechten in der Nachkriegszeit siehe R. Chiarini, *Destra italiana. Dall'Unità d'Italia a Alleanza Nazionale*, Venedig 1995; F. Germinario, *L'altra memoria. L'Estrema destra, Salò e la Resistenza*, Turin 1999; S. Setta, *La Destra dell'Italia del dopoguerra*, Rom / Bari 1995; N. Tranfaglia, *Un passato scomodo. Fascismo e postfascismo*, Rom / Bari 1999; G. Parlato, *Fascisti senza Mussolini: le origini del neo-fascismo in Italia, 1943–1948*, Bologna 2006.

61 H. Dittrich-Johansen, *Fedeltà e ideali delle donne nel Movimento sociale italiano. Il caso torinese (1945–1990)*, in M.T. Silvestrini / C. Simiand / S. Urso (Hrsg.), *Donne e politica. La presenza femminile nei partiti politici dell'Italia repubblicana. Torino (1945–1990)*, Mailand 2005, S. 737.

62 Die berühmtesten Memoiren sind die der Spionin Carla Costa: C. Costa, *Servizio Segreto. Le mie avventure in difesa della Patria oltre le linee nemiche*, Rom 1951, NA, Rom 1998; weitere Memoiren sind die der Vizekommandantin des SAF, Cesaria Pancheri, in M. Viganò, *Donne in grigioverde*, sowie die der Kommandantin des SAF, Piera Gatteschi Fondelli, in L. Garibaldi, *Le soldatesse di Mussolini; con il memoriale inedito di Piera Gatteshi Gondelli generale delle ausiliarie della RSI*, Mailand 1995, S. 31–89; siehe auch L. Saletti, *„Petaccie ci hanno battezzate". Scritture di collaborazione*, in M. Caffiero / M.I. Venzo (Hrsg.), *Scritture di donne. La memoria restituita*, Rom 2007, S. 115–132; A.L. Carlotti, *La memorialistica della RSI: il caso delle ausiliarie*, in A.L. Carlotti (Hrsg.), *Italia 1939–1945. Storia e memoria*, Mailand 1996.

63 M. Firmani, *Per la patria*, S. 149.

64 U. Munzi, *Donne di Salò*, S. 7–8. Die Interviews wurden zwischen 1998 und 1999 geführt.

65 M. Addis Saba, *La scelta. Ragazze partigiane, ragazze di Salò*, Rom 2005, S. 158–159.

66 F. Alberico, *Ausiliarie di Salò. Video-interviste come fonti di studio della RSI*, in „Storia e memoria", 15, 2006, 2, S. 201.

67 U. Munzi, *Donne di Salò*, S. 8.

68 Diese Überlegungen rühren grundsätzlich an Fragen wie die der Identifikation der ehemaligen Faschisten, und Faschistinnen oder überhaupt der Italiener, mit den Werten der Demokratie, beziehungsweise an die Fragen der „Entfaschisierung", Themen, die für Italien bisher nur wenig erforscht sind. Zum Thema „Entnazifizierung" siehe N. Frei, *Die Anfänge der Bundesrepublik und die NS-Vergangenheit*, 5. Aufl., München 2012; A. Wahl, *La seconda vita del nazismo nella Germania del dopoguerra*, Turin 2007 (französische O.ausg. *La seconde histoire du nazisme dans l'Allemagne fédérale depuis 1945*, Paris 2006); M.B. Vincent (Hrsg.), *La dénazification*, Paris 2008.

Anhang

http://doi.org/10.1515/9783110642889-011

Kollaborateurinnen und Strafverfahren

Archiv, Bestand, Umschlag	Name	Straftaten	Gericht	Erste Verurteilung / Strafnachlass	Begnadigung
ACS, MGG, Collaborazionisti, b. 22	Abbatecola Cerasi, Margherita	Strafexpeditionen, Misshandlungen und Tötung von Patrioten	CAS Varese	20 Jahre Haft	keine Begnadigung
ACS, MGG, Collaborazionisti, b. 61	Albani, Margherita	vorsätzlicher Mord am Ehemann	CAS Genua	lebenslänglich	Haftaussetzung auf Bewährung, 24. Dezember 1956
ACS, MGG, Collaborazionisti, b. 30	Ambrosiak, Elena	Spionin der deutschen SS, Denunziation, Strafexpeditionen	CAS Mailand	Todesstrafe	Amnestie von 1946
ACS, MGG, Collaborazionisti, b. 8	Amodio, Rosa	Denunziation, Spionage	CAS Savona	Todesstrafe	Umwandlung in 30 Jahre Haft
ACS, MGG, Collaborazionisti, b. 43	Barocci, Adriana	Strafexpeditionen, Denunziation, Mittäterschaft bei Mord	CAS - Sezione speciale Ancona	Todesstrafe	Amnestie und Freispruch
AMG, Decreti di grazia ordinaria, 1947	Berattino, Elsa	militärische Kollaboration, Mittäterschaft bei wiederholter Plünderung, Brandstiftung und Mord	CAS Ivrea	Todesstrafe	Umwandlung in lebenslänglich
ACS, MGG, Collaborazionisti, b. 9	Boaro, Iole	Denunziation	CAS Asti	Todesstrafe	Freispruch durch das Schwurgericht von Casale Monferrato wegen Mangel an Beweisen
ACS, MGG, Collaborazionisti, b. 8	Bongiovanni, Olimpia	Denunziation	CAS Savona	30 Jahre Haft	Amnestie von 1946
ACS, MGG, Assise (1948), b. 28	Bottego Pini, Ester	Misshandlungen	CAS Vercelli	24 Jahre Haft	keine Begnadigung, Haftaussetzung auf Bewährung Januar 1951

Archiv, Bestand, Umschlag	Name	Straftaten	Gericht	Erste Verurteilung / Strafnachlass	Begnadigung
ACS, MGG, Collaborazionisti, b. 65	Capelli, Marina	Strafexpeditionen, Denunziation, Plünderungen, Mittäterschaft bei Mord	CAS Parma	Todesstrafe	Keine Begnadigung, Haftaussetzung auf Bewährung Dezember 1950
ACS, MGG, Collaborazionisti, b. 23	Carità, Franca	Denunziation, Misshandlungen	CAS Padua	16 Jahre Haft	Amnestie von 1949
ACS, MGG, Collaborazionisti, b. 23	Carità, Elisa	Diebstahl	CAS Padua	Freispruch	
ACS, MGG, Gabinetto, b. 36	Cattani, Anna Maria	Denunziation, Beteiligung an Festnahmen und Verhören, Misshandlungen	CAS Rovigo	lebenslänglich	Amnestie von 1953
ACS, MGG, Collaborazionisti, b. 8	Ciampella, Olga	Denunziation	CAS, Savona	30 Jahre Haft	Amnestie von 1946
ACS, MGG, Collaborazionisti, b. 11	Dell'Amico, Linda Veneranda	Mittäterschaft an Massaker, Strafexpeditionen	Corte d'Assise Perugia	lebenslänglich	keine Begnadigung, Haftaussetzung auf Bewährung 1953
ACS, MGG, Collaborazionisti, b. 28	Di Stefano, Maria Antonietta	Mord, schwerer wiederholter Diebstahl, Agentin der deutschen Gegenspionage, Ausspähung von Patrioten, Misshandlungen	CAS Mantua	Todesstrafe	keine Begnadigung
ACS, MGG, Collaborazionisti, b. 8	Garrone, Maria	Denunziation	CAS Savona	Todesstrafe	Umwandlung in 30 Jahre Haft
ACS, MGG, Collaborazionisti, 52	Giannini, Ada	mehrfacher Mord, Raub und Leichenschändung	CAS - Sezione speciale Padua	lebenslänglich	Haftaussetzung auf Bewährung 1955

Archiv, Bestand, Umschlag	Name	Straftaten	Gericht	Erste Verurteilung / Strafnachlass	Begnadigung
ACS, MGG, Collaborazionisti, b. 23	Golinelli, Lidia	Denunziation, Strafexpeditionen, Mord an Patrioten	CAS Bologna	Todesstrafe	Amnestie von 1946
ACS, MGG, Collaborazionisti, b. 61	Icardi, Letizia	Denunziation	CAS Genua	15 Jahre Haft	
ACS, MGG, Collaborazionisti, b. 62	Jamet, Luciana (oder Jeannet)	Denunziation	CAS - Sezione speciale Genua	10 Jahre Haft	Amnestie von 1953
ACS, MGG, Collaborazionisti, b. 38	Knoll, Carolina	Mord, Diebstahl, Leichenschändung, Beleidigung der Religion und der italienischen Fahne, Waffenbesitz usw.	CAS Bozen	lebenslänglich	keine Begnadigung, keine Haftaussetzung
ACS, MGG, Collaborazionisti, b. 49	Lesca, Maria	Denunziation von Juden und Patrioten, Mittäterschaft bei Mord	CAS Turin	30 Jahre Haft	Haftaussetzung auf Bewährung 1951
ACS, MGG, Collaborazionisti, b. 26	Magagnini, Bolivia	Denunziationen, Strafexpeditionen	CAS Ancona	Todesstrafe	verschiedene Gnadenerweise
ACS, MGG, Assise (1948), 18	Maggiano, Anna Maria	Denunziation aus Habgier, Strafexpeditionen, Misshandlungen	CAS Cuneo	30 Jahre Haft	keine Begnadigung, Haftaussetzung auf Bewährung 1951
ACS, MGG, Collaborazionisti, b. 38	Maringgele, Herta	Mittäterschaft bei schwerem Mord	CAS Bozen	30 Jahre Haft	Haftaussetzung auf Bewährung 1951
ACS, MGG, Gabinetto, b. 58	Paoli, Adriana	Mittäterschaft bei mehrfacher vorsätzlicher Tötung	CAS Alessandria	30 Jahre Haft	Haftaussetzung auf Bewährung, Oktober 1955
ACS, MGG, Assise (1946), b. 23	Pivano, Teresita	Denunziation, Diebstahl	CAS Biella	16 Jahre Haft	keine Begnadigung

Archiv, Bestand, Umschlag	Name	Straftaten	Gericht	Erste Verurteilung / Strafnachlass	Begnadigung
ACS, MGG, Collaborazionisti, b. 1	Pizzolato Giarda, Aristea	Strafexpeditionen, Folterungen	CAS Treviso	30 Jahre Haft	Amnestie von 1946
ACS, MGG, Collaborazionisti, b. 12	Racca, Caterina	Denunziation	CAS Cuneo	20 Jahre Haft	kein Gnadengesuch
ACS, MGG, Collaborazionisti, b. 52	Ribet, Olga Margherita	Strafexpeditionen, Festnahme von Juden und Patrioten	CAS Turin	30 Jahre Haft	Haftaussetzung auf Bewährung 1952
ACS, MGG, Collaborazionisti, b. 53	Rosini Vicentini, Antonia	Denunziation von Juden aus Habgier	CAS Novara	15 Jahre Haft	keine Begnadigung
ACS, MGG, Collaborazionisti, b. 24	Tanzi Pizzato, Cornelia	Unterstützung des Feinde	Corte d'Assise Rom	30 Jahre Haft	Amnestie von 1946
AMG, Decreti di grazia condizionale, 1951	Viglietta, Caterina	politische und militärische Kollaboration, Mittäterschaft bei schwerem Mord und Hehlerei	CAS Cuneo	30 Jahre Haft	Begnadigung am 27. November 1951
ACS, Assise (1947), b. 17	Viola, Angela, verw. Comi	Denunziation aus Habgier	CAS Lecco	20 Jahre Haft	keine Begnadigung
ACS, MGG, Collaborazionisti, b. 61	Zucco, Maria Cncetta	Denunziation, Strafexpeditionen, Misshandlungen	CAS Imperia	30 Jahre Haft	Strafaussetzung auf Bewährung Juni 1951

Abkürzungen und Archive

ANPI	Associazione Nazionale Partigiani d'Italia
CAS	Corte d'Assise Straordinaria
CLN	Comitato di Liberazione Nazionale
CP	*Codice penale*
CPMG	*Codice penale militare di guerra*
DLL	Decreto legge luogotenenziale
DPR	Decreto del Presidente della Repubblica
OP	Ordine Pubblico
PLI	Partito Liberale Italiano
PNF	Partito Nazionale Fascista
PPI	Partito Popolare Italiano
PFR	Partito Fascista repubblicano
RSI	Repubblica Sociale Italiana
SAF	Servizio Ausiliario Femminile
UPI	Ufficio Politico Investigativo
UPP	Ufficio Politico Provinciale

ACS		Archivio Centrale dello Stato, Roma
	MGG	Ministero di Grazia e Giustizia
	Assise	Direzione generale Affari penali e Casellario, Ufficio Grazie, Pratiche di grazia relative a condanne di Corti di Assise
	Collaborazionisti	Direzione generale Affari penali e Casellario, Ufficio Grazie, Collaborazionisti
	Gabinetto	Gabinetto, Affari diversi
AMG		Archivio del Ministero della Giustizia, Roma
		Decreti di grazia ordinaria
		Decreti di grazia condizionale
		Decreti di liberazione condizionale

Archivio di Stato di Biella, Corte d'Assise Straordinaria
Archivio di Stato di Rovigo, Corte d'Assise Straordinaria

http://doi.org/10.1515/9783110642889-012

Personenregister

Abbatecola Cerasi, Margherita („Tata") 30, 73-74, 116, 152, 154
Abbatecola Cerasi, Umberto 73-75, 160, 166
Addis Saba, Marina 144, 157, 170
Agliata, Gerolamo 90
Albanese, Giulia 148
Albani, Margherita 19-20, 32, 34, 37, 153-154
Alberico, Francesca 21, 153, 157, 162-163, 165-166, 168, 170
Albissone, Luigi 40
Albrighi 48-49
Alessandri (Präsident CAS, Rovigo) 167
Algardi, Zara 160, 162
Alicata, Giuseppe 51, 75
Allegra, Luciano 149, 152-153, 155-157, 164, 166-168
Aloris, Carlotta oder Caterina 45
Amati, Giovanni 23
Amato, Luigi 36, 131
Ambrosiak, Elena 32, 80-81, 127, 133, 153, 161, 168-169
Amodio, Rosa 36, 42, 153, 155
Andreotti, Giulio 155
Arbinolo, Alessandro 101
Ardigò, Ettore 90
Arendt, Hannah 11
Arnaud, Fede 54, 56, 157
Avossa, Umberto 77-78
Azara, Antonio 150

Bachi Melli, Amedea 156
Bachi, Elda 156
Bachi, Ermanno 45-46, 155-156
Badinelli, Angelo 154
Baffè, Ottavio 87
Baldi, Alessandro 43
Baldissara, Luca 150
Banfield, Edward C. 148
Banks, Arthur 97-98, 118
Banti, Alberto Mario 169
Barani, Fausto 63
Barbagallo, Alfio 101
Barbero, Anna („Anita") 40, 154
Bardi 70
Barocci, Adriana 19, 30-31, 54, 79, 82-85, 120, 125, 144, 152-153, 161-162, 167
Baroni, Maria 169

Bassanesi, Giovanni 28, 152
Bassi, Carlo 48-49
Battaglia, Nunziatina 59
Battini, Michele 158
Battistoni, Mario 83
Belletto, Giuseppe 37
Bellinetti, Silvio 40, 154-155
Bellucco, Dante 98, 99
Benone, Vivori 107
Benzo, Lidia 101
Berattino, Elsa 153
Berg, Michael 1
Bernardi, Luigi 149
Bernasconi, Giuseppe 78
Bersanino, Gian Giuseppe 53
Bertagna, Federica 162, 169
Berti, Martino 86
Bertoni, Luigi 116
Berzonetto (Ingenieur) 36, 135
Bethke Elshtain, Jean 157
Bianchedi, Luca 152
Bianchi d'Espinosa, Gino 142
Bianchi, Giovanna 99
Biga, Francesco 162-163
Bisotto, Margherita 101
Boaro, Jole 36, 37, 120, 130-131, 153-154, 167-168
Boasso, Michele 154
Boccato, Amerigo 96
Boccato, Eolo 96, 97
Boccato, Espero 96, 99, 115, 133, 168
Bock, Gisela 2
Bolelli, Giovanni („Ninni") 87
Bolis, Achille 80
Bongiovanni, Olimpia 36, 42-43, 153, 155, 169
Boni, Silvio 59
Boni, Tecla 22
Bonomi, Ivanoe 18
Bordigoni, Fernando 158
Borghese, Junio Valerio 19, 56
Borghezio, Maria 14
Borghi, Marco 149, 160
Boschesi, Luigi 105
Bösel, Greta 148
Boticchio, Pietro 154
Bottego Pini, Ester 23-30, 112, 116, 151-154, 166
Bottego, Alessandro oder Abramo 23

http://doi.org/10.1515/9783110642889-013

www.ingramcontent.com/pod-product-compliance
Lightning Source LLC
Chambersburg PA
CBHW050920150426

42812CB00051B/1921